高等职业教育
智能化教材系列

INTELLIGENT TEXTBOOK SERIES FOR HIGHER VOCATIONAL EDUCATION

U0829818

MECHATRONICS TECHNOLOGY

# 机电一体化技术


主　编　梅文涛　刘　越
副主编　崔凌飞　高　霞　原　梦
参　编　孙健鹏　闫　放　谷　裕



天津大学出版社
TIANJIN UNIVERSITY PRESS

## 内容提要

本书是依据教育部最新颁布的《高等职业学校机电一体化技术专业教学标准》编写而成，“机电一体化技术”是高等职业院校一门重要的专业技能必修课程。全书共有10个教学项目，主要内容包括项目一“机电一体化技术概述”、项目二“传感检测技术”、项目三“可编程控制器技术及应用”、项目四“步进控制及伺服电机”、项目五“机械传动”、项目六“控制系统”、项目七“接口技术”、项目八“伺服系统”、项目九“MCGS组态软件”、项目十“工业机器人技术及应用”。本书图文并茂，将机电一体化技术基本理论的学习、基本技能的训练与生产生活的实际应用相结合，符合当前职业教育的教学特点。本书在相关内容处嵌入二维码，充分利用电子资源，最大限度地调动学生学习的主动性和积极性。

**图书在版编目(CIP)数据**

机电一体化技术 / 梅文涛, 刘越主编 ; 崔凌飞, 高霞, 原梦副主编 ; 孙健鹏, 闫放, 谷裕参编. -- 天津 : 天津大学出版社, 2023.8

高等职业教育智能化教材系列

ISBN 978-7-5618-7512-4

Ⅰ. ①机… Ⅱ. ①梅… ②刘… ③崔… ④高… ⑤原… ⑥孙… ⑦闫… ⑧谷… Ⅲ. ①机电一体化－高等职业教育－教材 Ⅳ. ①TH-39

中国国家版本馆CIP数据核字(2023)第111468号

JIDIAN YITIHUA JISHU

| | |
|---|---|
| **出版发行** | 天津大学出版社 |
| **地　　址** | 天津市卫津路92号天津大学内(邮编:300072) |
| **电　　话** | 发行部:022-27403647 |
| **网　　址** | www.tjupress.com.cn |
| **印　　刷** | 天津泰宇印务有限公司 |
| **经　　销** | 全国各地新华书店 |
| **开　　本** | 787mm×1092mm　1/16 |
| **印　　张** | 17 |
| **字　　数** | 424千 |
| **版　　次** | 2023年8月第1版 |
| **印　　次** | 2023年8月第1次 |
| **定　　价** | 99.00元 |

# 前言

机电一体化技术是一项复合技术，是机械技术与微电子技术、控制技术、信息技术互相渗透的产物，是机电工业发展的必然趋势。党的二十大报告指出："当前，世界百年未有之大变局加速演进，新一轮科技革命和产业变革深入发展，国际力量对比深刻调整，我国发展面临新的战略机遇。"机电一体化人才培养是使学生能够适应当前发展的需要，成为基础扎实、知识面宽、能力强、素质高，以及具有创新精神和实践能力的"机电复合型"人才。

本书以图文并茂、识图知理、简明易懂、实用性强的应用项目及任务形式进行编写，全书编写体现了直观图形与文字概念相结合，知识点与技能点相结合，实用性与适用性相结合的特点。编者通过企业调研确定全书内容，并牢牢把握高职院校的人才培养目标和要求；将与机电一体化技术相关的新理论、新概念、新方法和新技术融入全书各项目，并贯穿于整个编写过程，进而形成了《机电一体化技术》这一全新的教材，以使学生更容易学懂、更容易掌握专业原理和技能。

本书的编写，旨在满足新形势下的教学需要，本书具有以下特点。

1. 实用性和适用性强

本书的编写以我国当前工业生产中应用最为广泛的机电一体化控制设备为载体，通过分析设备的机械结构和电气控制原理，来加深学生对知识点和技能点的掌握；本书是职业院校"X 技能证书"开发技术教材，可以实现学生技能素养的形成与创新能力的完善。

2. 图文并茂、识图知理

本书系统地介绍了机电一体化技术的应用，通过图形说明、文字链接、训练任务实施、拓展训练和问题解析等环节，可提升学生对机电一体化技术的应用能力。本书以培养机电一体化应用型人才为目标，在注重基础理论讲述的同时，突出实用性、针对性和先进性，采用图文并茂、简明易懂的编写形式，并给出大量工程实例，力图培养学生的实践动手能力，使其能够解决工程中常见的控制问题，从而体现高等职业教育的特点。

3. 知识形成、技能形成

本书的编写遵循循序渐进的方式，规避传统机电一体化教材以学科知识构成进行编写的弊端，从普通的机电一体化技术应用到复杂的机电一体化技术应用，将机电一体化控制知识点与技能点的应用系统地分解到每个项目中，避免编写重复和跳跃，使学生能系统地掌握图文知识并具有操作技能，更加符合高等职业教育的培养目标。

参加本书编写的人员都是多年从事“机电一体化技术”教学的教师与工程技术人员。本书主编为梅文涛、刘越，副主编为崔凌飞、高霞、原梦，参编教师有孙健鹏、闫放、谷裕，天津昌晖仪表有限公司总经理张益起和天津职业技术师范大学附属高级技术学校校长易桂平担任主审。编者在本书的编写过程中，参考了有关资料和文献，在此向其作者表示衷心的感谢！

本书在编写过程中得到来自天津机电职业技术学院、天津联维乙烯工程有限公司、天津机电工艺学院、河南工业大学化工职业学院、中石化天津分公司等的许多机电一体化技术与自动化技术专家、高级工程师、高级技师的大力支持与帮助，在此表示衷心感谢。

本书可作为职业技术院校“双证书”开发技术教材。书中若有不妥之处，恳请广大读者指正。

编者

2023 年 6 月

# 目录

# 项目一　机电一体化技术概述

机电一体化是由计算机技术、信息技术、机械技术、电子技术、控制技术、光学技术等相融合构成的一门独立的交叉学科。随着计算机技术的迅猛发展和广泛应用，机电一体化技术获得前所未有的发展，目前正向智能化、模块化、网络化、微型化以及光机电一体化方向发展，应用范围愈来愈广。

扫一扫：机电一体化技术概述

## 任务一　机电一体化技术概念

机电一体化又称机械电子学，其英文表述为“mechatronics”，它由英文机械学“mechanics”的前半部分与电子学“electronics”的后半部分组合而成，“mechatronics”一词最早出现在 1971 年日本杂志《机械设计》的副刊上。

### 1.1.1　机电一体化技术

机电一体化技术综合应用了机械技术、电子技术、信息技术、控制技术、检测技术、步进电机及伺服电机技术、接口技术及系统总体技术等群体技术，从系统论的观点出发，根据系统功能目标和优化组织结构目标，对各组成要素及它们之间的信息处理、接口耦合、运动传递、物质运动、能量变换机理进行研究，使得整个系统有机结合与综合集成，并在系统程序和微电子电路的有序信息流控制下，形成物质和能量的有规则运动，是在满足高质量、高精度、高可靠性、低能耗的前提下，实现多种技术功能复合的最佳功能价值的控制工程技术。

机电一体化技术是从系统论的观点出发，将机械技术、电子技术、控制技术等在系统工程基础上有机地加以综合，以实现整个系统最佳化的一门新科学技术，如图 1-1 所示。

机电一体化技术具有以下三个显著特征：

（1）系统的科学性；

（2）学科的综合性；

（3）技术的集成性。

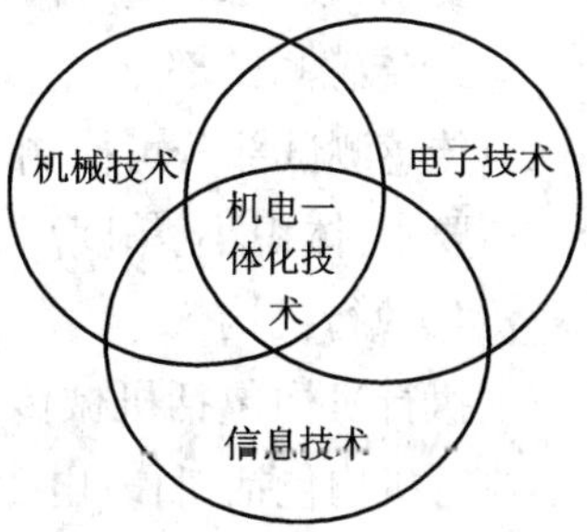

图 1-1　机电一体化技术

机电一体化不是机械与电子的简单叠加，而是在信息论、控制论和系统论的基础上建立起来的应用技术，特别是控制技术是其发展的物质基础，如图 1-2 所示。

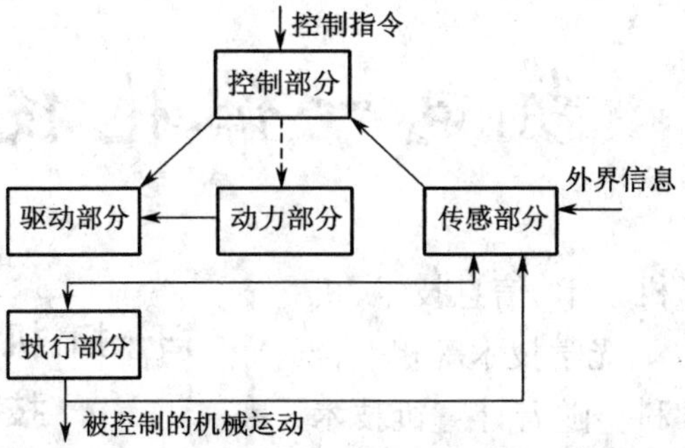


图 1-2 机电一体化技术系统组成

### 1.1.2 典型机电一体化控制系统的组成要素和功能

典型机电一体化控制系统的组成要素和功能如图 1-3 所示。

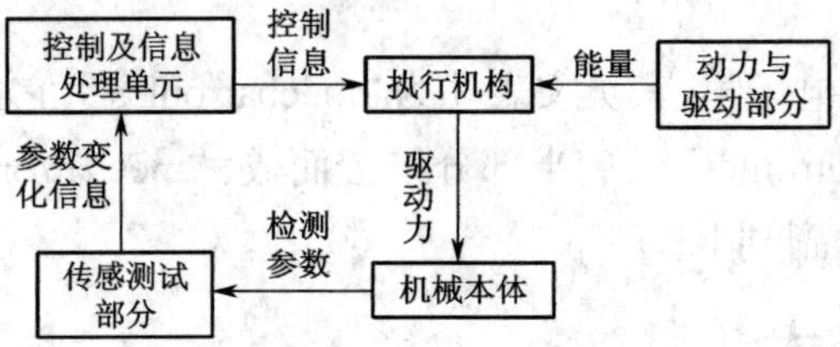


图 1-3 典型机电一体化控制系统的组成要素和功能

1. 组成要素

1）机械本体

机械本体包括机身、框架、机械连接等产品支持机构，实现构造功能。

要求：可靠、小型、美观。

2）动力与驱动部分

动力与驱动部分可提供能量，并将能量转换成需要的形式，实现动力功能。

要求：效率高、适应性好、可靠性高。

3）传感测试部分

传感测试部分可检测产品内部状态和外部环境，实现计量和测试功能。

要求：体积小、精度高、抗干扰能力强。

4）执行机构

执行机构包括机械传动与操作机构，可接收控制信息，完成要求的动作，实现主功能。常用执行机构包括机械、电磁、电液等机构。

5）控制及信息处理单元

控制及信息处理单元可完成处理、运算、决策，实现控制功能。

要求：可靠性高、柔性好、智能化。

2. 系统功能

以上机电一体化控制系统的组成要素通过接口耦合可实现能量转换、信息控制、运动传递等的有机融合，从而形成一个完整系统。

1）接口耦合

（1）变换：通过接口完成信息或能量的统一过程，如数字量与模拟量、串行码与并行码、连续脉冲与序列脉冲等的变换。

（2）放大：在两个信号强度相差悬殊的环节间，通过接口放大，达到能量的匹配，如电液阀。

（3）耦合：变换和放大后的信号必须遵循一致的时序、信号格式和逻辑规范，接口可以保证信息的逻辑控制功能，使信息按规定模式传递。

2）能量转换

能量转换执行元件包括执行器和驱动器，该转换涉及不同类型能量的最优转换方法与原理，如电动机、液压泵。

3）信息控制

系统控制单元作为智能组成要素，在软硬件的保证下，完成数据采集、分析、判断、决策功能，以达到信息控制的目的。

4）运动传递

运动传递是指在各组成环节间不同类型运动的变换与传输，如位移变换、速度变换、加速度变换及直线运动和旋转运动变换等。运动传递还包括以运动控制为目的的运动优化设计，以提高系统的伺服性能。

### 1.1.3 对机电一体化产品的认识

对机电一体化产品的一种认识是“在机械产品的基础上应用微电子技术和计算机技术衍生出来的新一代机电产品”。这种认识的核心是“机电一体化产品必须是由计算机控制的伺服系统”。

20 世纪 90 年代，国际机构学和机器科学联合会（IFToMM）成立机电一体化技术委员会，并给出机电一体化的定义：机电一体化是精密机械工程、电子控制和系统思想在产品设计和制造过程中的协同结合。

1991 年，英国在 *Mechatronics* 创刊时给出机电一体化的定义：机电一体化的基本形式可以视为现代工程技术中机械与电子学科的结合。

1996 年，电气和电子工程师协会（IEEE）与美国机械工程师协会（ASME）在《机电一体化学报》创刊时给出机电一体化的定义：机电一体化是在工业产品和过程的设计与制造工程中，机械工程与电子和智能计算机控制的协同集成。

目前比较具有代表性的机电一体化的定义是日本机械振兴协会经济研究所于 1981 年 3 月给出的：机电一体化是在机械的主功能、动力功能、信息功能和控制功能上引进微电子技术，并将机械装置与电子装置用相关软件有机结合而构成的系统的总称。

机电一体化技术与自动控制技术的区别:自动控制技术是控制论的技术实现和应用,通过具有一定控制功能的自动控制系统来完成某种控制任务,保证某个过程按照预想进行或者实现某个预设的目标,更强调用一种技术来实现某种应用;而机电一体化技术是一项系统技术,其中应用到很多技术,包括计算机技术、信息技术、控制技术、检测技术、伺服传动技术和机械技术等。

### 1.1.4 机电一体化技术的产生与发展

扫一扫:机电一体化技术的发展

日本企业界在1970年左右最早提出“机电一体化技术”这一概念,即将机械技术和电子技术综合应用于一体。现代科学技术的发展极大地推动了不同学科的交叉与渗透,引起了工程领域的技术改造与革命。在机械工程领域,由于微电子技术和计算机技术的迅速发展及其向机械工业的渗透所形成的机电一体化,使机械工业的技术结构、产品机构、功能与构成、生产方式及管理体系发生了巨大变化,使工业生产由“机械电气化”迈入以“机电一体化”为特征的发展阶段。

机电一体化占据主导地位是制造产业发展的必然趋势,而制造产业是整个科学技术和国家经济发展的基础工业,因而机电一体化在当前激烈的国际政治、军事、经济竞争中起着举足轻重的作用,受到各工业国家的极大重视。

我国1986年开始实施的“863”计划,将自动化技术,重点是计算机集成制造系统(CIMS)及智能机器人技术等机电一体化前沿技术确定为国家高技术重点研究发展领域。近年来,我国已成功研制用于喷漆、焊接、搬运,以及能前后行走、爬墙、上下台阶、在水下作业的多种类型的机器人。在CIMS研究方面,我国已在清华大学建成国家CIMS工程技术研究中心(ERC),在一些著名大学和研究单位建立了7个CIMS单元技术实验室和8个CIMS培训中心,在国家立项实施建立CIMS的企业已达70余家。我国在制造业机电一体化的研究和应用方面积累了一定的经验,将推动机电一体化技术向更高层次纵深发展。

1. 机电一体化的核心技术

机电一体化包括软件和硬件两方面的技术。硬件由机械本体、传感器、信息处理单元和驱动单元等部分组成。软件由控制及信息处理、接口耦合、能量转换、信息控制与运动传递等部分组成。

2. 智能控制技术

由于钢铁工业具有大型化、高速化和连续化的特点,传统的控制技术遇到了难以克服的困难,因此非常有必要采用智能控制技术。智能控制技术主要包括专家系统、模糊控制和神经网络等,广泛应用于钢铁企业的产品设计、生产、控制、设备与产品质量诊断等各个方面,如高炉控制系统、电炉和连铸车间、轧钢系统、炼钢-连铸-轧钢综合调度系统、冷连轧等。

3. 分布式控制系统

分布式控制系统(DCS)采用一台中央计算机指挥若干台面向控制的现场测控计算机和

智能控制单元，利用计算机对生产过程进行集中监视、操作、管理和分散控制。DCS 可以是两级的、三级的或更多级的。随着测控技术的发展，DCS 的功能越来越多，不仅可以实现生产过程控制，而且还可以实现在线最优化、生产过程实时调度、生产计划统计管理等，成为一种测、控、管一体化的综合系统。DCS 具有控制功能多样化、操作简便、系统可扩展、维护方便、可靠性高等特点。DCS 监视集中、控制分散、故障影响面小，而且具有连锁保护功能，采用了系统故障人工手动控制操作措施，从而提高了系统可靠性。DCS 与集中式控制系统相比，功能更强、安全性更高，是当前大型机电一体化系统的主要潮流。

4. 开放式控制系统

开放式控制系统（OCS）是目前计算机技术发展所产生的新的结构体系概念。“开放”意味着对一种标准的信息交换规程的共识和支持，按此标准设计的系统，可以实现不同厂家产品的兼容和互换，且能实现资源共享。OCS 通过工业通信网络使各种控制设备、管理计算机互联，实现控制与经营、管理、决策的集成，通过现场总线使现场仪表与控制室的控制设备互联，实现测量与控制一体化。

5. 计算机集成制造系统

钢铁企业的计算机集成制造系统是将人与生产经营、生产管理以及过程控制连成一体，以实现从原料进厂、生产加工到产品发货的整个生产过程和全局的一体化控制。目前，钢铁企业已基本实现了过程自动化，但这种“自动化孤岛”式的单机自动化缺乏信息资源的共享和生产过程的统一管理，难以适应现代钢铁生产的要求。未来钢铁企业竞争的焦点是多品种、小批量生产以及质优价廉、及时交货。为了提高生产率、节能降耗、减少人员及现有库存、加速资金周转，实现生产、经营、管理整体优化，关键就是加强管理，获取必需的经济效益，提高企业竞争力。美国、日本等的一些大型钢铁企业在 20 世纪 80 年代已广泛实现 CIMS 化。

6. 现场总线技术

现场总线技术是连接设置在现场的仪表与设置在控制室内的控制设备的数字式、双向、多站通信链路。采用现场总线技术取代现行的信号传输技术（如 4~20 mA 直流传输），能使更多的信息在智能化现场仪表与更高一级的控制系统之间通过共同的通信媒体进行双向传送。通过现场总线连接可省去 66% 或更多的现场信号连接导线。现场总线的引入导致 DCS 的变革和新一代围绕开放自动化系统的现场总线化仪表（如智能变送器、智能执行器、现场总线化检测仪表、现场总线化和现场就地控制站等）的发展。

7. 交流传动技术

传动技术在钢铁工业中起着至关重要的作用。随着电力电子技术和微电子技术的发展，交流调速技术的发展非常迅速。由于交流传动的优越性，电气传动技术在不久的将来会由交流传动全面取代直流传动，数字技术的发展使复杂的矢量控制技术实用化得以实现，交流调速系统的调速性能已达到或超过直流调速系统。无论大容量电机或中小容量电机的应用场景，现在都可以使用同步电机或异步电机实现可逆平滑调速。交流传动系统在轧钢生产中一经应用就受到用户的欢迎，且应用范围不断扩大。

应用一：机械式控制→计算机数字控制，如图 1-4 至图 1-6 所示。

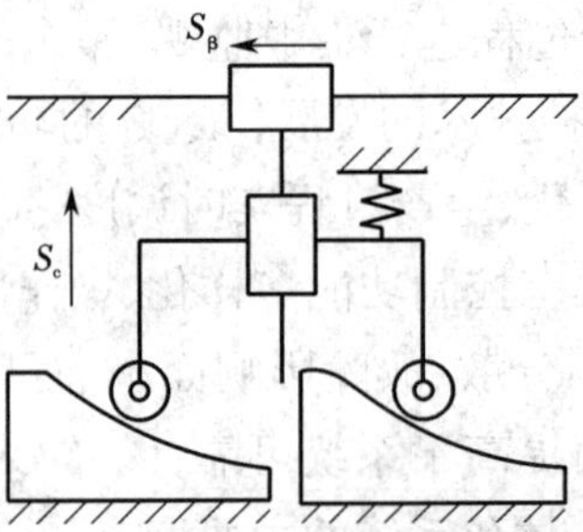


图 1-4　机械式靠模( 仿形 )控制

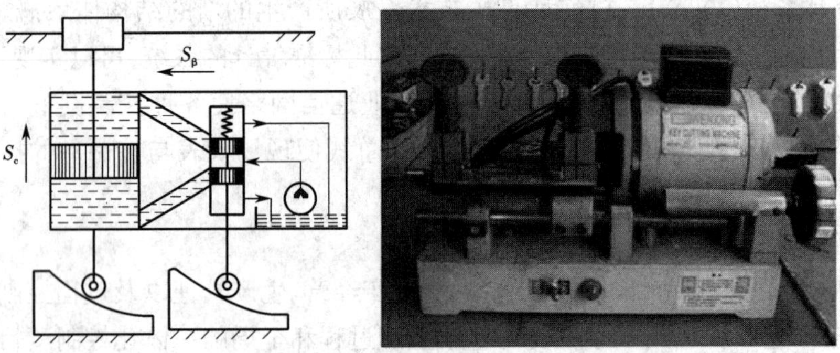


图 1-5　机械液压式靠模( 仿形 )控制

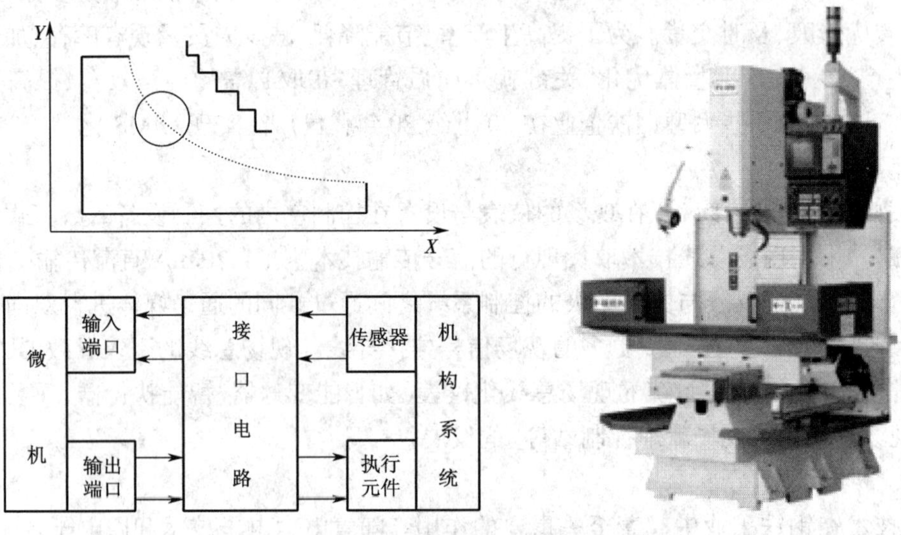


图 1-6　计算机数控式插补靠模( 仿形 )控制

应用二:机械式调速→电子式调速,如图 1-7 和图 1-8 所示。

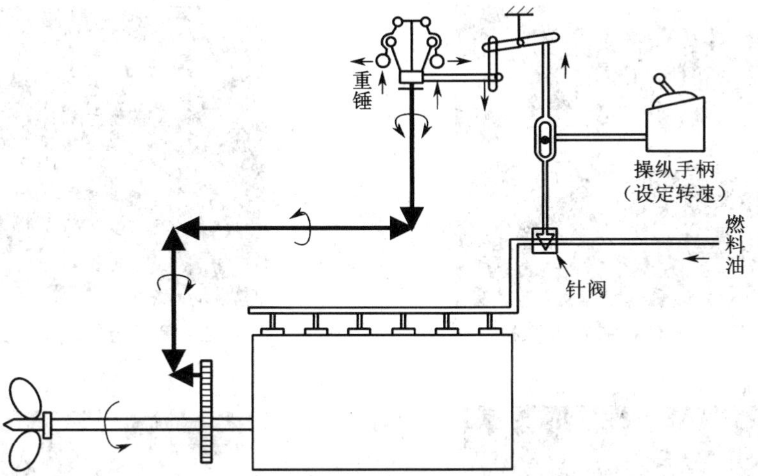


图 1-7　机械式调速器

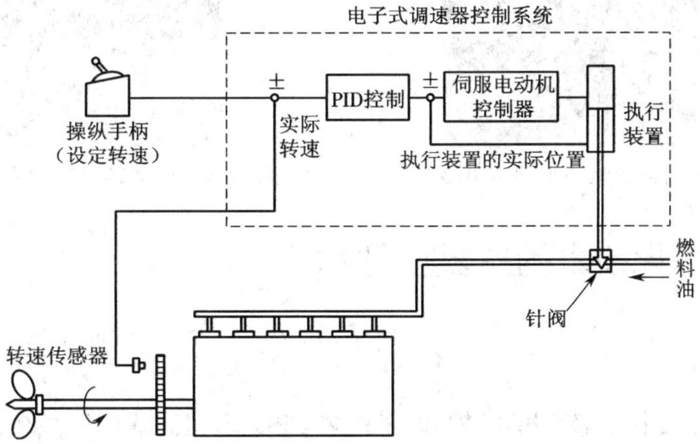


图 1-8　电子式调速器

应用三:机械式计算→电子式计算,如图 1-9 至图 1-14 所示。

图 1-9　机械式乘法计算器

图 1-10　手摇式机械计算器

图 1-11 第一台机械式计算机

图 1-12 第一台集成电路式计算机

图 1-13 第一台带电池的笔记本电脑

图 1-14 带旋转手写功能的笔记本电脑

## 1.1.5 机电一体化技术的主要应用领域

机电一体化技术经过 50 多年的发展,在结构、功能、操作和控制精度上都迅速提高,具体表现如下。

(1)总线式、模块化、紧凑型的结构,即采用多 CPU、多主总线的体系结构。

(2)开放性设计,即硬件体系结构和功能模块具有层次性、兼容性,符合接口标准,能最大限度地提高用户的使用效益。

(3)面向车间的数控编程(WOP)技术和智能化系统能提供面向车间的编程和实现二、三维加工过程的动态仿真,并引入在线诊断、模糊控制等智能机制。

(4)大容量存储器的应用和软件的模块化设计,不仅丰富了数控功能,同时也加强了数值控制(CNC)系统的控制功能。

(5)能实现多过程、多通道控制,即具有一台机床同时完成多个独立加工任务或控制多台和多种机床的能力,并将刀具破损检测、物料搬运、机械手等控制都集成到系统中去。

(6)系统的多级网络功能加强了系统组合及构成复杂加工系统的能力。

(7)以单板、单片机作为控制机,并由专用芯片及模板组成结构紧凑的数控装置。

1. 计算机集成制造系统

计算机集成制造系统不是现有各分散系统的简单组合,而是全局动态最优综合。它打破了原有部门之间的界限,以制造为基干来控制“物流”和“信息流”,实现经营决策、产品开发、生产准备、生产实验和生产经营管理的有机结合。企业集成度的提高可以使各种生产要素之间的配置得到更好的优化,各种生产要素的潜力得到更大的发挥。

2. 柔性制造系统

柔性制造系统是计算机化的制造系统,主要由计算机、数控机床、机器人、料盘、自动搬运小车和自动化仓库等组成。它可以随机地、实时地、按量地按照装配部门的要求,生产其能力范围内的任何工件,特别适用于多品种、中小批量、设计更改频繁的离散零件的批量生产。

3. 工业机器人

第1代工业机器人亦称示教再现机器人,只能根据示教进行重复运动,对工作环境和作业对象的变化缺乏适应性和灵活性;第2代工业机器人带有各种先进的传感元件,能获取作业环境和操作对象的简单信息,通过计算机处理、分析,做出一定的判断,对动作进行反馈控制,表现出低级智能,已开始走向实用化;第3代工业机器人即智能工业机器人,具有多种感知功能,可进行复杂的逻辑运算、判断和决策,在作业环境中独立行动,与第5代计算机关系密切。

# 任务二　机电一体化技术发展趋势

纵观国内外机电一体化技术的发展现状和高新技术的发展动向,机电一体化技术将朝着以下几个方向发展。

## 1.2.1　高性能化

高性能化一般包含高速化、高精度、高效率和高可靠性,随着专用集成电路特别是超大规模集成电路的发展,机电一体化系统的性能将更高。

## 1.2.2　智能化

智能化是机电一体化与传统机械自动化的主要区别之一,也是21世纪机电一体化的发展方向。近年来,处理器速度的提高和微机的高性能化、传感器系统的集成化及智能化为嵌入智能控制算法创造了条件,有力地推动了机电一体化产品向智能化方向发展。智能机电一体化产品可以模拟人类智能,具有某种程度的判断推理、逻辑思维和自主决策能力,从而取代制造工程中人的部分脑力劳动。人工智能在机电一体化技术中的研究日益得到重视,机器人与数控机床的智能化就是其重要应用。

(1)诊断过程的智能化,诊断功能的强弱是评价一个智能化系统性能的重要智能指标之一。

(2)人机接口的智能化,智能化的人机接口可以大大简化操作过程,其中包含多媒体技术在人机接口智能化中的有效应用。

(3)自动编程的智能化,操作者只需输入加工工件素材的形状和需加工形状的数据,加工程序就可全部自动生成,其中包括:

①素材形状和需加工形状的图形显示;

②自动工序的确定;

③使用刀具、切削条件的自动确定；

④刀具使用顺序的变更；

⑤任意路径的编辑；

⑥加工过程干涉校验等。

(4)加工过程的智能化。

### 1.2.3 系统化

系统化的表现特征之一就是系统体系结构进一步采用开放式和模式化的总线结构，系统可以灵活组态，进行任意的剪裁和组合，同时寻求实现多子系统协调控制和综合管理。系统化的表现特征之二是通信功能大大加强，一般除 RS232 等常用通信方式外，实现远程及多系统通信联网需要的局部网络正逐渐被采用。未来的机电一体化将更加注重产品与人的关系，赋予机电一体化产品以人的智能、情感、人性显得越来越重要。机电一体化产品还可根据一些生物体优良的构造使用某种新型机体，使其向着生物系统化方向发展。

对于机电一体化产品，除了机械主体部分，其他部分均涉及电子技术。随着表面贴装式元器件(SMD)的发展，表面组装技术(SMT)正在逐渐取代传统的通孔插装技术(THT)而成为电子组装的重要手段，电子设备正朝着小型化、轻量化、多功能、高可靠性方向发展。

### 1.2.4 微型化

微型机电一体化系统高度融合了微机械技术、微电子技术和软件技术，是机电一体化的一个新的发展方向。国外一般认为微电子机械系统的几何尺寸不超过 1 $cm^3$，并正向微米、纳米级方向发展。由于微型机电一体化系统具有体积小、耗能少、运动灵活等特点，可进入一般机械无法进入的空间并易于进行精细操作，故在生物医学、航空航天、信息技术、工农业乃至国防等领域都有广阔的应用前景。目前，利用半导体器件制造过程中的蚀刻技术，在实验室中已制造出亚微米级的机械元件。

### 1.2.5 模块化

模块化也是机电一体化产品的一个发展趋势，且是一项重要而艰巨的工程。由于机电一体化产品种类和生产厂家繁多，研制和开发具有标准机械接口、电气接口、动力接口、信息接口的机电一体化产品单元是一项复杂而重要的工程，需要制定一系列标准，以便于各部件、单元的匹配和连接。机电一体化产品生产企业可利用标准单元迅速开发新产品，同时也可以不断扩大生产规模。

### 1.2.6 网络化

网络技术的飞速发展对机电一体化有重大影响，使其朝着网络化方向发展。机电一体化产品的种类很多，面向网络的方式也不同。由于网络的普及，基于网络的各种远程控制和监视技术方兴未艾，而远程控制的终端设备本身就是机电一体化产品。

### 1.2.7　绿色化

工业的发展给人们的生活带来了巨大变化：一方面，物质丰富，生活舒适；另一方面，资源减少，生态环境受到严重污染。于是，人们呼吁保护环境和资源，回归自然。绿色产品概念在这种呼声下应运而生，绿色化是时代发展的趋势。绿色产品在设计、制造、使用和销毁的全生命周期中，符合特定的环境保护和人类健康的要求，对生态环境无害或危害极少，资源利用率极高。设计绿色的机电一体化产品，具有广阔的发展前景。绿色制造业是现代制造业的可持续发展模式。

综上所述，机电一体化是众多科学技术发展的结晶，发展机电一体化是社会生产力发展到一定阶段的必然要求。机电一体化促使机械工业发生战略性的变革，使传统的机械设计方法和设计概念发生革命性的变化。大力发展新一代机电一体化产品，不仅是改造传统机械设备的要求，而且是推动机械产品更新换代和开辟新领域、发展与振兴机械工业的必由之路。

## 任务三　机电一体化技术与其他技术的区别

### 1.3.1　机电一体化技术与传统机电技术的区别

传统机电技术的操作控制主要通过具有电磁特性的各种电器来实现，如继电器、接触器等，在设计中不考虑或很少考虑彼此间的内在联系；机械本体和电气驱动界限分明，整个装置是刚性的，不涉及软件和计算机控制。

机电一体化技术以计算机为控制中心，在设计过程中强调机械部件和电气部件间的相互作用和影响，整个装置在计算机控制下具有一定的智能性。

### 1.3.2　机电一体化技术与并行工程的区别

并行工程在各自范围内齐头并进，只在不同技术内部进行设计制造，最后通过简单叠加完成整体装置。

机电一体化技术将机械技术、电子技术、计算机技术、控制技术和检测技术等在设计和制造阶段就有机地结合在一起，十分注意机械和其他部件之间的相互作用。

### 1.3.3　机电一体化技术与自动控制技术的区别

自动控制技术侧重于讨论控制原理、控制规律、分析方法和自动系统的构造等。

机电一体化技术以自动控制原理及方法为重要支撑技术，将自控部件作为重要控制部件，应用自控原理和方法对机电一体化装置进行系统分析和性能测算。

### 1.3.4　机电一体化技术与计算机应用技术的区别

计算机应用技术在机电一体化系统中仅是一部分，它还在办公、管理及图像处理等方面得到广泛应用。

机电一体化技术只是将计算机作为核心部件应用,目的是提高和改善系统性能,其研究的是机电一体化系统,而不是计算机应用本身。

# 任务四　机电一体化技术组成

## 1.4.1　机械技术

机械技术是机电一体化技术的基础。机电一体化的机械产品与传统的机械产品的区别在于机械结构更简单、机械功能更强、性能更优越,实现机电一体化产品的主功能和构造功能,影响系统的结构、质量、体积、刚性、可靠性等。

## 1.4.2　传感检测技术

传感检测技术的研究对象是传感器及其信号检测装置(即变送器),作为感觉器官、反馈环节,要求快速、精确地获得信息,并在相应的应用环境中具有高可靠性。

传感检测装置是机电一体化系统的感觉器官,是实现自动控制、自动调节的关键环节,其功能越强,系统的自动化程度越高。

传感检测技术的内容:一是研究如何将各种被检测量(包括物理量、化学量和生物量等)转换为与之成比例的电量;二是研究对转换的电信号的加工处理,如放大、补偿、标定及变换等。

## 1.4.3　信息处理技术

信息处理技术包括信息的交换、存取、运算、判断和决策。实现信息处理的主要工具是计算机,因此信息处理技术与计算机技术密切相关。机电一体化系统主要采用工业控制机(包括可编程控制器、单多回路调节器、单片微控制器、总线式工业控制机、分布式计算机控制系统)进行信息处理,主要完成信息的交换、存取、运算、判断和决策等,其主要工具是计算机。

## 1.4.4　自动控制技术

自动控制技术的目的在于实现机电一体化系统的目标最佳化。自动控制所依据的理论是自动控制原理(包括经典控制理论、现代控制理论和智能控制理论),机电一体化系统中的自动控制技术主要包括位置控制、速度控制、最优控制、自适应控制和智能控制等。软件方面的技术,主要以控制理论为指导,实现控制系统的设计、仿真、现场调试、可靠运行等。

## 1.4.5　伺服传动技术

伺服传动技术的研究对象是执行元件及其驱动装置,其执行元件种类包括电动、液压、气压,其驱动装置是各种电动机的驱动电源和电路。

伺服传动技术就是在控制指令的指挥下控制驱动元件,使机械的运动部件按照指令要求运动,并具有良好的动态性能。伺服传动包括电动、气压、液压等各种类型的传动装置。伺服系统是实现从电信号到机械动作的转换装置或部件,对机电一体化系统的动态性能、控制质量和功能有决定性的作用。常见的伺服驱动系统主要有电气伺服和液压伺服。交流伺服驱动技术取得的突破性进展,为机电一体化系统提供了高质量的伺服驱动单元,极大地促进了机电一体化技术的发展。

### 1.4.6　接口技术

接口技术是系统总体技术的关键环节,包括电气接口、人机接口、机械接口等。

接口技术的作用是将各要素或子系统连接成为一个有机整体,使各个功能环节有目的、协调一致地运动,从而形成机电一体化的系统工程。机电一体化系统由许多要素或子系统组成,各要素或各子系统相接处必须具备一定的连接部件,这些部件称为接口,其基本功能主要包括交换、放大和传递。

### 1.4.7　系统总体技术

系统总体技术是一种从整体目标出发,从系统的观点和全局的角度,将总体分解成相互有机联系的若干单元,找出能完成各个功能的技术方案,再对不同方案进行分析、评价和优选的综合应用技术。系统总体技术可以解决系统的性能优化问题和组成要素之间的有机联系问题,使整个系统实现良好、协调的正常运行。与系统总体技术相关的内容有机械技术的优化设计、CAD/CAM 技术、可靠性设计、价值工程等。

从全局的角度和系统的目标出发,可以将系统分解为若干个子系统,从实现整个系统总体技术调节的观点来考虑每个子系统的方案。机电一体化系统是一个技术综合体,它利用系统总体技术将各有关技术协调配合、综合应用,从而达到整体系统的最佳化。

机电一体化系统的构成要素如图 1-15 所示。

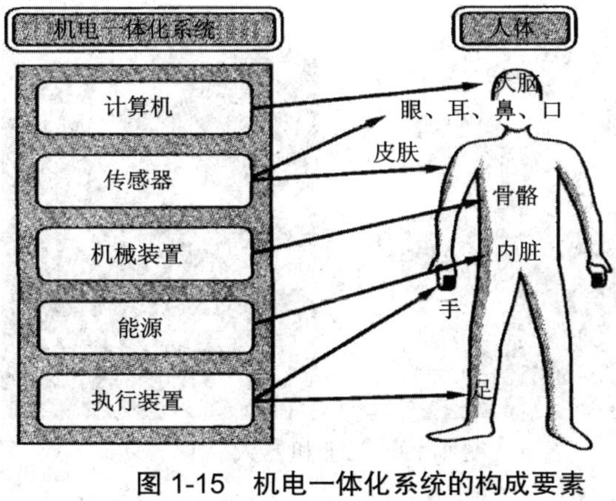


**图 1-15　机电一体化系统的构成要素**

机电一体化系统典型例子——数控机床伺服系统的组成如图 1-16 所示。

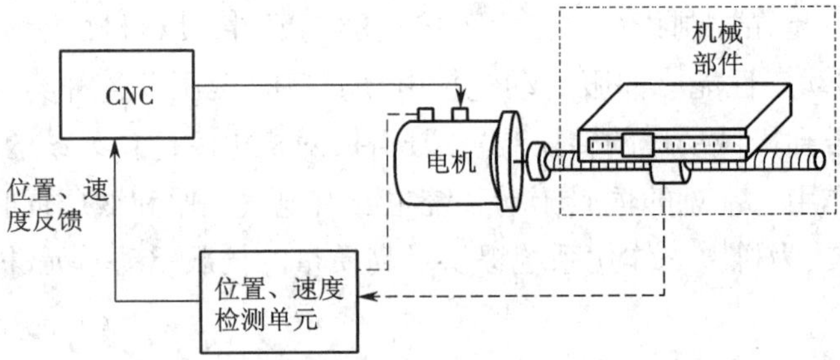


图 1-16 数控机床伺服系统的组成

# 任务五 机电一体化技术产品(系统)的分类及应用

## 1.5.1 机电一体化技术产品的分类

扫一扫:机电一体化技术产品及分类

机电一体化技术产品按功能可分为以下几类。

(1)数控机械类,如数控机床、加工中心、工业机器人等,其执行装置是机械装置,如图 1-17 至图 1-19 所示。

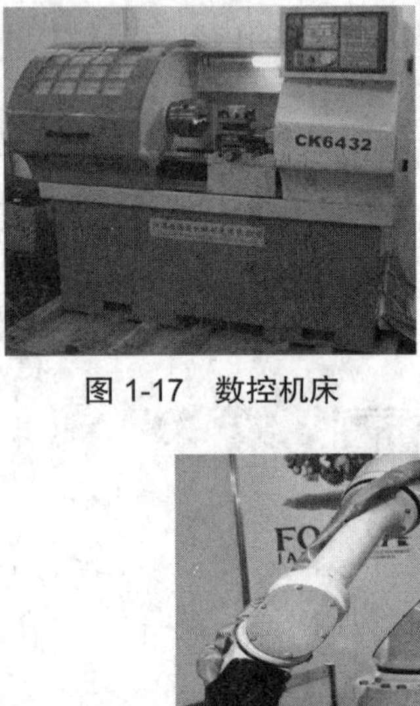


图 1-17 数控机床

图 1-18 加工中心

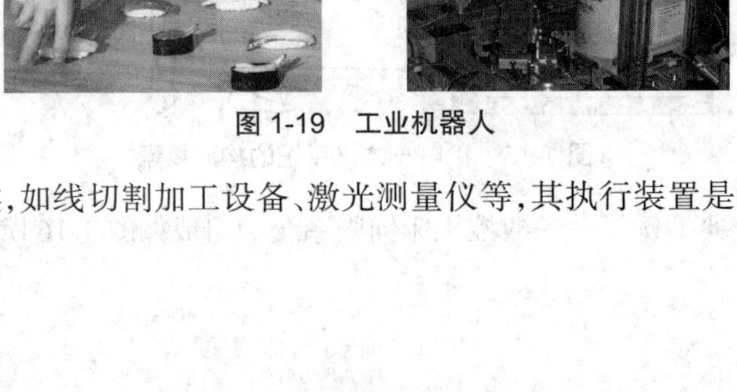


图 1-19 工业机器人

(2)电子设备类,如线切割加工设备、激光测量仪等,其执行装置是电子设备,如图 1-20 所示。

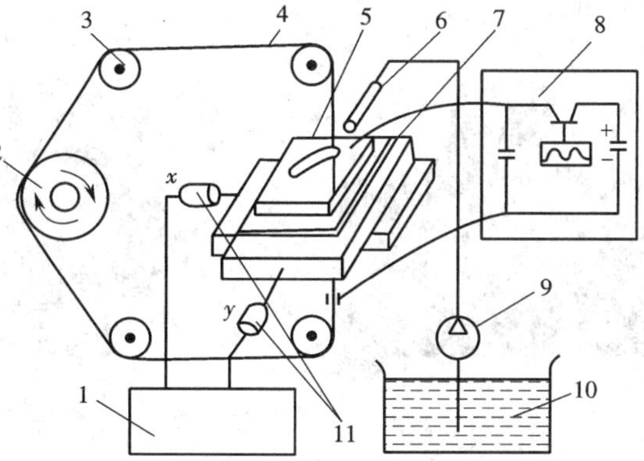


**图 1-20　线切割加工设备**

1—数控装置；2—滚丝筒；3—导轮；4—电极丝；5—工件；6—喷嘴；7—绝缘板；
8—高频脉冲发生器；9—泵；10—工作液；11—步进电机

（3）机电结合类，如 CT 扫描仪、自动售货机等，其执行装置是机械装置与电子装置的结合体，如图 1-21 所示。

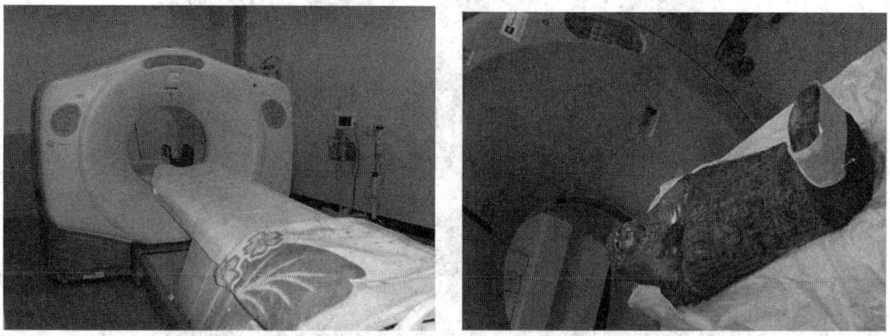

**图 1-21　CT 扫描仪**

（4）电液伺服类，其主要产品是机电液一体化伺服装置，其执行机构是液压驱动的机械装置，控制机构是接收电信号的液压伺服阀，如图 1-22 所示。

图 1-22 液压挖掘机

（5）信息控制类，如电报机、传真机、复印机等办公自动化设备，其执行机构的动作由所接收的信息控制，如图 1-23 所示。

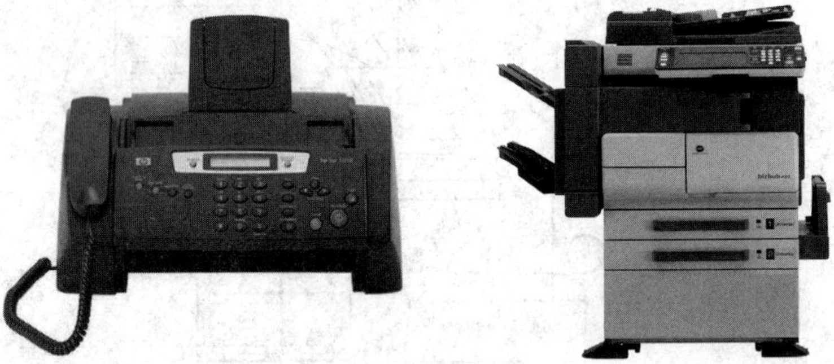

图 1-23 传真机、复印机

## 1.5.2 机电一体化技术的应用

（1）印制线路板焊接质量图像检测装置，如图 1-24 至图 1-26 所示。

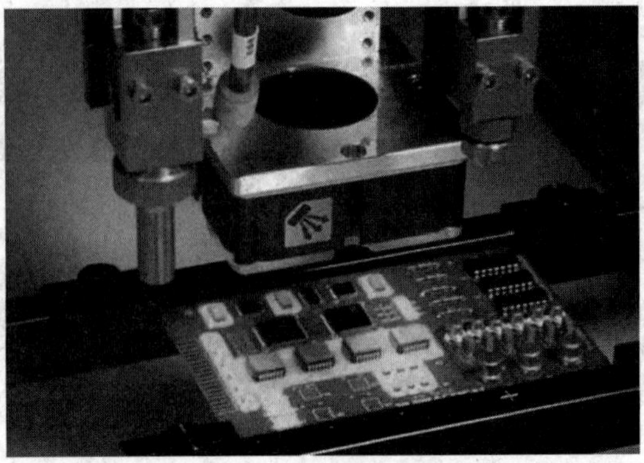

图 1-24 印制线路板焊接质量图像检测示意图

图 1-25　印制线路板焊接质量图像检测驱动装置

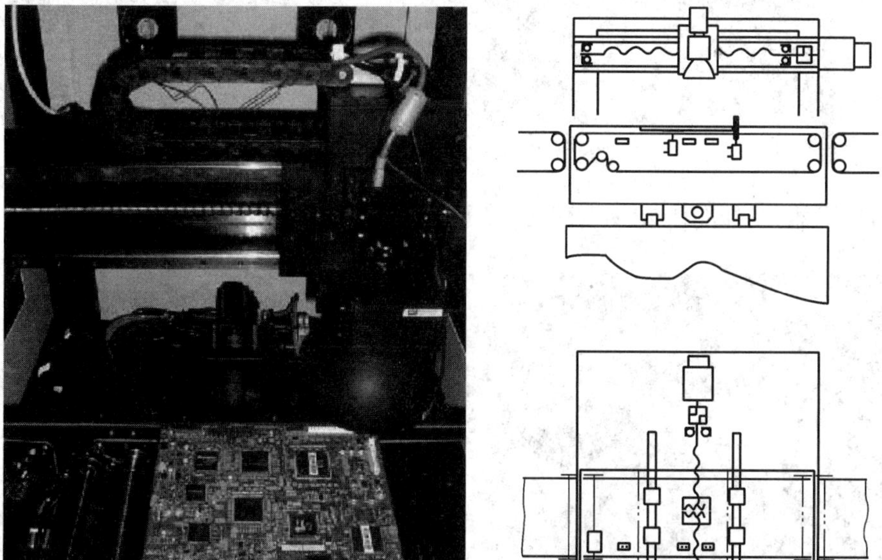

图 1-26　印制线路板焊接质量图像检测装置基本结构

（2）集成电路芯片焊接机，如图 1-27 所示。

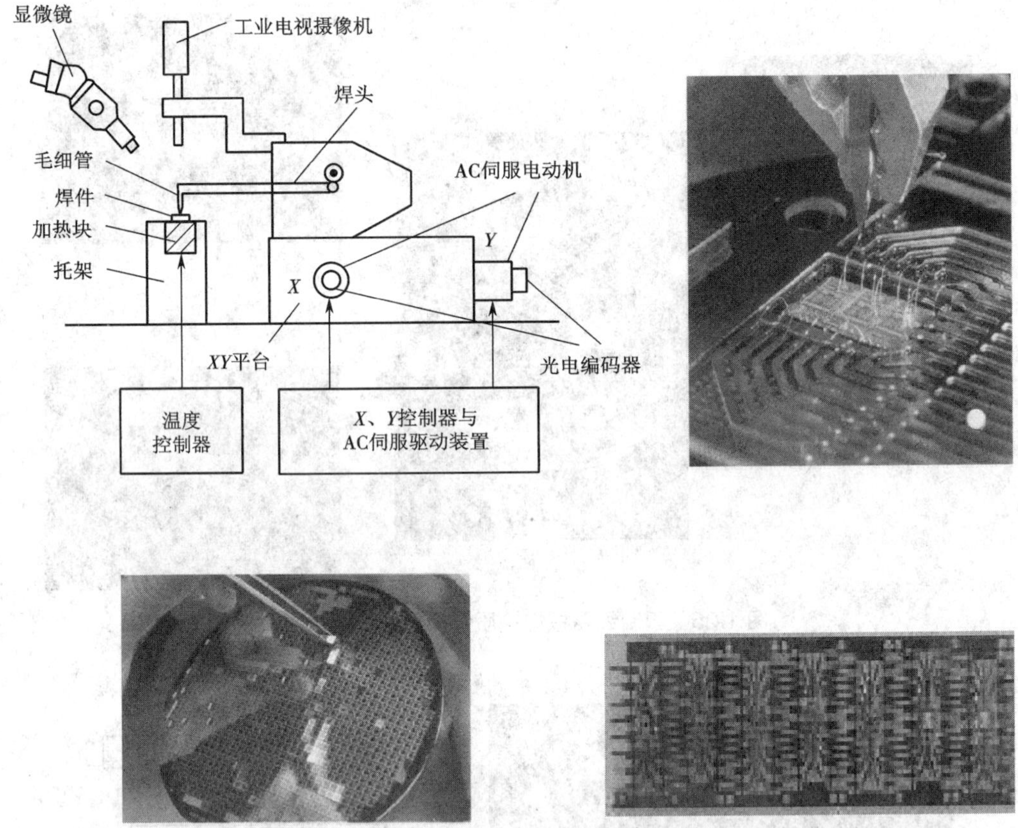


图 1-27　集成电路芯片焊接机

（3）纳米机器人，如图 1-28 和图 1-29 所示。

图 1-28　可在毛细血管中工作的微型机器人

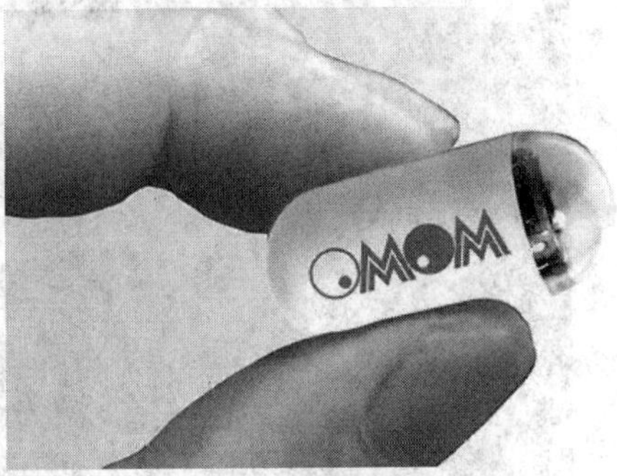

图 1-29　胶囊机器人

（4）神舟六号系统，如图 1-30 所示。

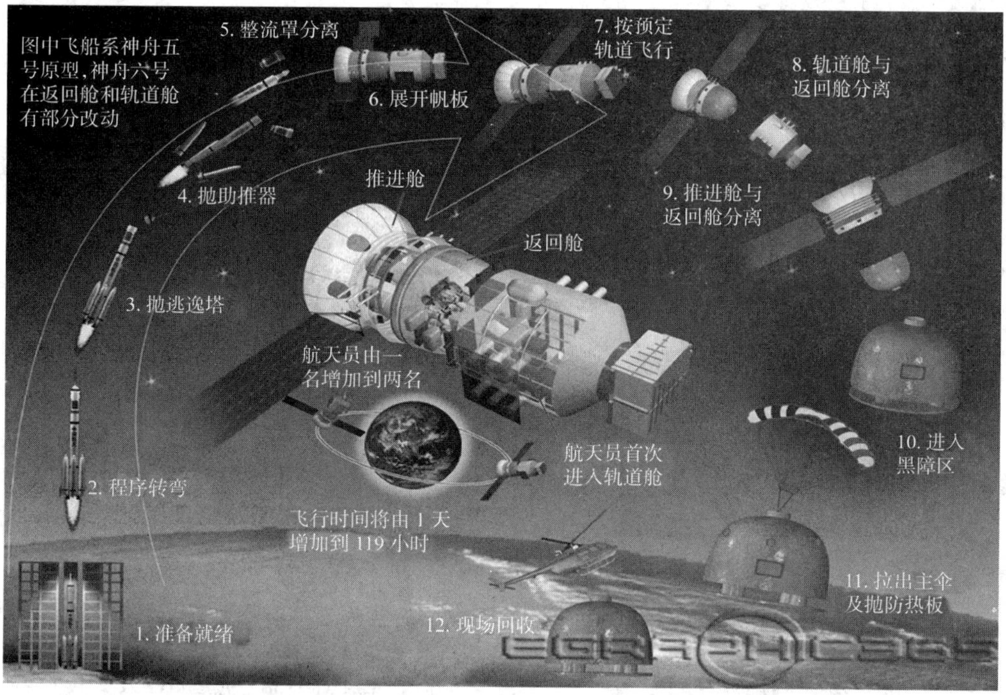


图 1-30　神舟六号系统

（5）汽车防抱死制动系统（ABS），如图 1-31 所示。

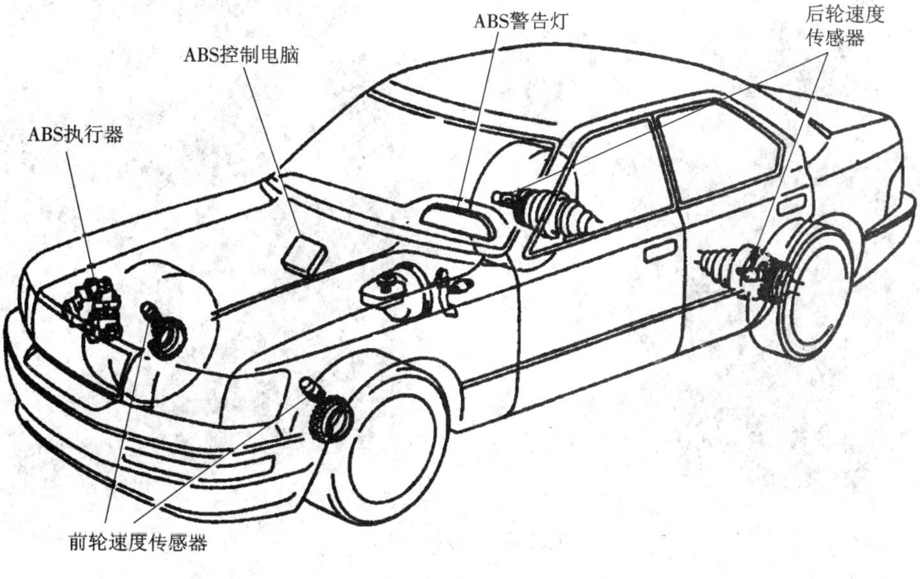


图 1-31　汽车防抱死制动系统

（6）机器人，如图 1-32 和图 1-33 所示。

①机械装置：手臂、手指、手臂的连接部分和机座。

②驱动装置：驱动机械手臂、手指运动的电机、电磁铁等。

③动力源:电源、液压源、气源。

④传感检测装置:检测旋转角度和摆动角度的旋转编码器、测速度用的测速电机。

⑤控制单元:计算机控制器。

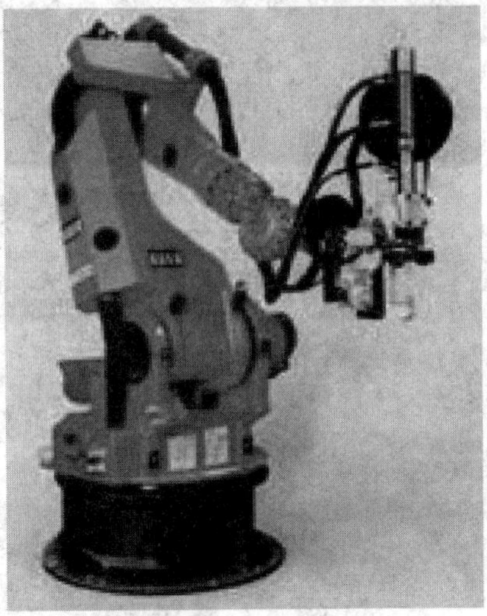

图 1-32 焊接机器人

图 1-33 搬运机器人

(7)数控机床,如图 1-34 所示。

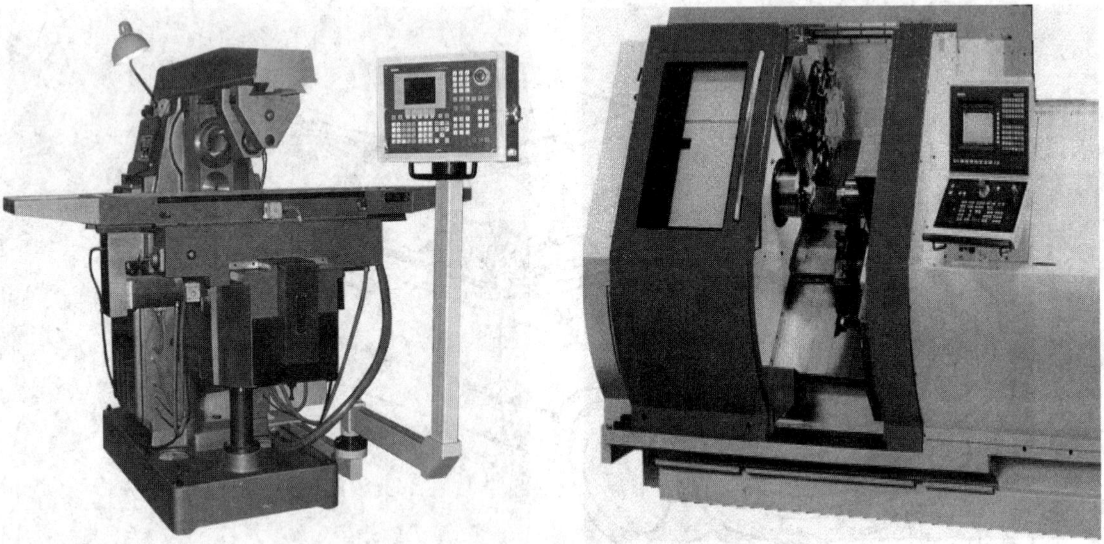

图 1-34 数控机床

(8)五轴加工中心,如图 1-35 所示。

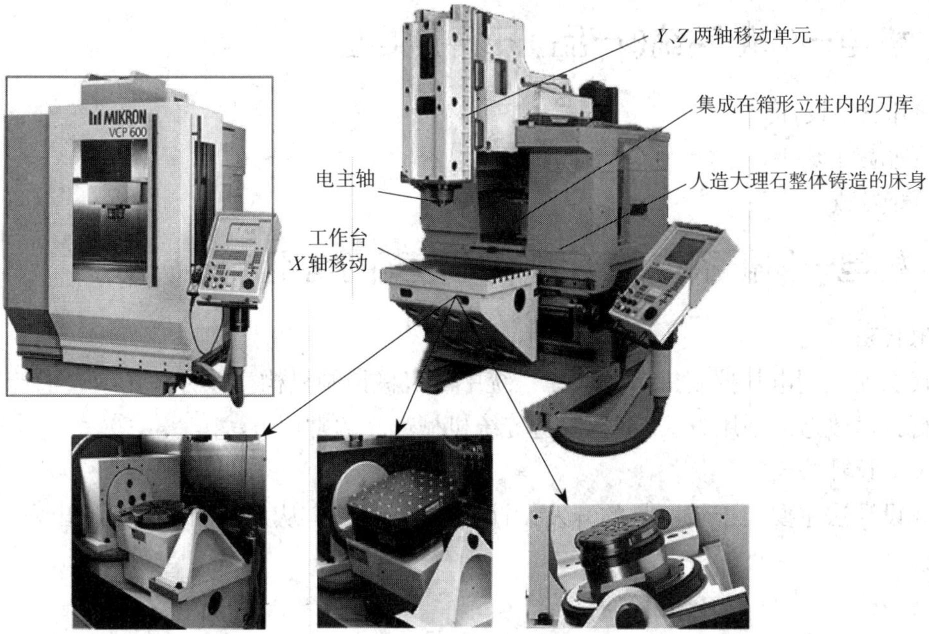


图 1-35　五轴加工中心

# 任务六　机电一体化系统的设计

## 1.6.1　机电一体化系统的分类

1. 开环控制

开环控制的机电一体化系统是没有反馈的控制系统，如图 1-36 所示。其特点是结构简单、成本低、维修方便，但精度较低，对输出和干扰没有诊断能力。其常用于对精度要求不高的场合，如家用电器、简易数控机床。

图 1-36　开环控制方框图

2. 闭环控制

在闭环控制的机电一体化系统中，输出信号经由反馈环节与输入信号进行比较，再经控制器分析处理，实现对输出的补偿，如图 1-37 所示。其特点是精度高、抗干扰能力强，但结构复杂、成本高。其适用于现代机电一体化系统，如数控机床、机器人、雷达等。

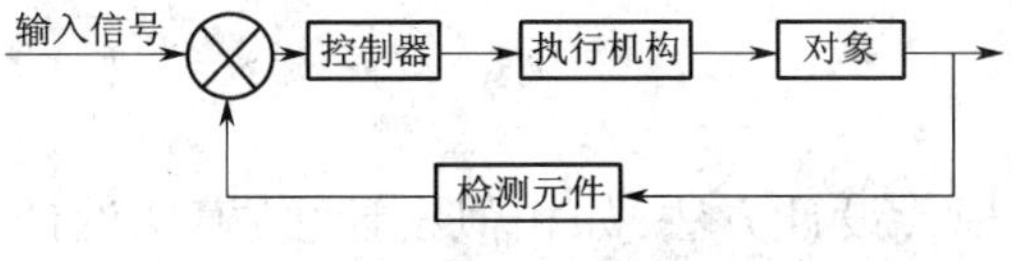


图 1-37　闭环控制方框图

### 1.6.2 机电一体化系统(产品)开发的类型

(1)开发性设计。

(2)适应性设计。

(3)变参数设计。

### 1.6.3 机电一体化系统(产品)设计方案的常用方法

1. 取代法

取代法就是用电气控制机构取代原系统中的机械控制机构。该方法是改造旧产品或对原系统进行技术改造的常用方法,也是改造传统机械产品的常用方法。

2. 整体设计法

整体设计法主要用于新产品的开发设计,在设计时完全从系统的整体目标出发,考虑各子系统的设计。

3. 组合法

组合法就是选用各种标准功能模块组合设计成机电一体化系统。例如,设计一台数控机床,可以依据机床的性能要求,通过对不同厂家的计算机控制单元、伺服驱动单元、位移和速度测试单元,及主轴、导轨、刀架、传动系统等产品进行评估分析,研究各单元间的接口关系和各单元对整机性能的影响,通过优化设计确定机床的结构组成。

### 1.6.4 机电一体化系统设计

1. 系统设计

系统设计是采用系统思维综合运用各有关学科的知识、技术和经验,在系统分析的基础上,通过总体研究和详细设计,实现设计目标的产品研发过程。

2. 基本原则

(1)使设计工作获得最优化效果。

(2)在保证满足目标和功能要求以及适当使用寿命的前提下不断降低成本。

3. 设计过程

采用"目标—功能—结构—效果"的多次分析与综合的过程。

4. 设计步骤

(1)设计预测。

(2)信号分析。

(3)科学类比。

(4)系统分析设计。

(5)创造设计。

(6)选择各种具体的现代设计方法,如相似设计法、模拟设计法、有限元法、可靠性设计法、动态分析法、优化设计法、模糊设计法等。

（7）机电一体化系统设计质量的综合评价。

# 机电讲堂：点亮万家的蓝领工匠——张黎明

扫一扫：机电讲堂

二十大报告中指出："加快建设国家战略人才力量，努力培养造就更多大师、战略科学家、一流科技领军人才和创新团队、青年科技人才、卓越工程师、大国工匠、高技能人才。"张黎明以"工匠精神"自勉，不忘本来，坚守"初心"，30年扎根一线，是配电抢修一线的"活地图"和"急先锋"；作为"蓝领创客"，他精益求精、执着创新，一刻不懈怠地创新攻坚，持续将机器人迭代升级，目前已实现产业化，在全国20个省份推广应用，产值超过7亿元，累计代替人工作业超过1.7万次；项目团队牵头立项的《配网带电作业机器人导则》成为该领域首个IEEE国际标准，填补了配网带电作业领域国际标准的空白。张黎明还牵头研发了国内首个乘用车领域多工位自动充电机器人，在全国首个近零碳充电站——津门湖新能源车综合服务中心实践应用。

# 思考与习题

1. 什么是机电一体化技术？
2. 机电一体化技术与传统机电技术的区别有哪些？
3. 机电一体化的发展趋势体现在哪些方面？
4. 机电一体化系统中的接口有哪些作用？
5. 如何保证机电一体化系统的高性能？
6. 机电一体化系统设计遵循的原则和采用的方法有哪些？

# 项目二　传感检测技术

## 任务一　传感检测技术概述

### 2.1.1　检测技术

扫一扫：传感器技术的概述

检测技术是以研究测量系统中的信息提取、信息转换、信息处理的理论与技术为主要内容的一门应用技术学科。检测技术的主要内容包括被测量的测量原理、测量方法、测量系统和数据处理。

1. 传感器的定义

传感器的英文为 transducer 或 sensor，它是一种检测装置，能感受到被测量的信息，并能将感受到的信息按一定规律变换成电信号或其他所需形式的信息输出，以满足信息的传输、处理、存储、显示、记录和控制等要求。

2. 检测

检测是利用各种物理、化学效应，选择合适的方法与装置，对生产、科研、生活等各方面的有关信息通过检查与测量的方法赋予定性与定量结果的过程。

### 2.1.2　机电一体化与人的区别

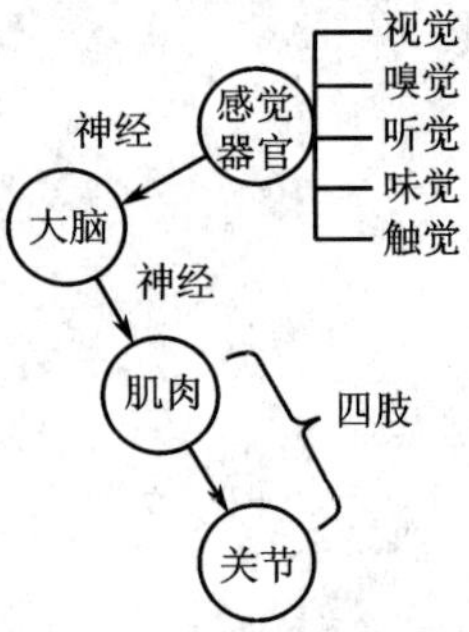


图 2-1　人体各器官的传感作用

传感器的各种功能可与人体的五大感觉器官相比拟，如图 2-1 所示。其中，光敏传感器对应视觉器官，声敏传感器对应听觉器官，气敏传感器对应嗅觉器官，化学传感器对应味觉器官，压敏、温敏、流体传感器对应触觉器官。

传感器相当于人的感觉器官，控制器相当于人的大脑，执行机构和驱动器相当于人的肌肉和关节，接口及通信系统相当于人的神经系统。要使机电一体化产品有效发挥作用，必须首先借助传感器获取外部环境和系统内部各种各样的信息，如图 2-2 所示。

传感器处于测试系统的最前端，其性能将直接影响整个测试系统的工作质量。传感器是感知、获取与检测信息的窗口，一切科学研究与自动化生产过程要获取的信息，都要通过传感器获取并转换为容易传输与处理的电信号。

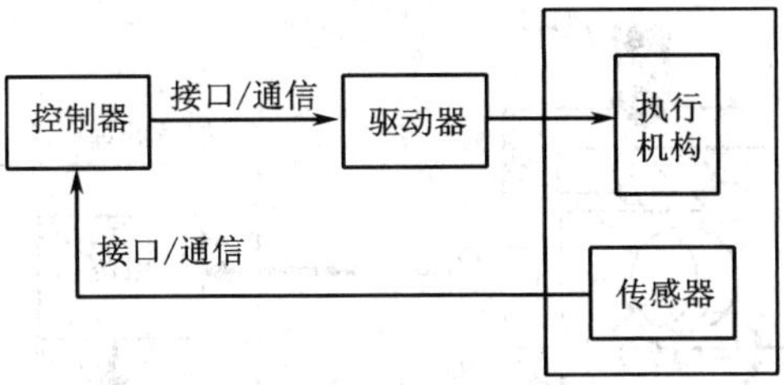


图 2-2 机电一体化产品控制方框图

# 任务二 各种传感器原理及组成

传感器是一种以测量为目的,以一定的精度把被测量转换为与之有确定关系的、便于处理的另一种物理量的测量器件。传感器的输出信号多为容易处理的电量,如电压、电流、频率等。传感器由敏感元件、转换元件、辅助电源及测量转换电路四部分组成,如图 2-3 所示。

扫一扫:典型传感器原理

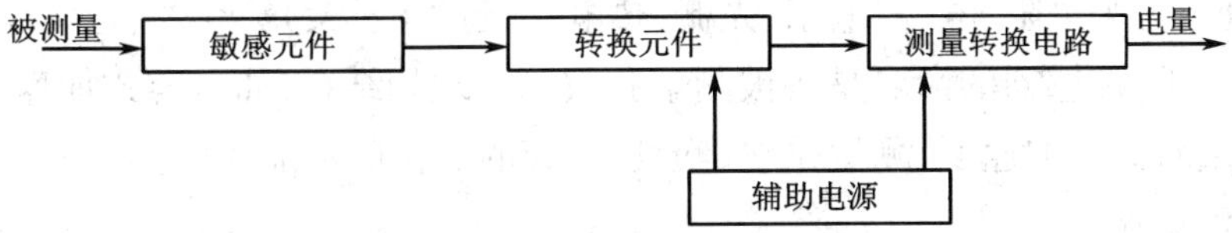


图 2-3 传感器组成方框图

## 2.2.1 弹性敏感元件(电阻应变片)

在弹性敏感元件上粘贴一种称为电阻应变片的传感元件,该传感元件能将变形量转换为电阻值(电参量)的变化。电阻应变片电阻值的变化由电桥电路转换成电压输出,电桥电路即为测量转换电路。

由于在转换过程中,压力、变形量、电阻值及电压均呈线性关系,因此最终压力与电压呈线性对应关系。压力被转换成电压后,经过放大等一系列处理,由手持式显示器显示出压力变化值。弹性敏感元件的工作原理如图 2-4 所示。

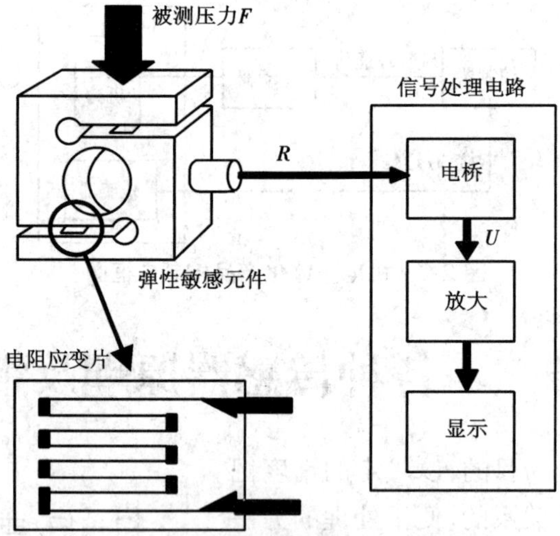


图 2-4 弹性敏感元件的工作原理

## 2.2.2 传感器的分类

传感器按被测量可分为位移、力、力矩、转速、振动、加速度、温度、压力、流量、流速传感器等；按测量原理可分为电阻、电容、电感、光栅、热电偶、超声波、激光、红外、光导纤维传感器等。

在很多情况下，传感器的命名是将被测量和被测原理相结合，如电容式加速度传感器表示该传感器的测量对象是加速度，测量原理是通过电容的变化确定加速度。

1. 电感式测微仪

测微是指测量几个微米（μm）至几个毫米（mm）位移量的变化。

在电感式测微仪中，衔铁在线圈中伸入长度的变化将引起螺旋管线圈电感量的变化，当衔铁偏离中间位置时，两个线圈的电感量一个增大、另一个减小，形成差动形式。对于长螺旋管，衔铁工作在螺旋管中部一定区域时，线圈电感量与衔铁移动的微小距离呈线性关系。电感式测微仪的结构和外形如图 2-5 所示。

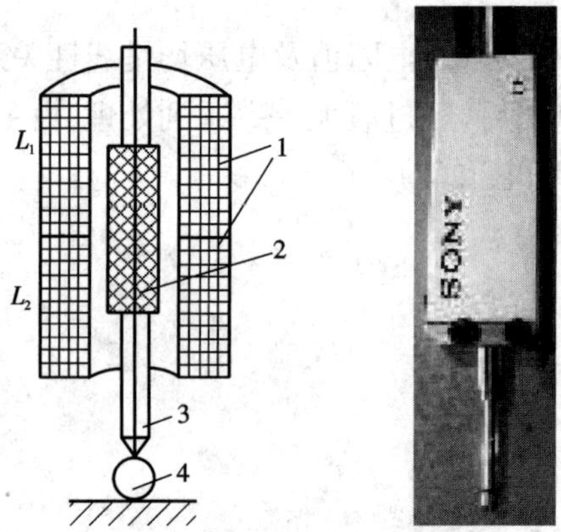


图 2-5 电感式测微仪的结构和外形

1—螺旋管式差动线圈；2—衔铁；3—测杆；4—工件

外界因素（如温度的变化、电源频率的变化等）对差动式电感传感器的影响基本上可以互相抵消，衔铁承受的电磁吸力也较小，从而可减小测量误差。

2. 电位器式位移传感器

电位器式位移传感器基于电阻分压原理进行直线位移的测量，最大测量行程可达 500 mm，如图 2-6 所示。

电位器式位移传感器的输出电压 $U$ 与直线位移 $x$ 成正比，即 $U=(x/L)\times V_{CC}$，其中 $L$ 为直线电阻的长度。

由于滑动触点与导电塑料和引出轨道之间相互接触，易磨损，所以电位器式位移传感器适用于位移变化不是很频繁的场合。

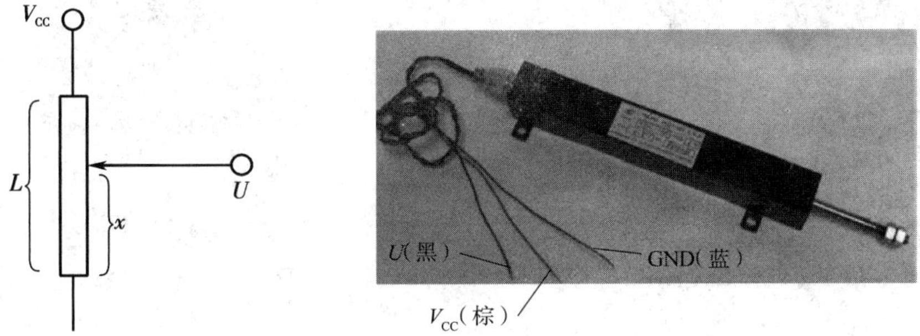


图 2-6　电位器式位移传感器

3. 电涡流位移传感器

电涡流位移传感器属于非接触式测量装置，测量时不受灰尘等因素的影响，可在各种恶劣条件下使用，如图 2-7 所示。

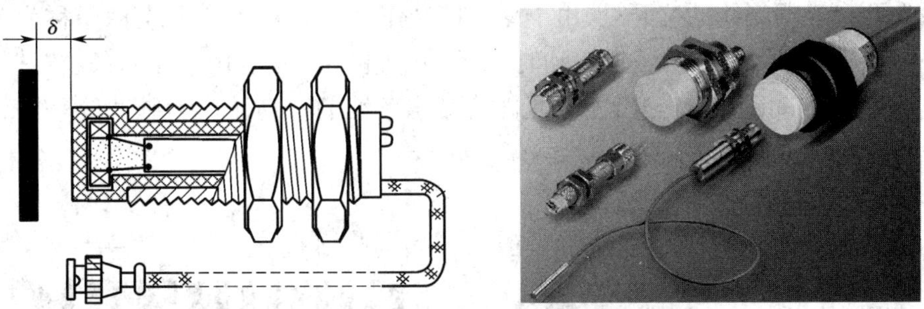


图 2-7　电涡流位移传感器的结构与外形

电涡流位移传感器是一种输出模拟量的电子器件。当金属物体接近其感应面时，金属物体表面将吸收电涡流探头中的高频振荡能量，使振荡器的输出信号幅度线性衰减，根据衰减量的变化或振荡频率的变化，可计算出与金属物体的距离、振动等参数。电涡流位移传感器的应用如图 2-8 至图 2-11 所示。

图 2-8 注塑机开合模间隙测量

图 2-9 封口机工作间隙测量

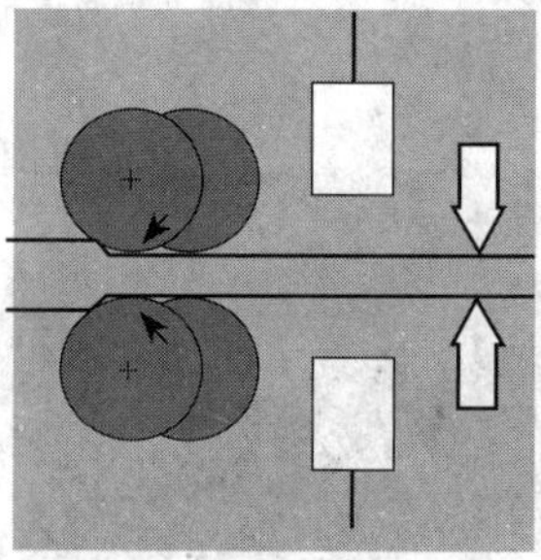
图 2-10 冷轧板厚度测量

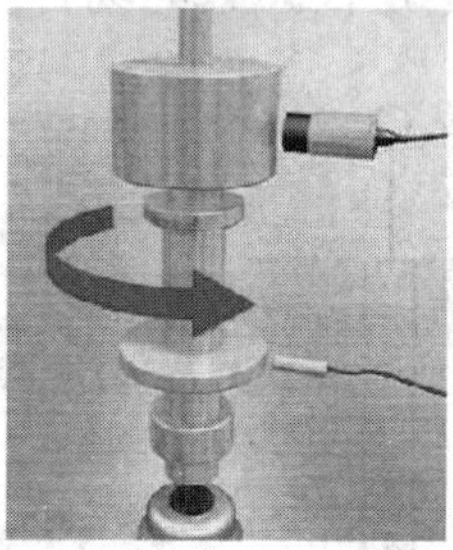
图 2-11 偏心振动检测

4. 线位移传感器

线位移传感器的测量原理:其光栅指标为线 /mm,如 100 线 /mm,则栅距 $W$=0.01 mm,若计数脉冲为 1 000,则光栅移动距离为 0.01 × 1 000=10 mm。

在透射式光栅中,把主光栅与指示光栅的刻线面相对叠合在一起,中间留有很小的间隙,并使两者的刻线保持很小的夹角,如图 2-12 所示。在两个光栅刻线的重合处,光从缝隙透过,形成亮带;在两个光栅刻线的错开处,由于相互挡光作用而形成暗带,该亮暗带称为摩尔条纹,如图 2-13 所示。光栅水平方向正反移动时,摩尔条纹上下移动。由于摩尔条纹对栅距的放大作用,摩尔条纹的移动距离 $L>>W$,光敏元件将摩尔条纹的移动转换为脉冲信号,每移动一个栅距,即产生一个脉冲信号。

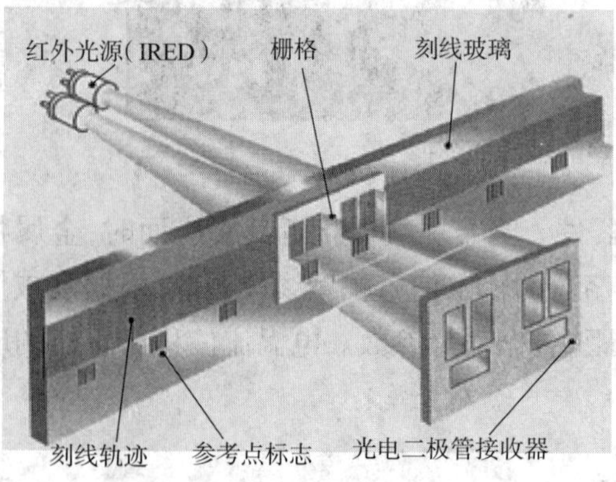

图 2-12 透射式光栅

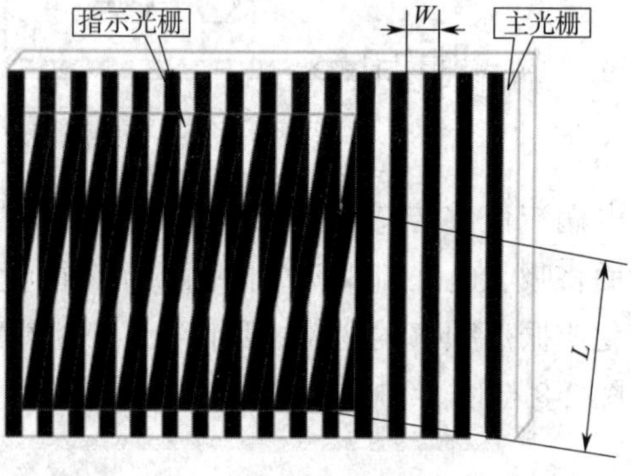

图 2-13 线位移传感器摩尔条纹

在高反射率的金属表面镀一层金属膜,并在金属膜上刻画一系列平行、等宽、等距的刻线,这种既能使白光反射又能使光色散的光栅,称为反射式光栅,如图 2-14 所示。目前广泛应用的平面反射光栅是在玻璃坯上镀一层铝膜,然后用金刚石在铝膜上刻画出很密的平行刻槽制成的。我国大量生产的平面反射光栅每毫米刻槽 600 条或 1 200 条,最密的达到每毫米 1 800 条。铝制的反射光栅,几乎在红外线、可见光和紫外线等区域都能使用,如图 2-15 所示。而且,一块光栅刻好后,可以用它复制多块光栅,复制出的光栅还可以再复制,复制方法很简单。由于以上优点,在目前制造的分光仪器中,基本都已用反射式光栅代替棱镜。

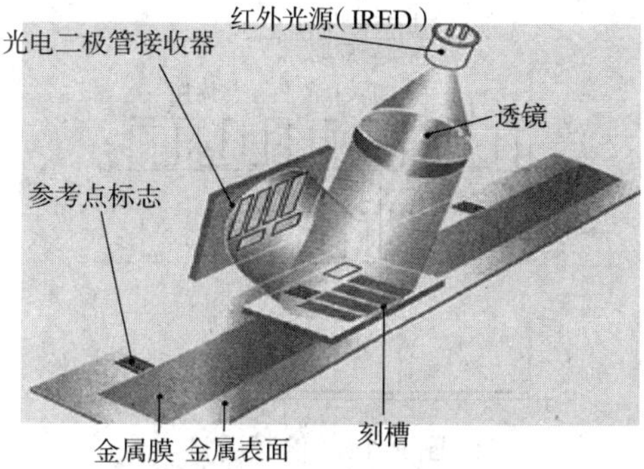


图 2-14　反射式光栅

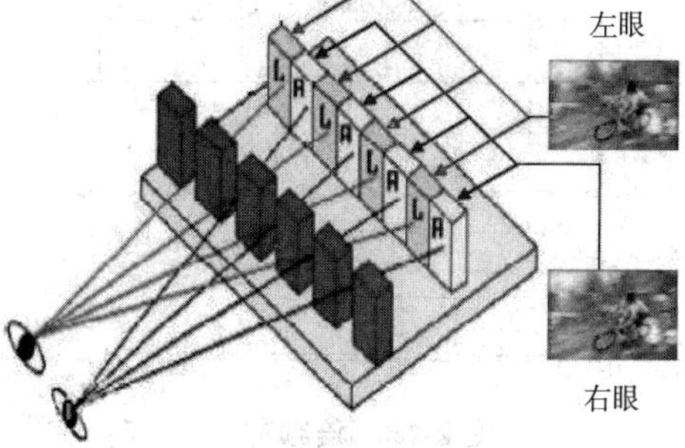


图 2-15　反射式光栅在全息影像中的应用

(1)直线光栅,如图 2-16 所示。

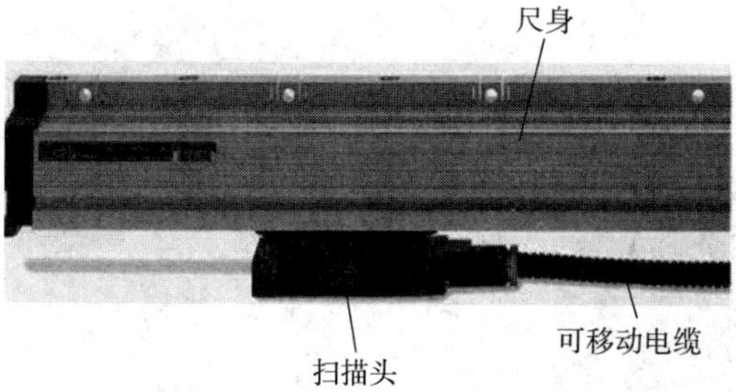


图 2-16　直线光栅

扫一扫:直线光栅原理 3D

(2)输出信号波形,如图 2-17 所示。

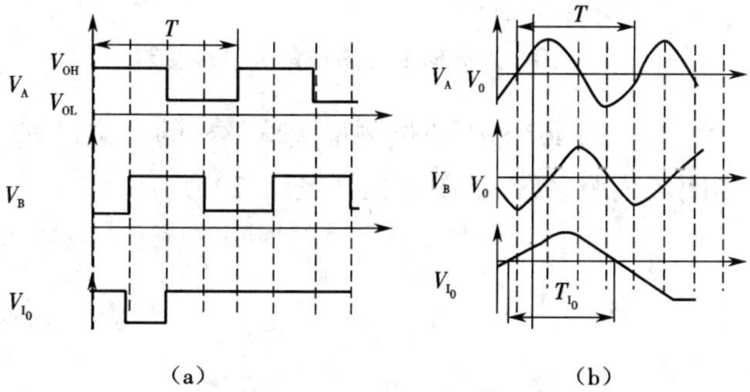


图 2-17　输出信号波形

(a)TTL 信号　(b)正弦波信号

(3)倍频技术能在不增加光栅刻线数及价格的情况下提高光栅的分辨力。如图 2-18 和图 2-19 所示,细分前光栅的分辨力只有一个栅距的大小,采用 4 倍频技术后,计数脉冲的频率提高了 3 倍,相当于原光栅的分辨力提高了 3 倍,测量步距是原来的 1/4,较大地提高了测量精度。

如有一直线光栅,每毫米刻线数为 50,细分数为 4,则其分辨力 $\Delta=W/4=(1\ \text{mm}/50)/4=0.005\ \text{mm}=5\ \mu\text{m}$。即采用细分技术,在不增加光栅刻线数(成本)的情况下,可将分辨力提高 3 倍。

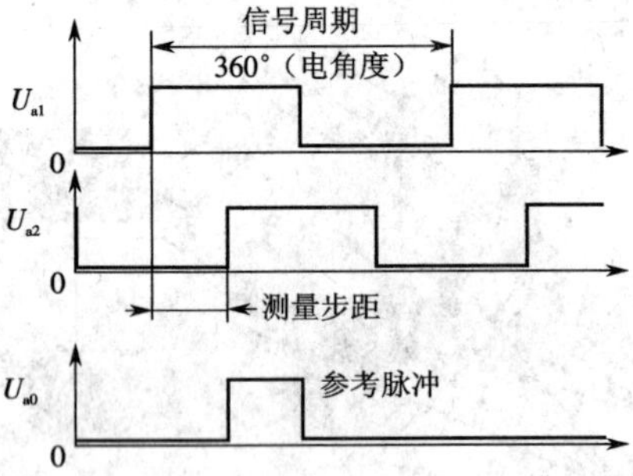


图 2-18　倍频前

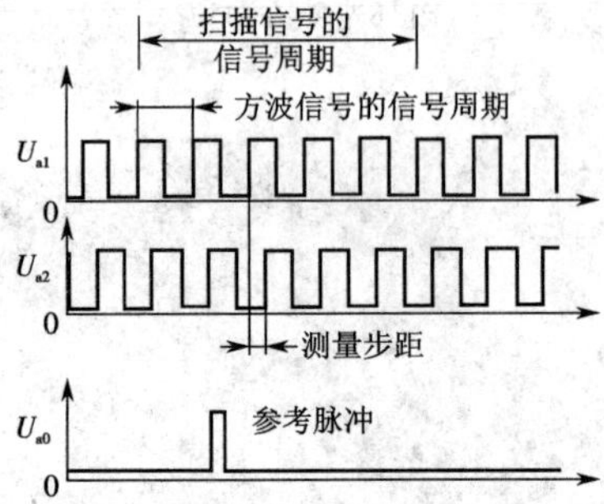


图 2-19　倍频后

5. 圆盘形电位器式角位移传感器

圆盘形电位器式角位移传感器是基于电阻分压原理进行角度测量的,如图 2-20 所示。其输出电压 $U$ 与角位移 $\theta$ 满足以下关系:

$$U=(\theta/360^\circ)\times V_{CC}$$

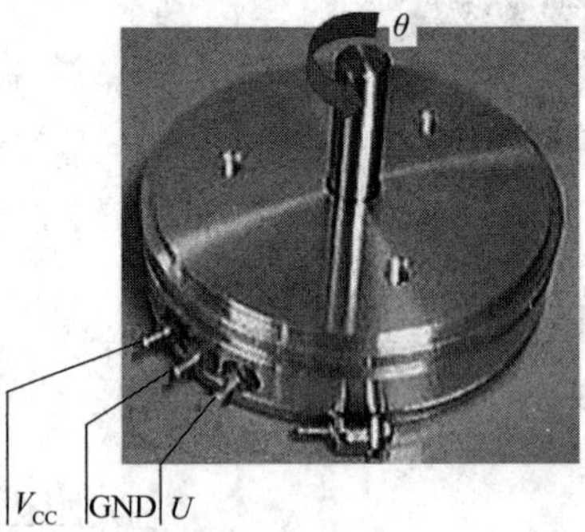


图 2-20　圆盘形电位器式角位移传感器

角位移传感器测量满足 $x=t/360^\circ\times\theta$,通过测量滚珠丝杠的角位移 $\theta$,可间接获得工作台的直线位移 $x$,构成位置半闭环伺服系统,如图 2-21 和图 2-22 所示。

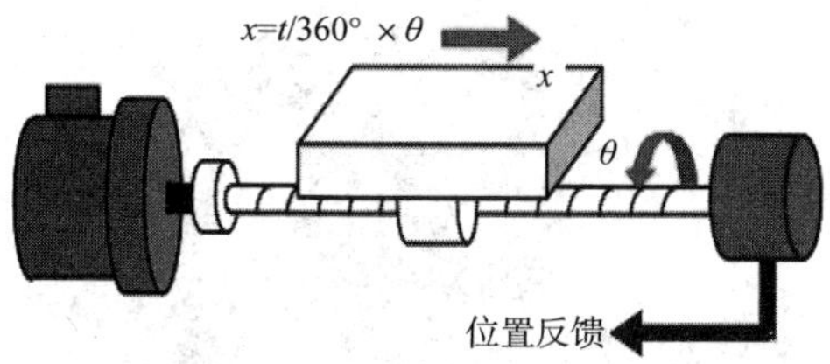


图 2-21　角位移传感器测量原理

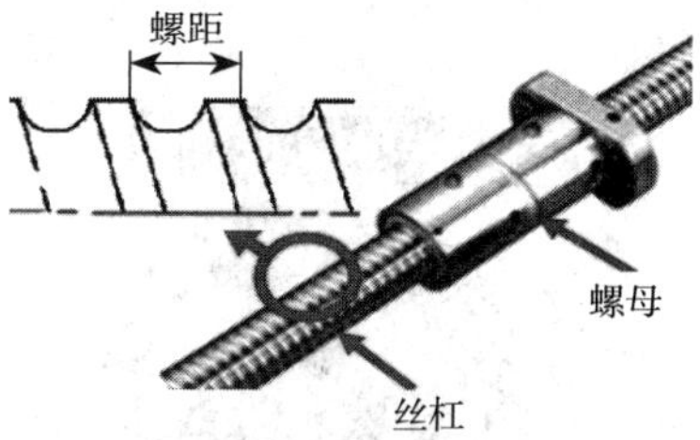


图 2-22　滚珠丝杠

两种常用编码器如图 2-23 和图 2-24 所示，具体内容如下。

图 2-23　轴式编码器

图 2-24　套式编码器

（1）绝对式测量：输出 $n$ 位二进制编码，每一个二进制编码对应唯一的角度，如图 2-25 所示。

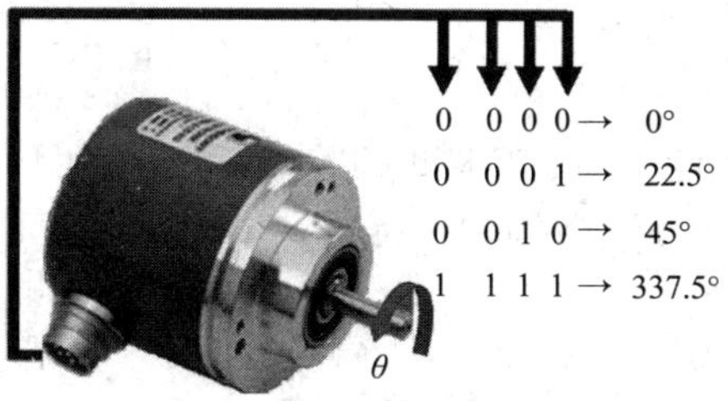


图 2-25　绝对式测量

（2）分辨角：4 个电刷（导电为“1”，非导电为“0”）4 位二进制码盘的最小分辨角 $\alpha$=360° /2$n$=360° /24=22.5°，如图 2-26 和图 2-27 所示。

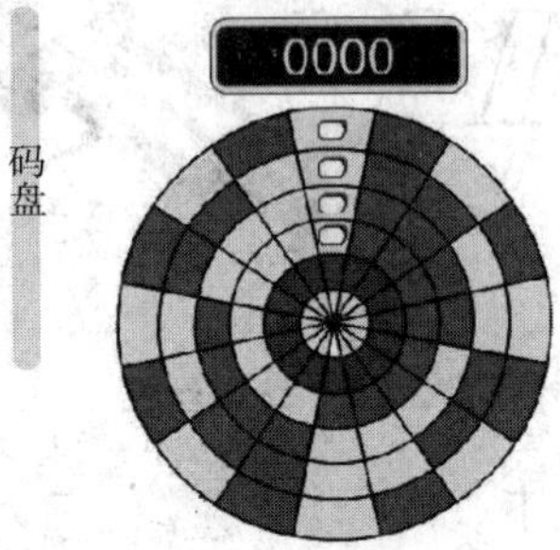


图 2-26　分辨角

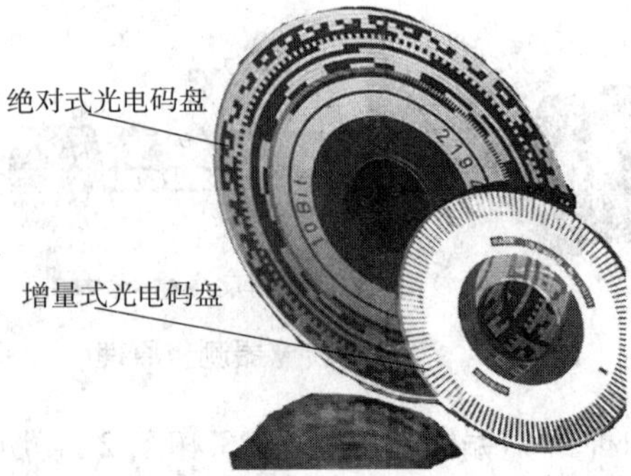


图 2-27　码盘

（3）内部结构，如图 2-28 所示。

扫一扫：编码器结构

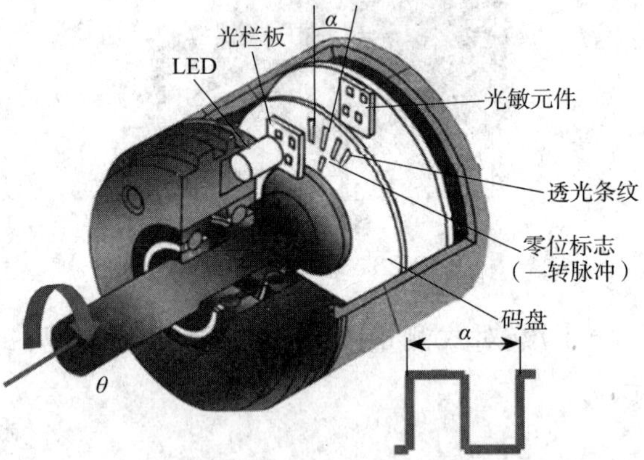


图 2-28　编码器内部结构

（4）辨向：光敏元件产生的信号 A、B 彼此相差 90° 相位，可用于辨向，如图 2-29 所示。当码盘正转时，A 信号超前 B 信号 90°；当码盘反转时，B 信号超前 A 信号 90°。

图 2-29　角位移传感器辨向

（5）辨向脉冲信号，如图 2-30 和图 2-31 所示。

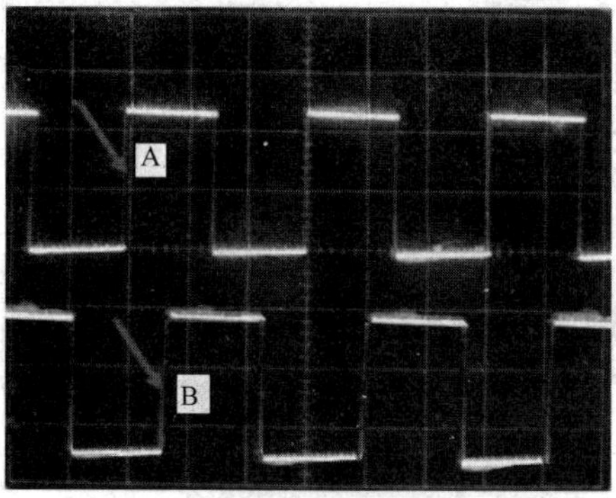


图 2-30　A 超前 B 90°（正向）

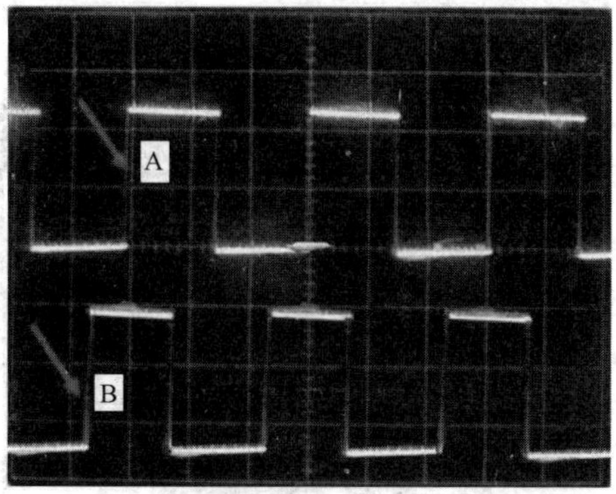


图 2-31　A 滞后 B 90°（反向）

（6）倍频：在现有编码器的条件下，通过细分技术能提高编码器的分辨力。细分前，编码器的分辨力只有一个分辨角的大小。采用 4 倍频技术后，计数脉冲的频率提高了 3 倍，相当于将原编码器的分辨力提高了 3 倍，测量分辨角为原来的 1/4，从而提高了测量精度。

# 任务三　传感器在数控车床主轴控制中的应用

## 2.3.1　主轴编码器

主轴编码器通常是指转速传感器，主要用于发电机模拟测速、光电编码器数字测速、电涡流测速及霍尔测速等，如图 2-32 所示。图 2-33 所示为主轴编码器用于 $C$ 轴控制。

图 2-32　主轴编码器

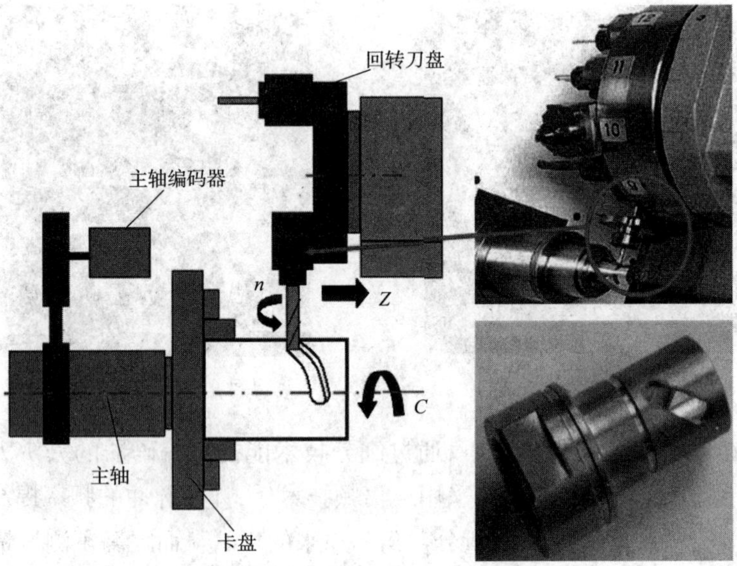


图 2-33 主轴编码器用于 $C$ 轴控制

## 2.3.2 电涡流式转速传感器

扫一扫：电涡流位移传感器应用与调试

若金属转轴表面有槽或齿，则可在其旁边非接触地安装电涡流式转速传感器用于转轴的转速测量，当转轴转动时，传感器与转轴表面之间的距离周期性地改变，于是传感器输出频率也周期性地发生变化，可以用频率计测量出变化的重复频率，从而测出转轴的转速。若转轴上开有 $Z$ 个槽（或齿），频率计的读数为 $f$(Hz)，则转轴的转速 $n=60f/Z$(r/min)。市场上销售的电涡流式转速传感器俗称“电感转速表”，其工作原理实质上是电涡流效应，如图 2-34 所示。

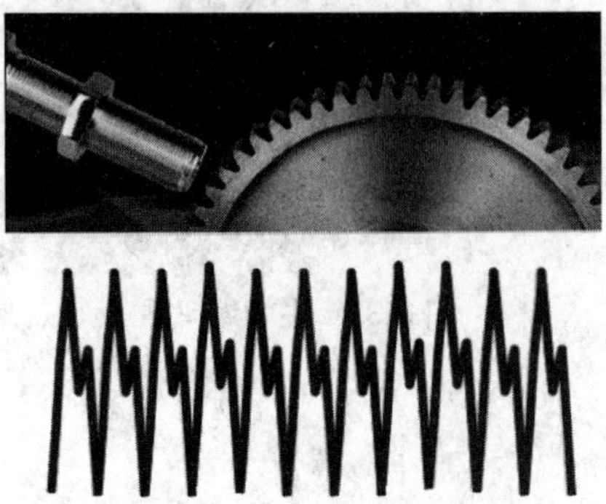

图 2-34 电涡流式转速传感器

1. 电涡流式转速传感器测量齿轮转速

电涡流式转速传感器安装在齿轮端面，齿轮每转过一个齿，传感器输出一个脉冲信号，在设定的时间内对脉冲进行计数即可获得脉冲频率，再根据齿轮齿数就可获得齿轮的转速，如图 2-35 所示。之所以设置 A、B 两个传感器，是因为要获得齿轮是正转还是反转的信息。A、B 两个传感器的输出波形如图所示，从中可获得如下信息：

（1）A、B 两路脉冲不是对齐的，而是有先后的，称为超前或滞后，如 A 脉冲超前 B 脉冲，则表示齿轮正转，如 B 脉冲超前 A 脉冲，则表示齿轮反转；

（2）脉冲频率与齿轮转速是相对应的，转速越快，脉冲频率越高。

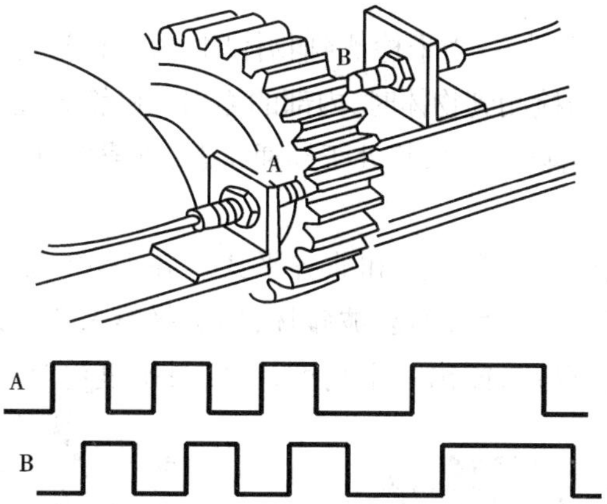


图 2-35　转速传感器输出频率

2. 电涡流接近开关（电感接近开关）

电感接近开关由 *LC* 高频振荡器和放大处理电路组成，金属物体在接近辨头时，表面产生涡流，这个涡流反作用于接近开关，使接近开关振荡能力衰减，内部电路的参数发生变化，由此识别出有无金属物体接近，进而控制开关的通或断，如图 2-36 和图 2-37 所示。这种接近开关只能检测导电性能良好的金属物体。

图 2-36　电感接近开关外形

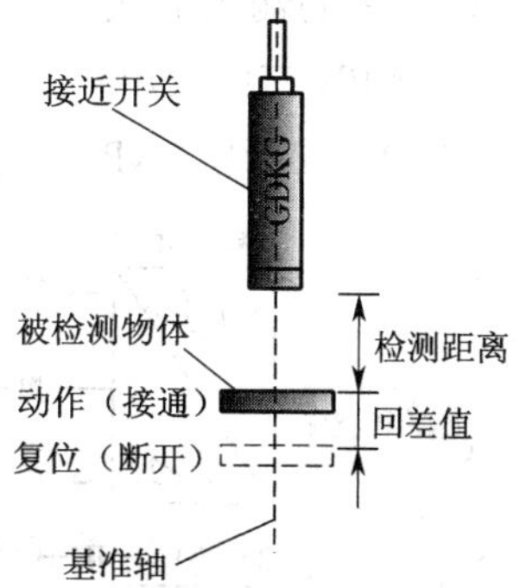


图 2-37　电感接近开关原理

1）接近开关的术语解释

动作（检测）距离：被检测物体按一定方式移动时，从基准位置（接近开关的感应表面）到开关动作时测得的基准位置到检测面的空间距离的标称值。

设定距离：指整定距离，一般为额定动作距离的 80%，以保证工作可靠。

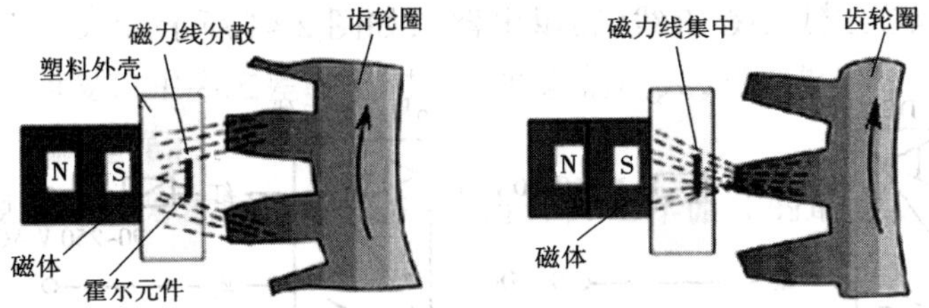


图 2-43 霍尔式转速传感器的工作原理

1. 霍尔式转速传感器的应用

若汽车在刹车时车轮被抱死，将产生危险。采用霍尔式转速传感器来检测和保持车轮的转动，有助于控制刹车力的大小和防止侧偏，如图 2-44 所示。

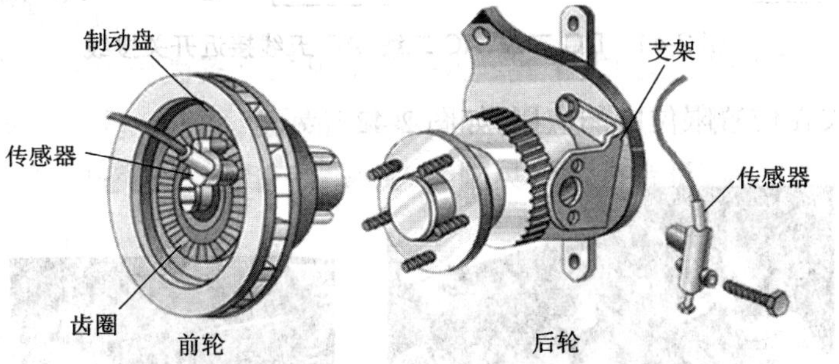


图 2-44 霍尔式转速传感器控制刹车力

2. 霍尔效应

将半导体薄片置于磁感应强度为 $B$ 的磁场中，磁场方向垂直于薄片，当有电流 $I$ 流过薄片时，在垂直于电流和磁场的方向上将产生电动势 $E_H$，这种现象称为霍尔效应，如图 2-45 所示。

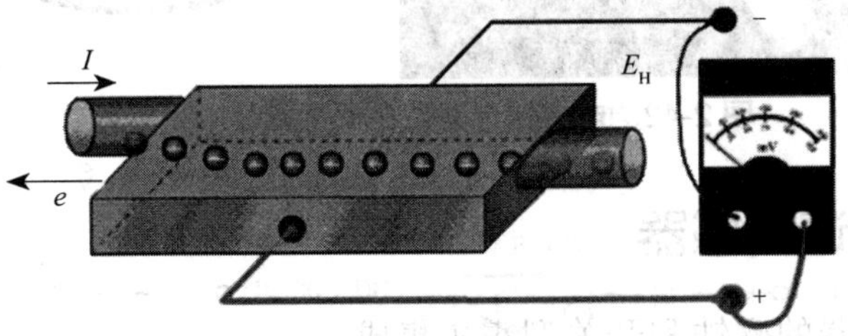


图 2-45 霍尔效应原理

3. 霍尔集成电路

霍尔传感器多已集成化，制成霍尔集成电路，霍尔 IC 具有体积小、灵敏度高的特点，如图 2-46 所示。

霍尔 IC 可分为线性型和开关型两种。前者的输出电压在一定磁场强度范围内与磁场强度呈线性关系；后者当磁场强度超过规定的工作点时，输出低电平，当磁场强度低于释放点时，输出高电平。开关型霍尔 IC 是组成霍尔式转速传感器的基础。

4. 光电断续器测速

齿盘每转过一个齿，光电断续器就输出一个脉冲，通过脉冲频率测量或脉冲计数，即可获得齿盘转速和角位移，如图 2-47 所示。

图 2-46　霍尔集成电路

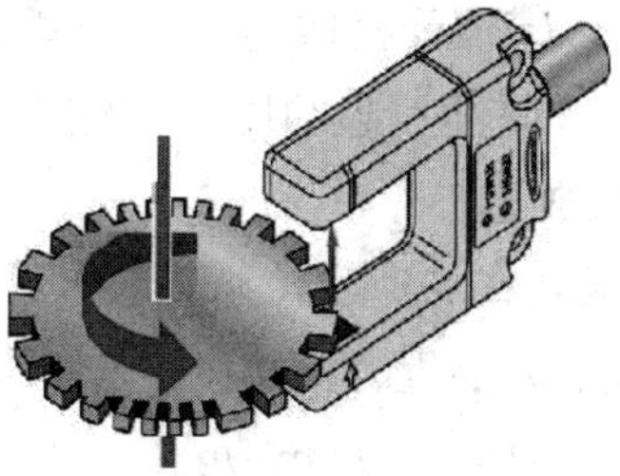

图 2-47　光电断续器

光电断续器的工作原理与光电开关相同，但其发射器、接收器做在体积很小的同一塑料壳体中，便于安装使用。光电断续器有遮断型和反射型两种。

光电断续器广泛应用于自动控制系统、生产流水线、机电一体化设备、办公设备和家用电器中。光电断续器的发光二极管（LED）可以用直流电驱动，亦可用 40 kHz 尖脉冲电流驱动；红外 LED 的正向压降为 1.1~1.3 V，驱动电流应控制在 20 mA 以内。

5. 直流无刷电机（BLDCM）换向控制

在电动机尾部机座上固定霍尔开关组件，组件上有三个霍尔开关；转子上有带磁性条的感应盘，并随转子在霍尔开关槽内旋转。当磁性条与霍尔开关对应时，霍尔开关便发出信号，该信号反映转子转过的角度，经控制电路处理后对定子三相绕组进行换向控制，可实现电子换向器的功能。直流无刷电机的换向控制如图 2-48 所示。

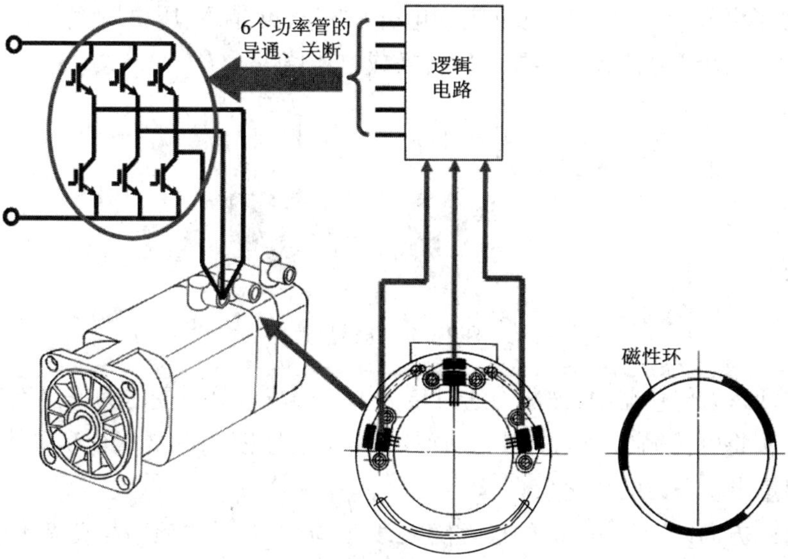


图 2-48　直流无刷电机的换向控制

## 2.3.4 加速度传感器

1. 压电式振动加速度传感器

压电式振动加速度传感器是一种接触式传感器。当传感器与被测振动加速度的机件紧固在一起后，传感器受机械运动的振动加速度作用，压电晶片受到质量块惯性引起的压力大小由 $F=ma$ 决定。惯性引起的压力作用在压电晶片上产生电荷，电荷由引出电极输出，由此将振动加速度转换成电参量。

许多压电式加速度传感器将压电晶片和电荷放大器做在同一壳体中，传感器输出信号是电压，同时用标准重力加速度 $g$ 作为加速度的单位，所以压电式加速度传感器的灵敏度单位为 mV/$g$，通常为 10~1 000 mV/$g$。

压电式加速度传感器的主要技术指标如下。

（1）灵敏度：500 mV/$g$。

（2）量程：10$g$

（3）质量：40 g。

（4）分辨力：0.000 04$g$。

（5）频率范围：4~4 000 Hz。

（6）安装谐振点：15 kHz。

（7）线性：≤ 1%。

（8）螺纹：M5。

1）压电晶片

某些电介质在沿一定方向受到外力作用而变形时，内部会产生极化现象，同时在其表面会产生电荷，产生的电荷量与所受外力的大小成正比，当外力去掉后又重新回到不带电的状态，这种现象称为压电效应。具有压电效应的电介质有石英晶体、压电陶瓷等，如图 2-49 所示。压电效应产生的电荷经电荷放大器放大后转换成电压值。

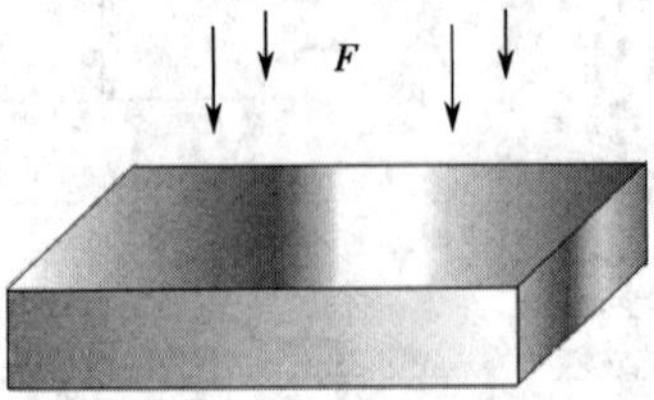


图 2-49 压电晶片

在压电式动态力传感器中，被测力通过传力上盖使压电晶片受压力作用而产生电荷，通过电极和引出插头将电荷输出。电荷量与所受的动态力成正比，只要用电荷放大器测出电荷的变化量就可测量出动态力的变化量。

当动态力的方向改变时，电荷的极性随之改变，输出电压的频率与动态力的频率相同；当动态力变为静态力时，电荷将由于表面漏电而很快泄漏、消失。

2）振动的时域和频谱分析

频谱图或频域图的横坐标为频率 $f$，纵坐标可以是加速度，也可以是振幅或功率等，反映在频率范围之内，对应于每一个频率分量的幅值，如图 2-50 所示。图 2-51 所示为采用频谱分析法进行故障诊断。

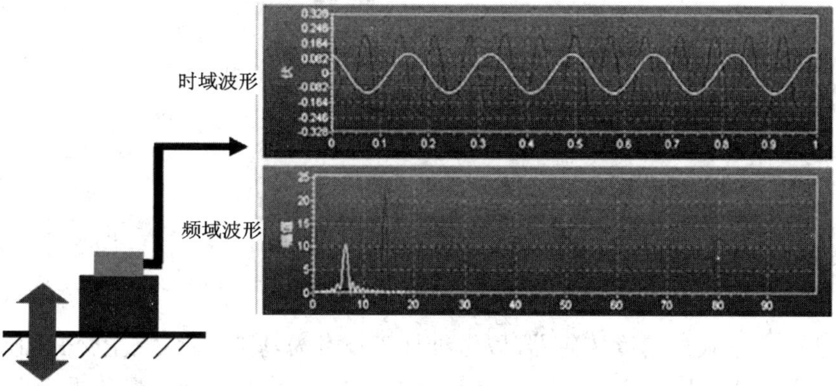


图 2-50　振动的时域和频谱分析

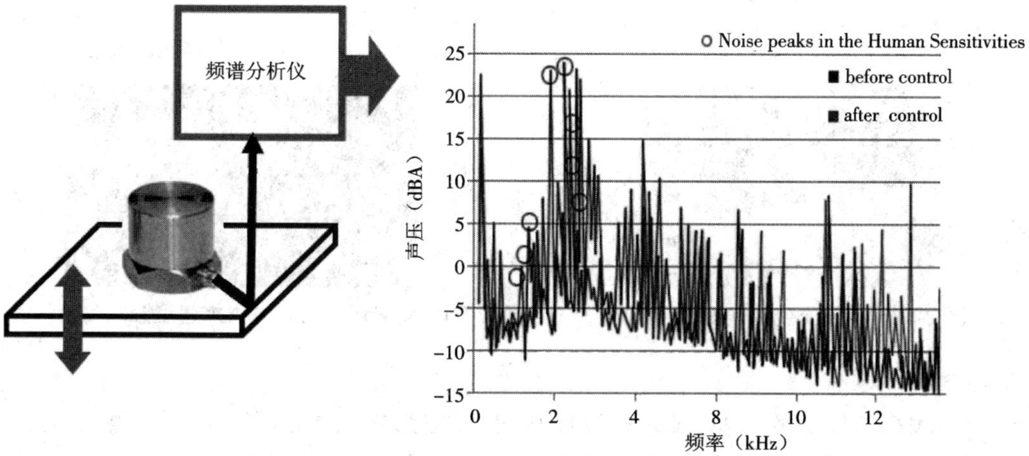


图 2-51　采用频谱分析法进行故障诊断

2. 电容式加速度传感器

电容式加速度传感器外观与普通集成电路相似，通过表面微加工技术在硅衬底上制造出三个多晶硅电极，组成差动电容，底层和顶层多晶硅固定不动，中间层多晶硅是一个可以上下振动的振动片，当电容式加速度传感器受到上下振动时，电容差动变化，与加速度测试单元封装在一起的信号处理电路将电容变化量转换成电压输出，如图 2-52 所示。电容式加速度传感器允许的撞击加速度可达 100$g$ 以上。

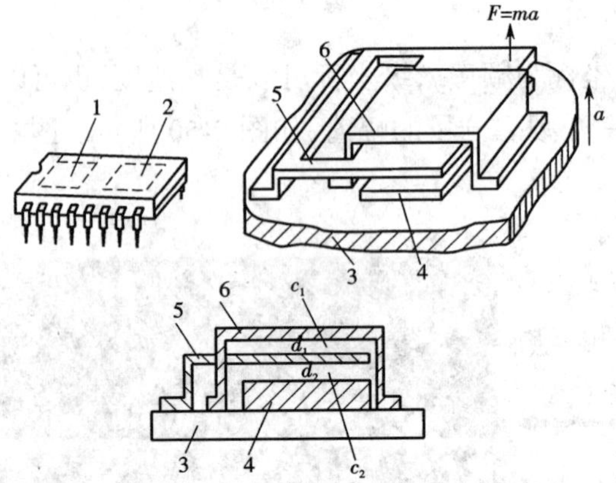


**图 2-52 电容式加速度传感器**

1—加速度测试单元；2—信号处理电路；3—衬底；4—底层多晶硅（下电极）；5—硅悬臂梁；6—顶层多晶硅（上电极）

图 2-53 所示电容式加速度传感器，以微细加工技术为基础，既能测量交变加速度（振动），也可测量惯性力或重力加速度。其工作电压为 2.7~5.25 V，加速度测量范围为数个 $g$，可输出与加速度成正比的电压，也可输出占空比正比于加速度的宽度可调的脉冲。

使用电容式加速度传感器可以在汽车发生碰撞时，经控制系统使安全气囊迅速充气，如图 2-54 所示。

**图 2-53 测量交变加速度（振动）**

**图 2-54 测量惯性力或重力加速度控制安全气囊充气**

3. 电容式传感器

电容的大小与极板的面积、极距和极板间的介质有关。电容式传感器由集敏感元件和转换元件为一体的电容量可变的电容器和测量电路组成，其变量间的转换关系如图 2-55 所示。

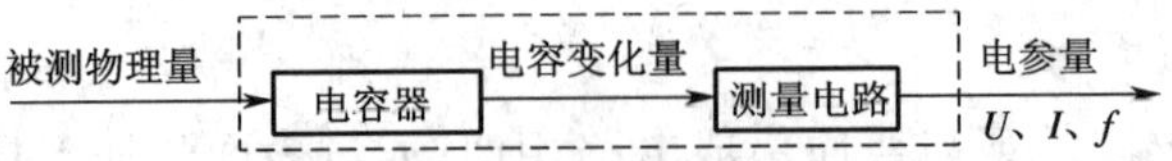


**图 2-55 电容式传感器原理**

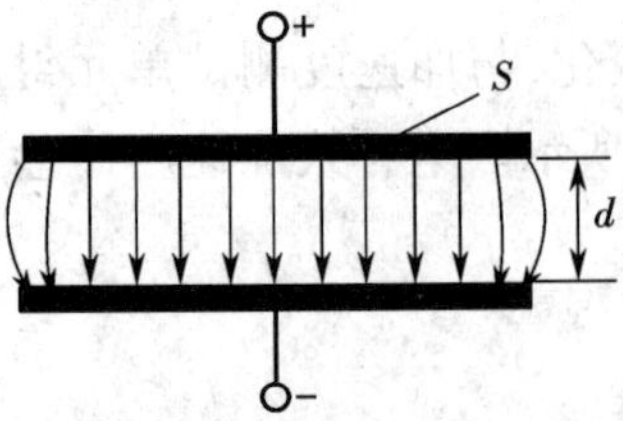


**图 2-56 平行极板电容器**

由物理学可知，当忽略电容器边缘效应时，对于图 2-56 所示平行极板电容器，其电容量为

$$C=\frac{\varepsilon S}{d}=\frac{\varepsilon_0\varepsilon_r S}{d} \tag{2-1}$$

可见，在 $S$、$d$、$\varepsilon$ 三个参量中，改变其中任意一个量，均可使电容量 $C$ 改变。也就是说，如果被检测参数（如位移、压力、液位

等)的变化引起 $S$、$d$、$\varepsilon$ 三个参量中的一个发生变化,就可利用相应的电容量的改变实现参数测量。

1)应变片

导体或半导体材料在外力作用下会产生机械变形,其电阻值也将随之发生变化,这种现象称为应变效应。电阻丝或半导体应变片的电阻相对变化量 $\Delta R/R$ 与材料力学中的轴向应变 $\varepsilon_x$ 的关系在很大范围内是线性的,如图 2-57 和图 2-58 所示。

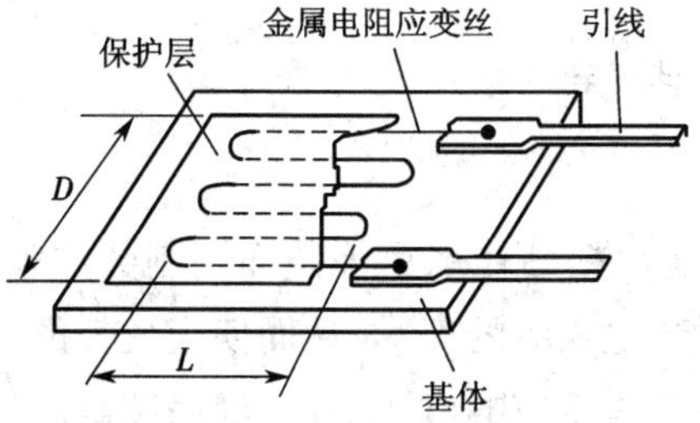


图 2-57　金属丝式应变片

图 2-58　金属箔式应变片

2)电桥平衡电路

电桥平衡电路如图 2-59 所示,电桥平衡条件为

$R_1/R_2=R_4/R_3$

调节 $R_P$,最终可以使 $R_1'/R_2'=R_4/R_3$($R_1'$、$R_2'$ 是 $R_1$、$R_2$ 并联 $R_P$ 后的等效电阻),电桥趋于平衡,$U_o$ 被预调到零位,这一过程称为调零,其中 $R_5$ 是用于减小调节范围的限流电阻。

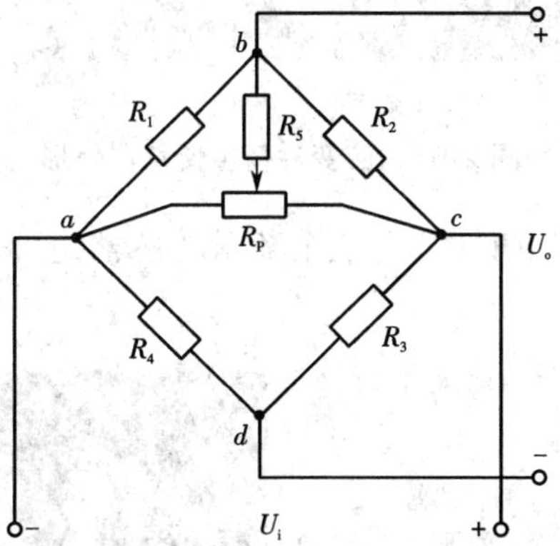


图 2-59　电桥平衡电路

3)电阻应变片的应用

(1)将应变片粘贴于某些弹性体上,并将其接到测量转换电路中,这样就构成测量各种物理量的专用应变式传感器。在应变式传感器中,敏感元件一般为各种弹性体,传感元件就是应变片,测量转换电路一般为电桥电路。

(2)将应变片贴于被测试件上,并将其接到应变仪上,就可直接从应变仪上读取被测试件的应变量,如图 2-60 所示。

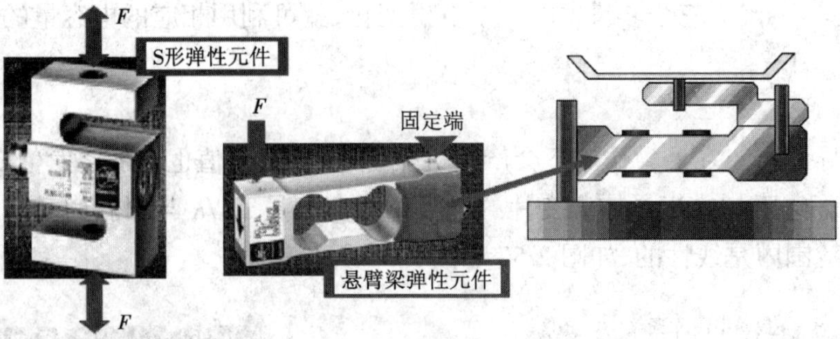


图 2-60 弹性敏感元件应用

4）应变片荷重传感器

应变片荷重传感器主要用于测力和称重。将应变片粘贴在承重等截面钢制圆柱表面上，当等截面圆柱受外力作用时，应变片随圆柱的变形而产生相应的变形，从而使应变片的电阻值发生变化，应变片组成的电桥电路将电阻的变化量转换成相应的电压输出，经后续电路处理显示出外力的大小，如图 2-61 所示。

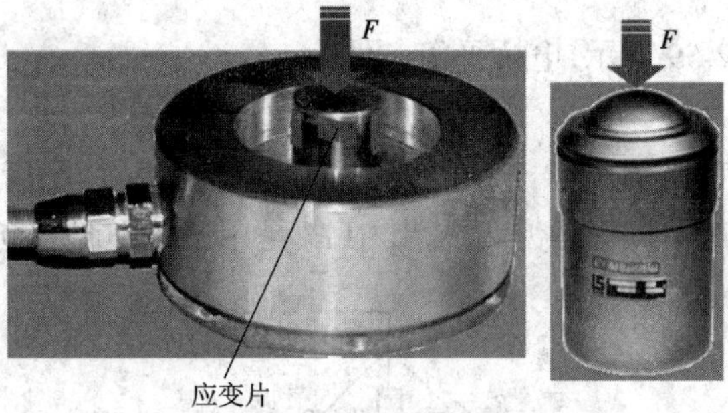


图 2-61 应变片荷重传感器外形

应变片荷重传感器用于称重时，共需三个荷重传感器，且间隔 120° 分布，下部有垫块、电缆、底座，如图 2-62 所示。

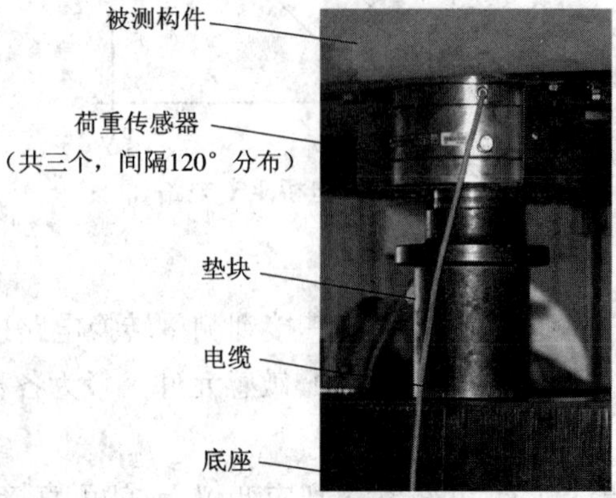


图 2-62 应变片荷重传感器应用

## 2.3.5 压力传感器

1. 压阻式固态压力传感器

对于压阻式固态压力传感器，利用扩散工艺制作的四个半导体应变电阻处于同一硅片上（俗称“硅杯”），整体工艺一致性好，灵敏度相同，漂移相互抵消，迟滞、蠕变非常小，动态响应快，如图 2-63 至图 2-65 所示。

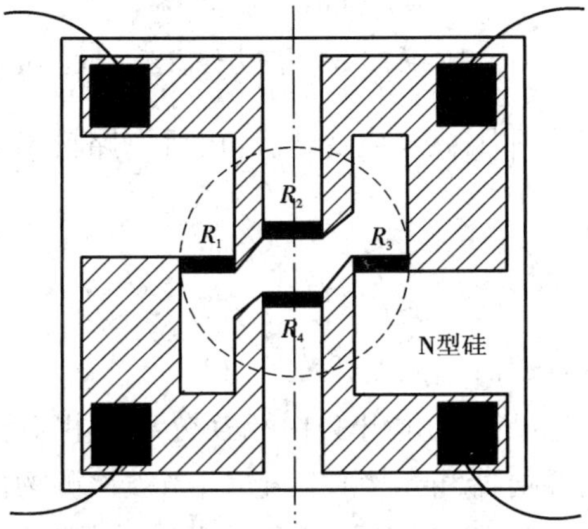


图 2-63　压阻式固态压力传感器结构

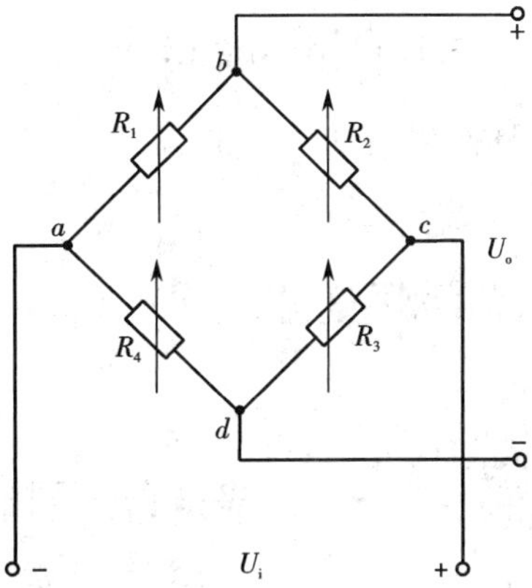


图 2-64　压阻式固态压力传感器原理

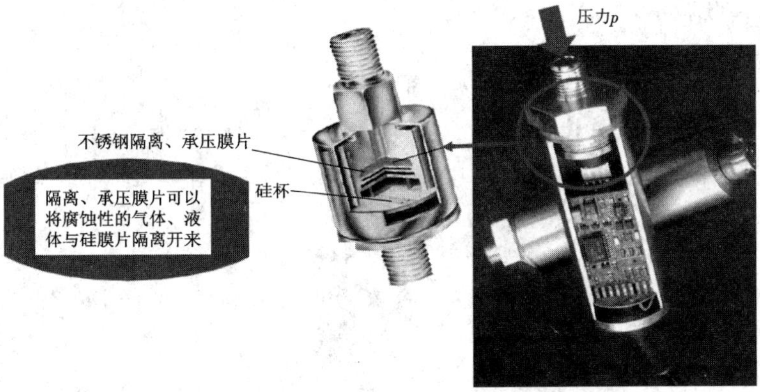


图 2-65　压阻式固态压力传感器外形

2. 小型压阻式固态压力传感器

对于小型压阻式固态压力传感器，当进气口向大气敞开时，输出电压对应于“表压”（相对于低压进气口大气压的压力）；当进气口封闭并抽真空时，输出电压对应于“绝对压力”，如图 2-66 和图 2-67 所示。

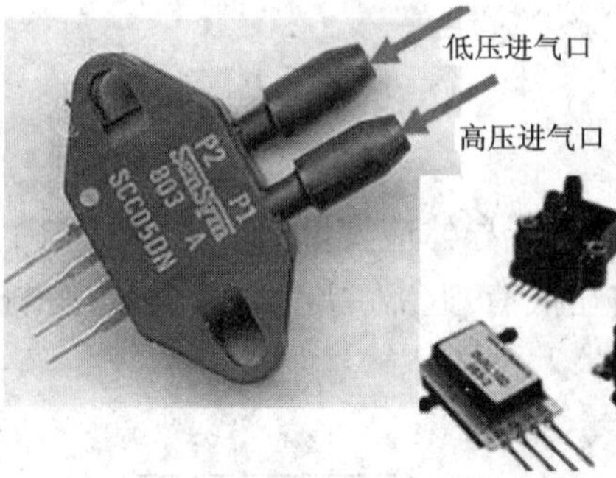


图 2-66 固态压力传感器

图 2-67 表压压力传感器

当硅杯两侧有压力差时，硅杯产生变形，四个应变片阻值发生变化，经电桥电路输出与压力差成正比的电压。

## 2.3.6 光电传感器

扫一扫：光电传感器的应用与调试

1. 遮断式光电开关

遮断式光电开关由相互分离且相对安装的光发射器和光接收器组成，当被检测物体位于发射器和接收器之间时，光线被阻断，光接收器接收不到光发射器发出的红外线而产生开关信号，如图 2-68 所示。

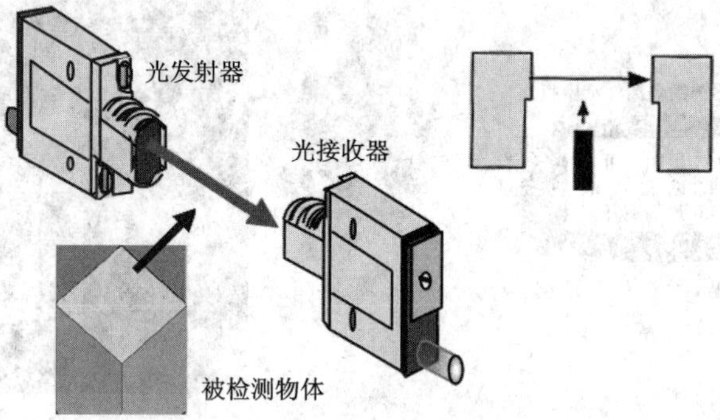


图 2-68 遮断式光电开关

2. 定区域反射式光电开关

定区域反射式光电开关有一个非常确定的检测区域，不经过该区域的被检测物体不会引起光电开关产生开关信号，如图 2-69 所示。

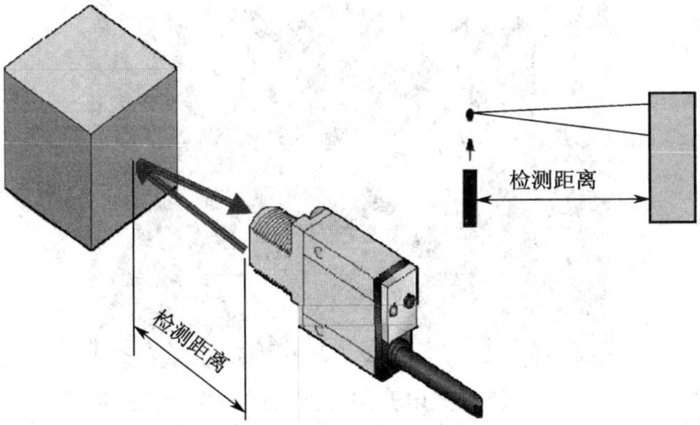


图 2-69　定区域反射式光电开关

3. 反射镜反射型光电开关

对于反射镜反射型光电开关,反射镜使用偏光三角棱镜,能将发射器发出的光转变成偏振光反射回去,接收器表面覆盖一层偏光透镜,只能接收反射镜反射回来的偏振光,如图 2-70 所示。

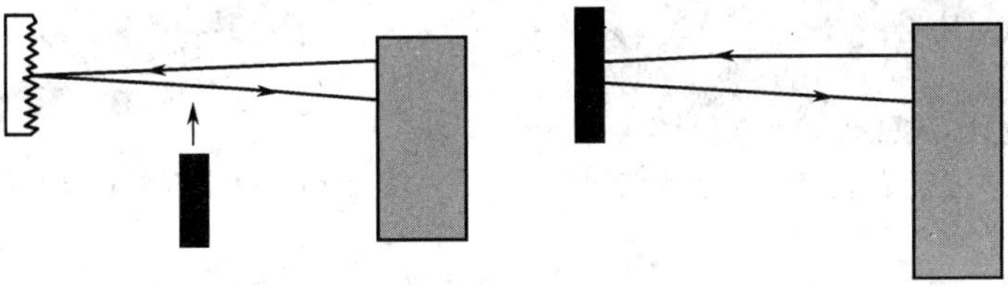

图 2-70　反射镜反射型光电开关

4. 漫反射型光电开关

漫反射型光电开关集光发射器和光接收器于一体,当被检测物体经过该光电开关时,光发射器发出的光线经被检测物体表面反射后由光接收器接收,从而产生开关信号。

5. 光电开关应用

光电开关的具体应用,如图 2-71 至图 2-80 所示。

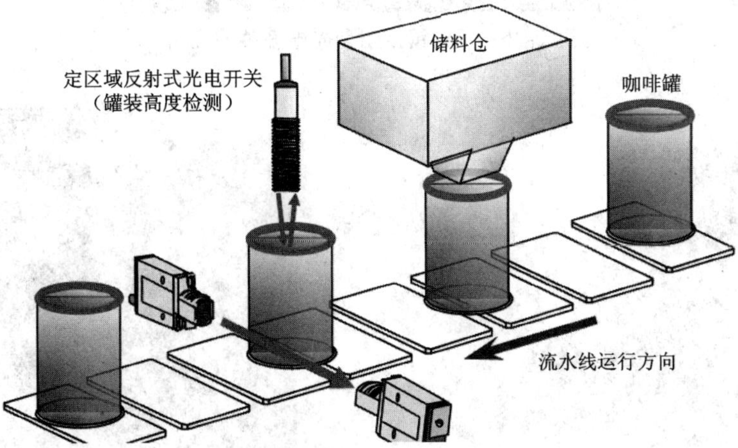


图 2-71　定区域反射式光电开关在流水线上的应用

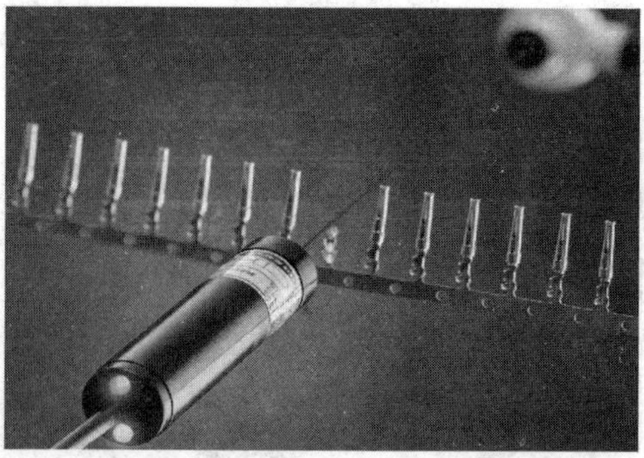

图 2-72 遮断式光电开关在产品质量控制上的应用

图 2-73 光电开关在产品高度测量上的应用

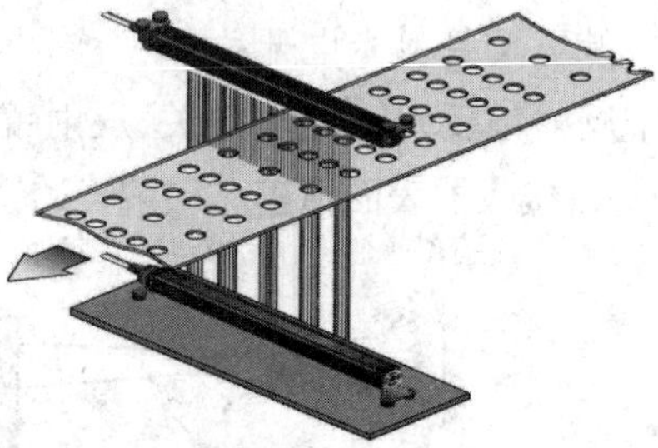

图 2-74 光电开关在孔列检查上的应用

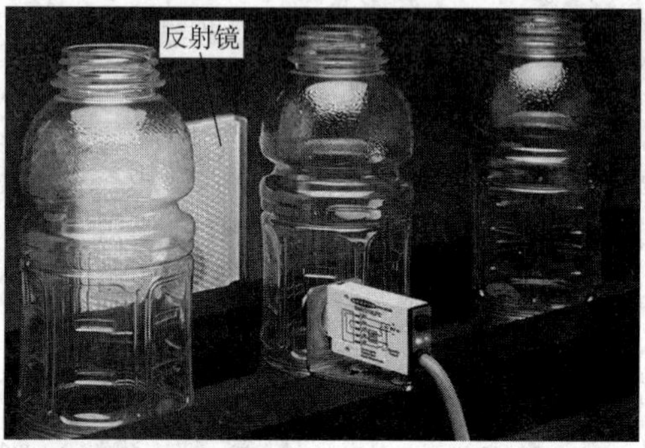


图 2-75 反射镜反射型光电开关的应用

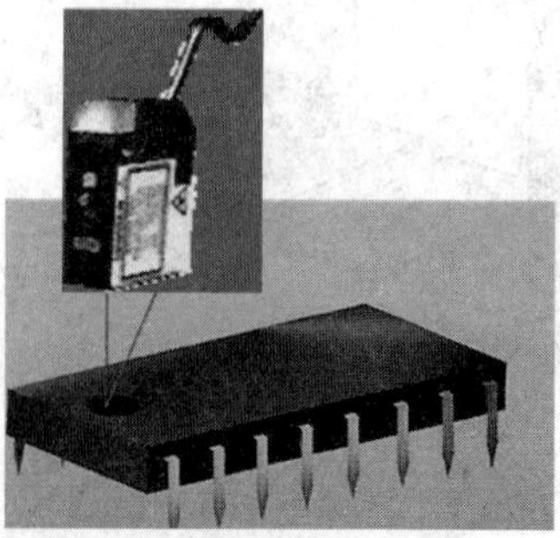

图 2-76 光电开关在集成电路方向检测上的应用

图 2-77 光电开关在集成电路管脚排列检测上的应用

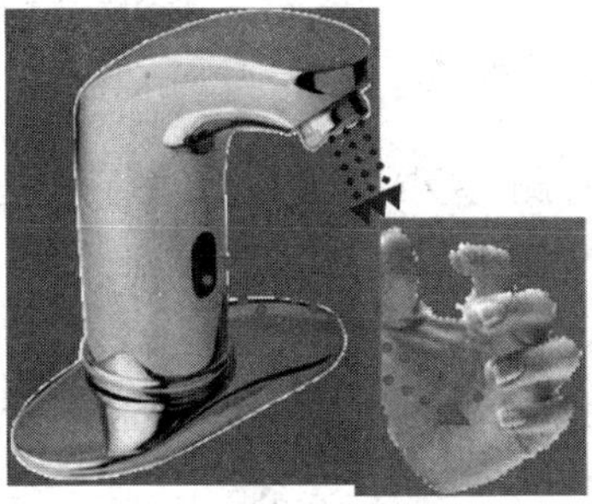

图 2-78　漫反射型光电开关的应用

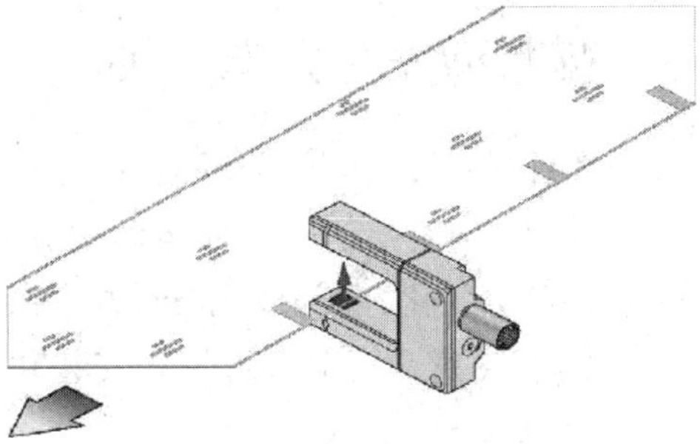

图 2-79　光电开关在透明物上标记检出物的应用

图 2-80　光电断续器的应用

## 2.3.7　光纤传感器

将光从光密介质射向光疏介质，折射角为 90° 时的入射角，定义为临界角 $\theta_c$。当入射角小于 $\theta_c$ 时，入射光线将发生全反射。光纤传感器的结构和外形如图 2-81 所示。

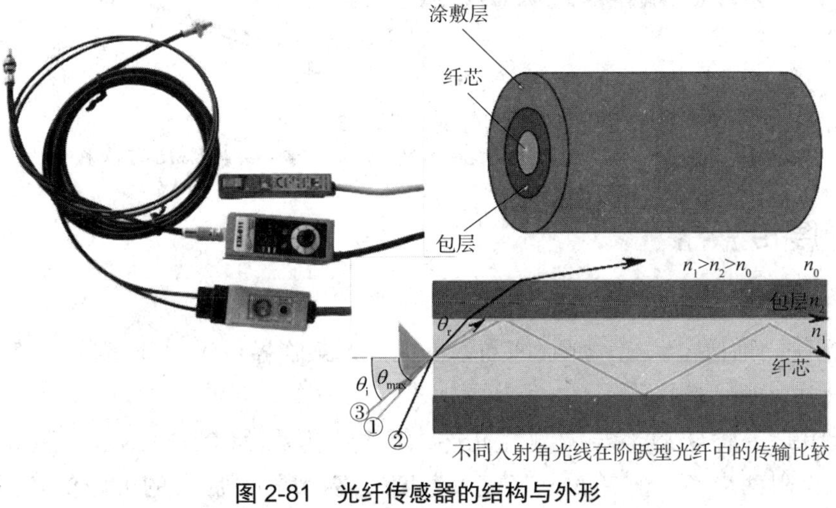


图 2-81　光纤传感器的结构与外形

## 2.3.8 遮断型光纤光电开关

采用遮断型光纤光电开关可对IC芯片的引脚进行检测，主要对气缸活塞行程进行非接触式检测。固定在活塞上的磁性环运动到磁感应开关位置时，由于其磁场的作用，使开关内振荡线圈的电流发生变化，内部放大器将电流变化转换成输出开关信号，如图2-82所示。根据气缸形式的不同，磁感应开关有绑带式安装和支架安装等类型，如图2-83和图2-84所示。

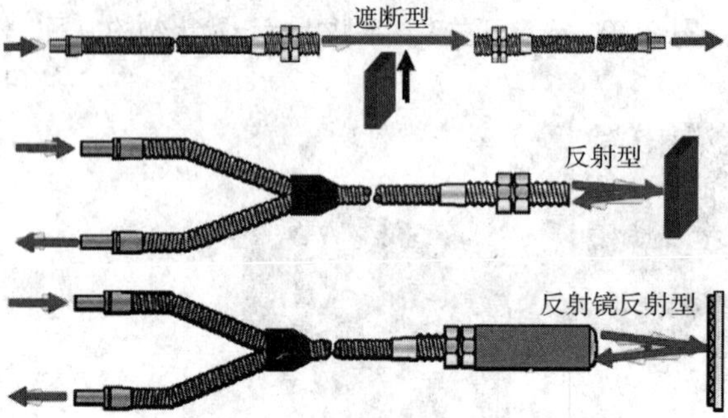


图2-82 遮断型光纤光电开关

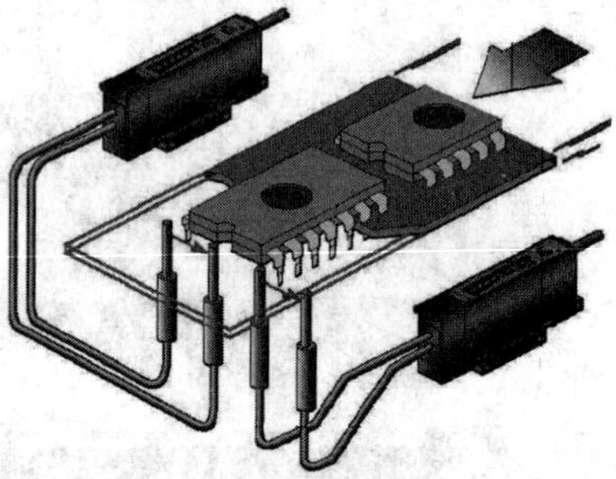

图2-83 磁感应开关

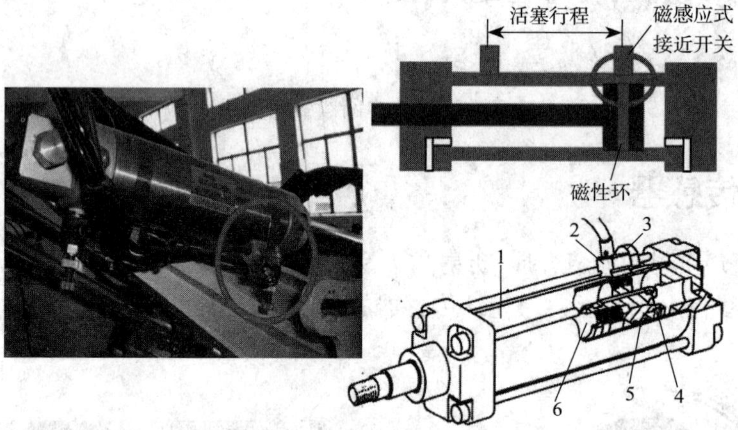


图2-84 磁感应开关安装

1—气缸；2—磁感应式接近开关；3—安装支架；4—活塞；5—磁性环；6—活塞杆

## 2.3.9 温度传感器

1. 热敏电阻

热敏电阻属于临界温度型电阻，即当温度上升到某临界点时，其电阻值突然下降，可用于各种电子电路中抑制浪涌电流。

热敏电阻是一种新型半导体测温元件，有正温度系数（PTC）热敏电阻和负温度系数（NTC）热敏电阻两大类。前者的电阻值随温度升高而增大；后者的电阻值随温度升高而减小。热敏电阻的测量范围为 -50~300 ℃，如图2-85和图2-86所示。

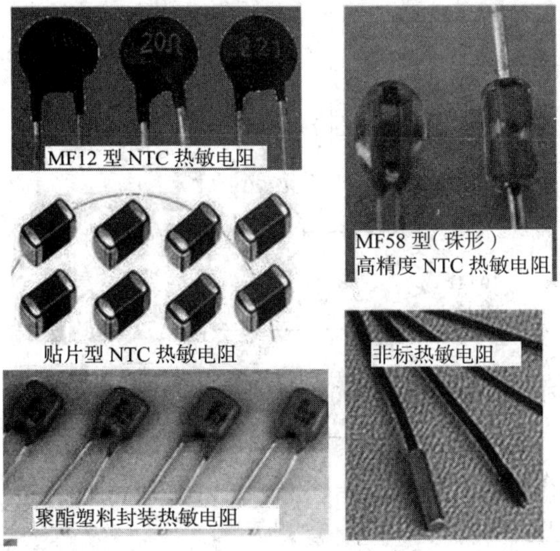


图 2-85 热敏电阻外形

图 2-86 热敏电阻用于 CPU 的温度测量

2. 热电阻

热电阻主要是利用电阻随温度升高而增大的特性来测量温度，如图 2-87 所示。目前应用较为广泛的热电阻材料是铂(Pt)、铜(Cu)。热电阻按结构形式可分为装配式、铠装式和薄膜式等。

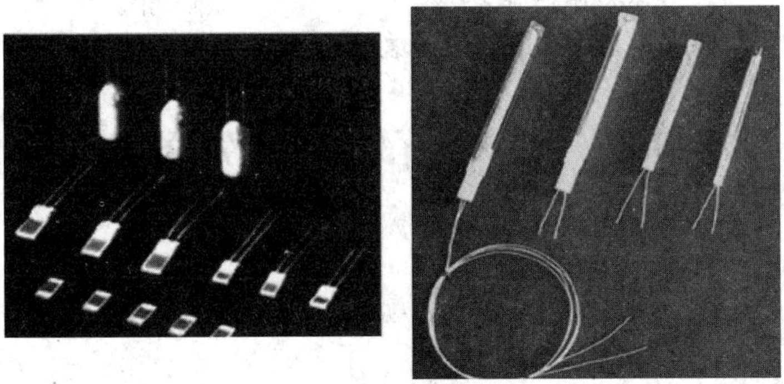

图 2-87 小型铂热电阻

3. 集成温度传感器

将温度敏感元件和放大、运算及补偿电路采用微电子技术和集成工艺集成在一片芯片上，从而构成集测量、放大、电源供电回路于一体的高性能集成温度传感器，又称温度 IC。

电流输出型温度传感器能产生一个与绝对温度成正比的电流作为输出，AD590 是电流输出型温度传感器的典型产品，如图 2-88 所示。

LM35/45 是电压输出型温度传感器的典型产品，如图 2-89 所示。

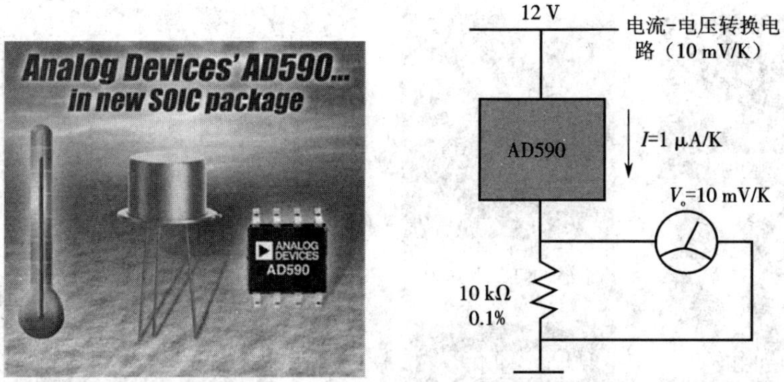


图 2-88 电流输出型集成温度传感器 AD590

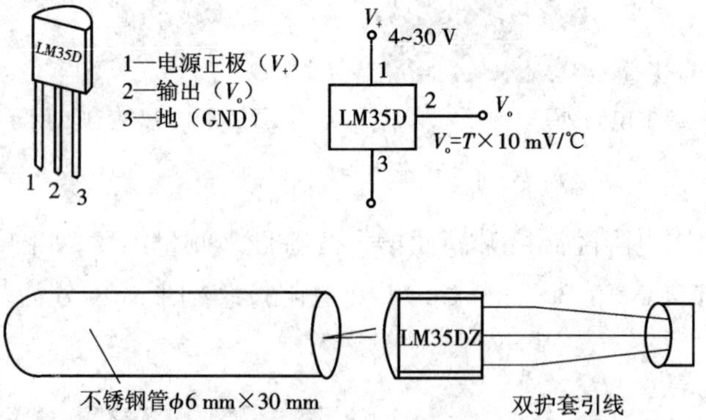


图 2-89 电压输出型集成温度传感器 LM35/45

# 任务四 传感器的准确选择和使用

## 2.4.1 传感器的基本特性

1. 灵敏度

灵敏度是稳态下输出变化量与输入变化量之比，用 $K$ 表示，即 $K=dy/dx$；对线性输出而言，灵敏度即为输出 / 输入的斜率，如图 2-90 所示。

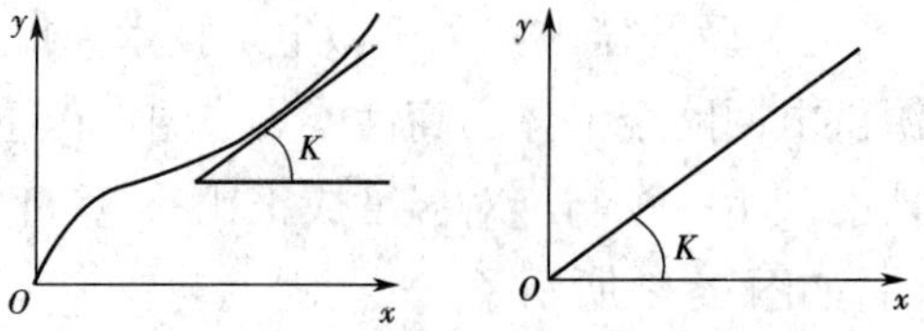


图 2-90 输出 / 输入的斜率

2. 分辨力

分辨力是传感器能测出被测信号的最小变化量，它是一个有量纲的量。当被测量的变化小于分辨力时，传感器对输入量的变化没有任何反应。对数字仪表而言，如果没有其他附加的说明，一般可以认为该仪表的最后一位所表示的数值就是它的分辨力。

需要指出的是，不能把仪表的分辨力当作仪表的最大绝对误差。例如，某数字式温度计的分辨力为 0.1 ℃，准确度为 1.0 级，则该仪表的最大绝对误差为 ±2.0 ℃，比分辨力大得多。

将分辨力除以仪表的满量程就是仪表的分辨率（%）。

3. 线性度

线性度又称非线性误差，指传感器实际特性曲线与拟合曲线之间的最大偏差与传感器满量程输出范围的百分比，如图 2-91 所示。

$$r_L = \frac{\Delta L_{max}}{y_{max} - y_{min}} \tag{2-2}$$

4. 迟滞

迟滞指传感器正向特性和反向特性的不一致程度，如图 2-92 所示。

$$r_H = \frac{1}{2} \times \frac{\Delta H_{max}}{y_{max}} \times 100\% \tag{2-3}$$

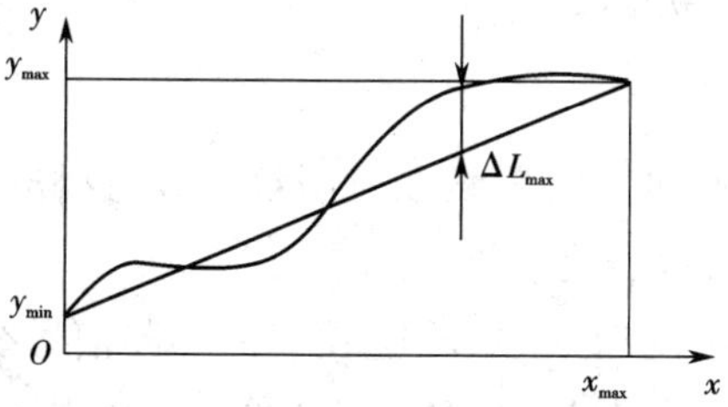

图 2-91　线性度（非线性误差）

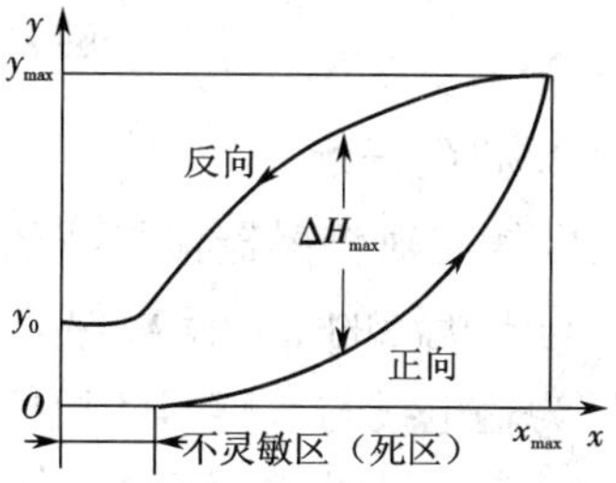

图 2-92　迟滞曲线

5. 稳定度

稳定度指仪表在给定条件不变的情况下，在规定的时间内能维持其示值不变的能力。例如，1.2 mV/8 h 表示仪表输出电压值在 8 h 内的最大变化量为 1.2 mV。

6. 环境影响量

环境影响量指外界环境变化引起的示值变化量，主要有零漂和灵敏度漂移。

## 2.4.2　检测系统的抗干扰技术

1. 噪声

与被测信号叠加在一起的无用背景信号，称为噪声。如果噪声引起设备或系统的性能下降，则称为干扰。

常用信噪比（$S/N$）来衡量噪声对有用信号的影响，信噪比指信号通道中，有用信号功率 $P_S$ 与噪声功率 $P_N$ 之比，或有用信号电压 $U_S$ 与噪声电压 $U_N$ 之比。信噪比常用对数形式来表示，单位为分贝（dB）。

$$S/N = 10\lg(P_S/P_N) = 20\lg(U_S/U_N)\ (\text{dB}) \tag{2-4}$$

在检测过程中，应尽量提高信噪比，以减少噪声对被测量的影响。

2. 电磁兼容

电磁兼容(EMC)指电子设备在规定的电磁干扰环境中能按照原设计要求正常工作的能力,而且也不向处于同一环境中的其他设备释放超过允许范围的电磁干扰。

1)通过“路”的干扰

当仪器的信号输入端子与 220 V 电源进线端子之间产生漏电,印制电路板上前置级输入端与较高电压的整流电路存在漏电等情况下,噪声源可以通过这些漏电电阻作用于有关电路而造成干扰,被干扰点的等效阻抗越高,由泄漏电阻产生的干扰越大,如图 2-93 所示。

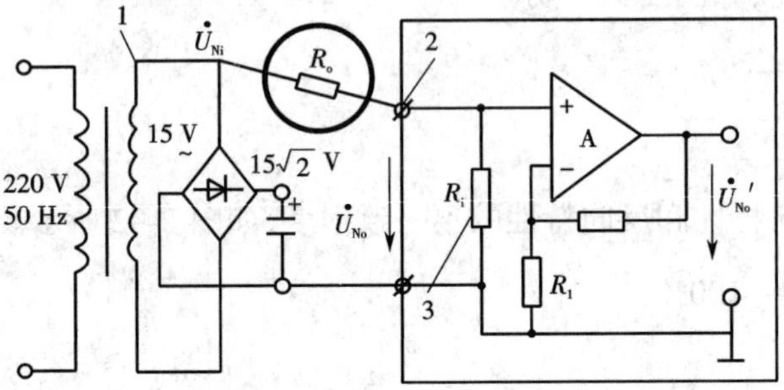


图 2-93 通过“路”的干扰电路

2)通过“场”的干扰

动力输电线路对传感器信号线的干扰,在实际布线时,信号线多采用双绞线,这样能保证两根信号线与干扰源的平均距离保持一致,也就保证了 $C_1=C_2$。

$C_1$、$C_2$ 为输电线与传感器两根信号线之间的电容,若 $C_1=C_2$,输电线与传感器信号线的距离相等;若 $Z_{i1}=Z_{i2}$(仪器输入阻抗对称),则干扰源 $U_{No1}$ 和 $U_{No2}$ 对两根信号线的干扰强度相等、相位相同,属于共模干扰。

当二次仪表的两个输入端出现很难避免的不平衡时,共模电压的一部分将转换为差模干扰。

3. 滤波技术

滤波器是抑制交流差模干扰的有效手段之一。电磁干扰滤波器属于低通滤波器,包括电源线滤波器和信号线滤波器等,它们允许有用信号通过,阻止干扰信号通过,使传入(或传出)设备的噪声值不超过规定值。

1)*RC* 信号线滤波器

当传感器输出信号变化缓慢时,采用 *RC* 低通滤波器对串模干扰有较好的抑制效果。低通滤波器多采用电阻串联、电容并联的方式,也可以用 100 μH 电感代替第一节电阻,则对 100 kHz 以上的高频干扰滤波效果更好,如图 2-94 所示。

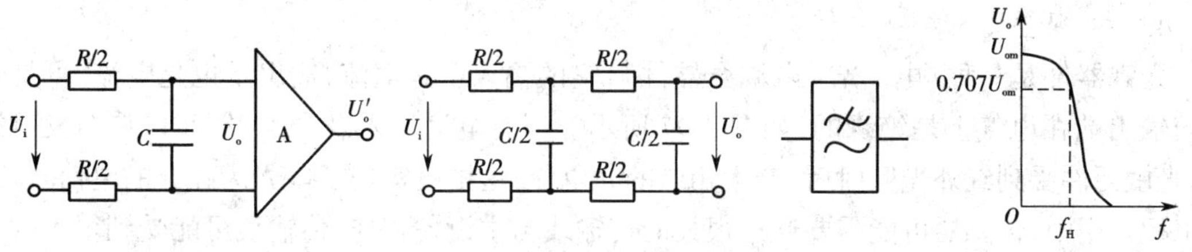

(a)　(b)　(c)　(d)

**图 2-94　*RC* 信号线滤波器**

（a）单节 *RC* 滤波器与放大器的连接　（b）双节 *RC* 滤波器　（c）低通滤波器图形符号　（d）低通滤波器频率特性

2）交流电源滤波器

常采用 *LC* 交流电源滤波器（又称电源线 EMI 滤波器）来抑制混入电源的噪声。电源线 EMI 滤波器实际上是一种低通滤波器，它能无衰减地将直流或 50 Hz 等低频电源功率传送到用电设备上，从而大大衰减经电源传入的干扰信号，保护设备免受损害。电源线 EMI 滤波器也能大大抑制设备本身产生的干扰信号进入电源，避免造成电磁环境污染和危害其他设备。交流电源滤波器外形如图 2-95 所示。

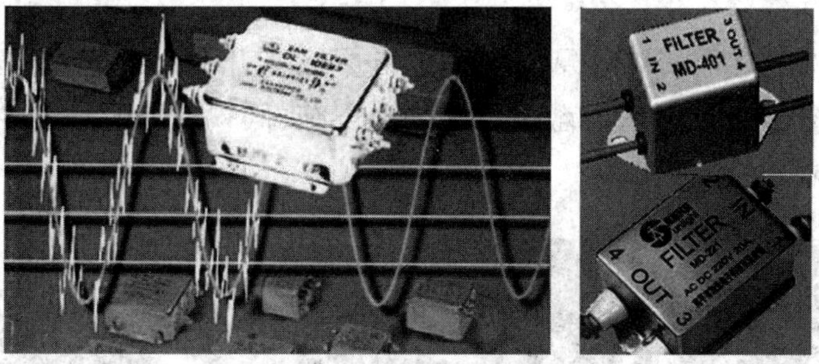


**图 2-95　交流电源滤波器外形**

3）直流电源滤波器

直流电源往往为几个电路所共用，在每个电路的直流电源上加上 *RC* 或 *LC* 滤波器，电解电容旁边并联一个电感很小（1 000 pF~0.1 μF）的叠层磁介电容（独石电容），用来消除高频噪声。直流电源滤波器电路如图 2-96 所示。

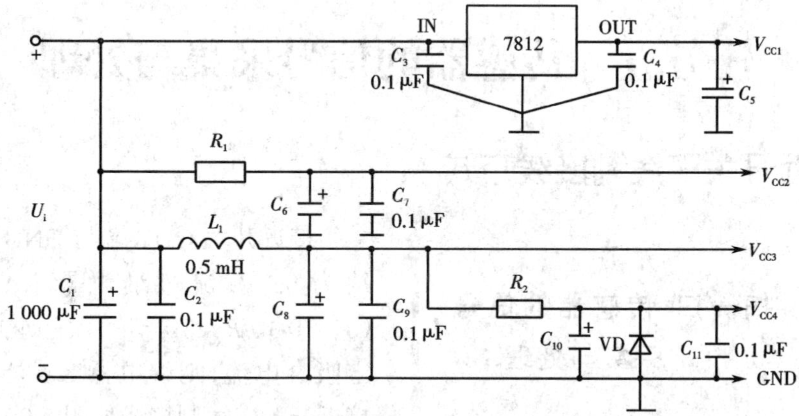


**图 2-96　直流电源滤波器电路**

4. 光电耦合技术

光耦器件是一种“电-光-电耦合器件”，它的输入量是电流，输出量也是电流，可是输入端与输出端在电气上是绝缘的，如图 2-97 所示。当有电流流入发光二极管时，它即发射红外光，光敏元件受到红外光照射后，产生相应的光电流，这样就实现了以光为媒介的电信号传输。在工程应用中，传感器可能需要通过很长的传输线与主设备相连，传输线可能受到很大的电磁干扰，必须使用光耦器件来隔离干扰。

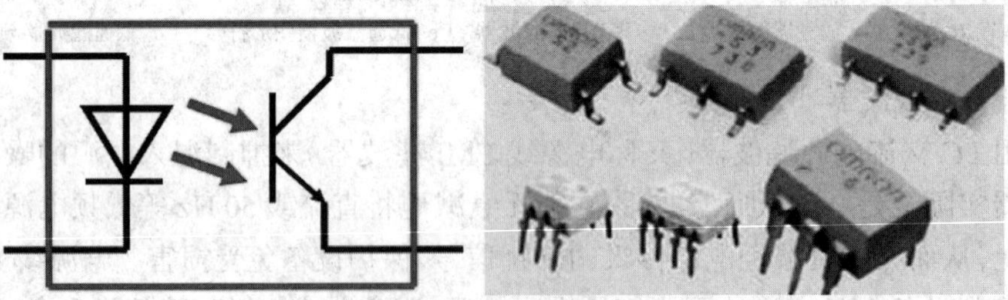

图 2-97 电-光-电耦合器件

5. 屏蔽技术

利用金属材料制成容器，将需要防护的电路包围在其中，可以防止电场或磁场耦合干扰的方法称为屏蔽，如图 2-98 所示。屏蔽可分为静电屏蔽、低频磁屏蔽和电磁屏蔽等。根据不同的对象，需采用不同的屏蔽方式。

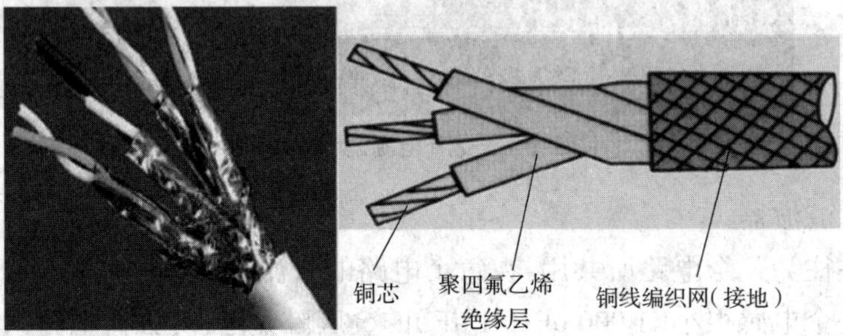


图 2-98 屏蔽技术

# 任务五 传感器的信号采集与处理

## 2.5.1 接近开关三线制接线方式

扫一扫：传感器的信号采集与处理

接近开关 OUT 端与 GND 端的压降 $U_{ces}$ 约为 0.3 V，流过继电器 KA 的电流 $I_{KA}=(V_{CC}-0.3)/R_{KA}$。若 $I_{KA}$ 大于继电器 KA 的额定吸合电流，则继电器 KA 能够可靠吸合。接近开关三线制接线如图 2-99 所示。

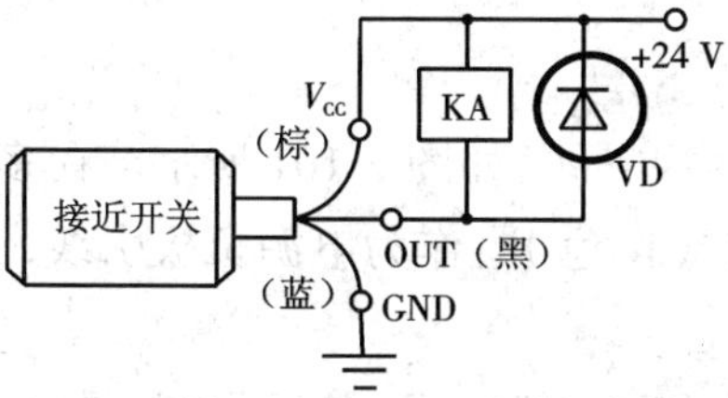


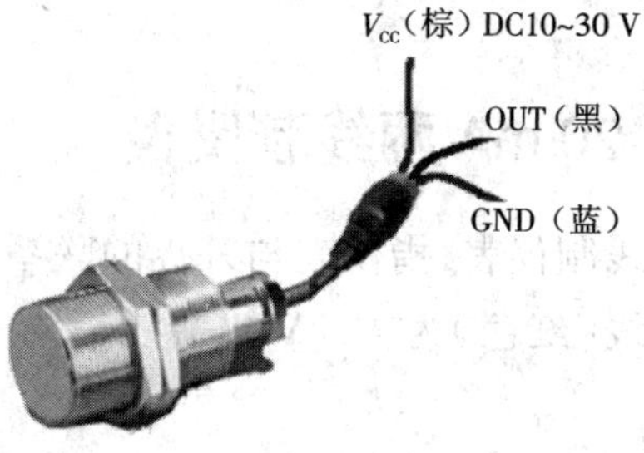


图 2-99　接近开关三线制接线

## 2.5.2　接近开关的使用注意事项

（1）不要将电感接近开关置于 0.02 T 以上的磁场环境中使用，以免造成误动作。

（2）为了保证不损坏接近开关，用户在接通电源前，应检查接线是否正确，核定电压是否为额定值。

（3）为了使接近开关长期稳定工作，务必进行定期的维护，包括被检测物体和接近开关的安装位置是否有移动或松动，接线和连接部位是否接触不良以及是否有金属粉尘黏附等。

（4）DC 二线制接近开关具有 0.5~1 mA 的静态泄漏电流，在一些对泄漏电流要求较高的场合，可改用 DC 三线制接近开关。二线制接近开关外形如图 2-100 所示。

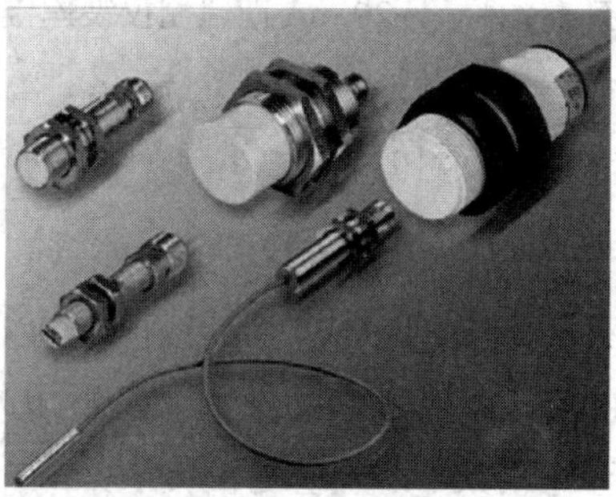

图 2-100　二线制接近开关外形

## 2.5.3　4~20 mA 输出方式

将传感器与信号处理电路组合在一个壳体中，在工业中称为一次仪表。一次仪表的输出信号可以是电压，也可以是电流。由于电流信号不易受干扰，且便于远距离传输（可以不考虑线路压降），所以一次仪表多为电流输出型。

现行国家标准规定电流输出为 4~20 mA，其中 4 mA 对应于零输入，20 mA 对应于满度输入。

不让信号占用 0~4 mA 这一范围的原因如下：一方面是有利于判断线路故障（开路）或仪表故障；另一方面这类一次仪表内部均采用微电流集成电路，总的耗电还不到 4 mA，因此还能利用 0~4 mA 这一部分“本底”电流为一次仪表的内部电路提供工作电流，使一次仪表成为两线制仪表。

## 2.5.4 4~20 mA 两线制仪表

所谓两线制仪表，指仪表与外界的联系只需两根导线，如图 2-101 所示。在多数情况下，其中一根导线（红色）为 +24 V 电源线，另一根导线（黑色）既作为电源负极引线，又作为信号传输线。

在信号传输线的末端通过一只标准负载电阻（也称取样电阻）接地（也就是电源负极），将电流信号转变成电压信号。

两线制仪表的优势是可以在仪表内部通过电容在电流信号传输线上叠加数字脉冲信号，作为一次仪表的串行控制信号和数字输出信号，以便远程读取，成为网络化仪表。

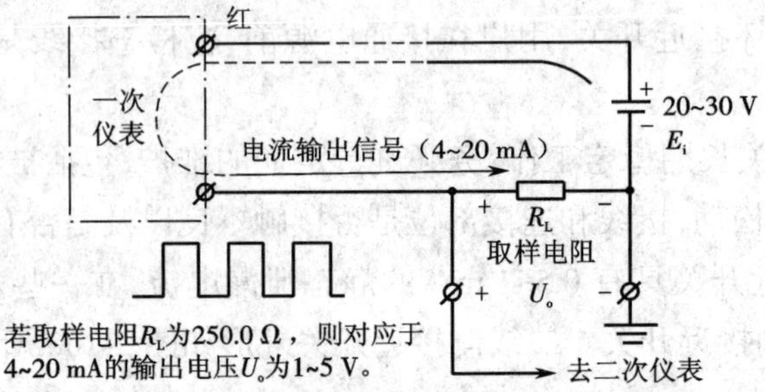


图 2-101 4~20 mA 两线制仪表连接

## 2.5.5 检测系统中的重要元器件

1. 干簧继电器

干簧继电器主要由驱动线圈和干簧管组成，驱动线圈绕在干簧管外面，当线圈通以额定电流后，干簧管中的两片常开弹簧片互相吸引而吸合。干簧继电器的优点是耐压较高、额定电流较大、导通电阻接近零，缺点是耗电较大、动作速度较慢。

2.CMOS 模拟采样开关

模拟采样开关的切换对象是多路模拟信号，如图 2-102 所示。当控制端处于“有效”状态时，模拟开关处于导通状态，导通电阻一般为几欧至几百欧（视型号而定）。当控制端处于“无效”状态时，模拟开关截止，截止电阻大于 $10^8$ Ω。其优点是集成度高、动作快（小于 1 μs）、耗电省等，缺点是有一定的导通电阻、各通道间有一定的漏电、击穿电压低、易损坏等。

图 2-102 CMOS 模拟采样开关

3. 放大器

来自传感器的信号有许多是毫伏级的微弱信号，必须经过放大才能进行 A/D 转换。系统对放大器的主要要求是精度高、温漂小、共模抑制比高、频带宽至直流，如图 2-103 所示。

目前，常用的放大器有以下两种：

(1)高精度、低漂移的双极型放大器；

(2)隔离放大器，带有光电隔离或变压器隔离的低漂移信号放大器以及一个高隔离的 DC/DC 电源。

放大器的主要性能指标如下。

(1)线性误差：<0.01%。

(2)输入阻抗：1 MΩ。

(3)隔离度：2 500 V/50 Hz/1 min。

(4)工作温度：−10~60 ℃。

图 2-103　放大器外形

4. 测量放大器

传感器输出信号的参量形式可分为电压输出、电流输出和频率输出，其中以电压输出较多。在电流输出型和频率输出型传感器中，除了少数直接利用电流或频率输出信号外，大多数分别配以电流 - 电压变换器或频率 - 电压变换器，从而转换成电压输出型传感器。

5. 利用 AD522 组装的仪表放大器

AD522 的 1 脚和 3 脚分别是仪表放大器的高输入阻抗正、负输入端子；2 脚和 14 脚用来连接可变电阻 $R_G$；4 脚和 6 脚用于放大器调零；13 脚为输入屏蔽端，将 13 脚接到输入传输屏蔽层上，能够提高共模抑制比，这种方法称为“有源屏蔽驱动”，也称为“共模电压自举法”，如图 2-104 所示。放大器的增益由外接电阻 $R_G$ 来调节，$U_{i1}$、$U_{i2}$ 分别是正、负输入端的对地电压，施加在 AD522 输入端的差模电压 $U_d=U_i=U_{i1}-U_{i2}$。当增益为 100 时，AD522 的非线性误差仅为 0.005%，共模抑制比大于 120 dB。

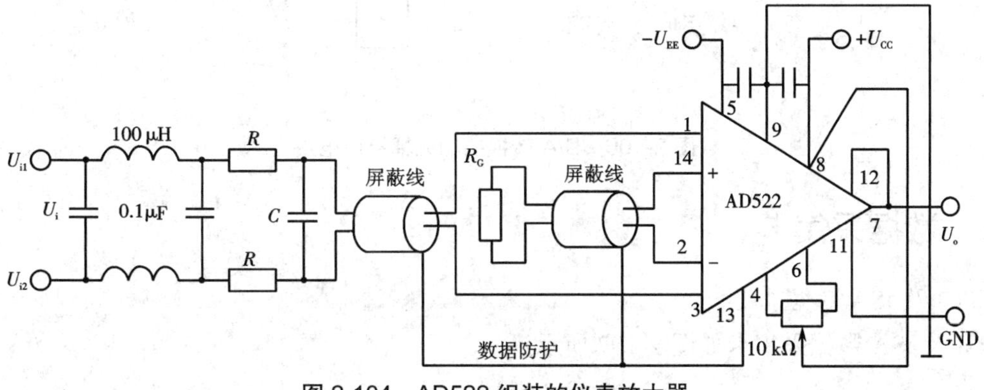


图 2-104　AD522 组装的仪表放大器

6.A/D 转换器

放大器放大后的模拟信号必须进行 A/D 转换才能由计算机(微机)进行运算处理。目前，采用较多的 A/D 转换器有两大类：一类是并行 A/D 转换器，另一类是串行 A/D 转换器。A/D

转换器的光耦接口电路如图 2-105 所示。

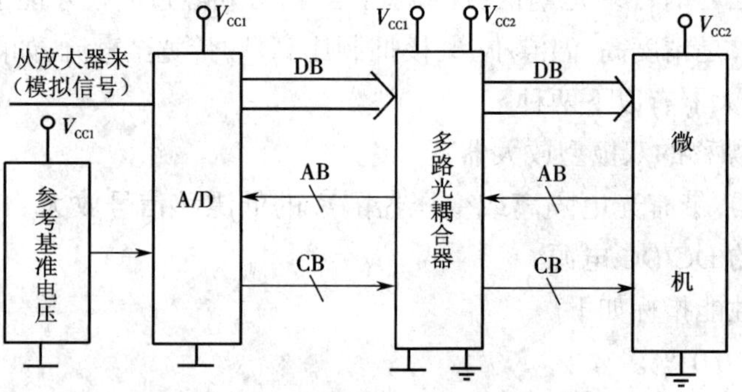


图 2-105　A/D 转换器的光耦接口电路

7.D/A 转换器

计算机运算处理后的数字信号有时必须转换为模拟信号，才能用于工业生产的过程控制，这时就需要 D/A 转换器。D/A 转换器的输入是计算机送出的数字量，输出是与数字量相对应的电压或电流。如果在计算机与 D/A 转换器之间插入多路光耦合器就能较好地防止工业控制设备干扰计算机的工作。如果使用多路采样保持器，只使用一个 D/A 转换器即可进行多路 D/A 转换。D/A 转换器的光耦接口电路如图 2-106 所示。

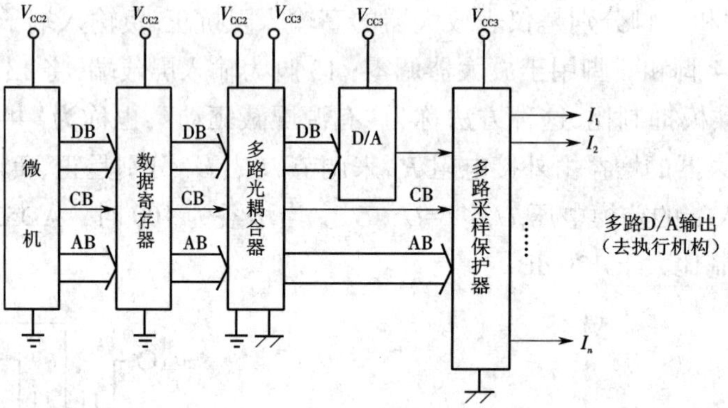


图 2-106　D/A 转换器的光耦接口电路

## 2.5.6　数据采集卡

1.PCI 及 ISA 数据采集卡

PCI 及 ISA 数据采集卡如图 2-107 所示。

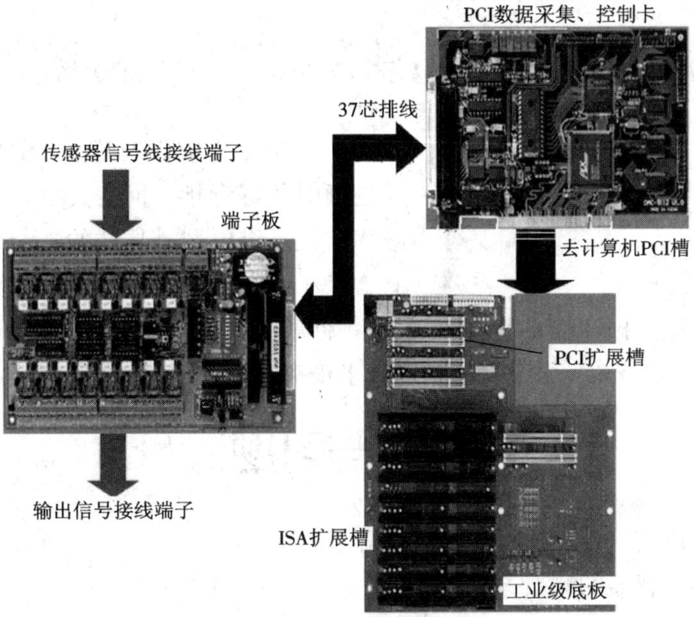


图 2-107　PCI 及 ISA 数据采集卡

2.USB 数据采集卡

高速版本的通用串行总线（USB）数据采集卡的传输速率可达 480 Mb/s（相当于 60 MB/s），如图 2-108 所示。USB 接口包含 +5 V 的电源线（额定电流 500 mA）与地线，所以外设可通过集线器获得 500 mA 以下的电流，且 USB 支持热插拔和即插即用。

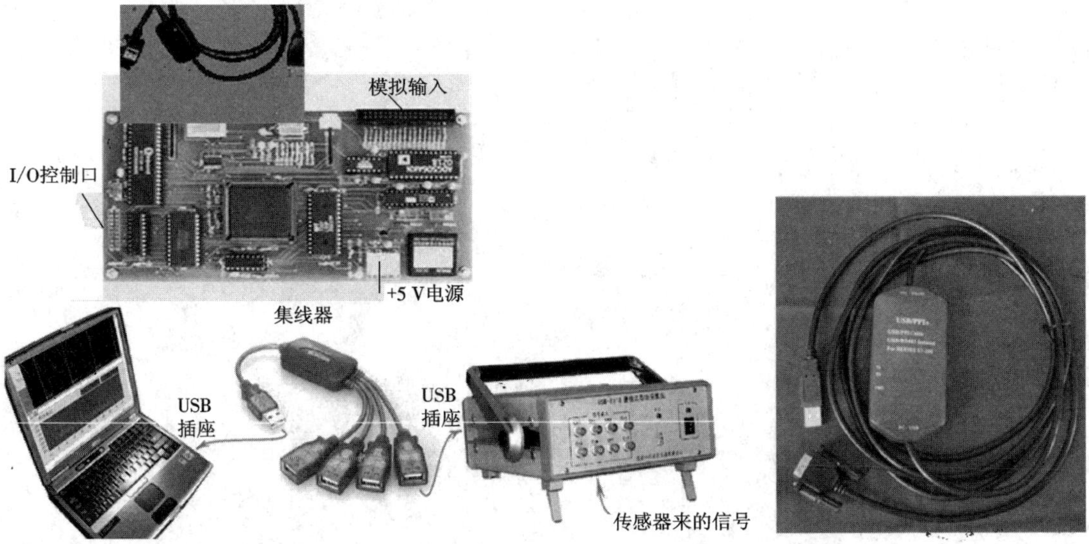


（a）　（b）

图 2-108　USB 数据采集卡

（a）USB 与 RS485 端口 DB9M 针脚的转换　（b）USB 数据采集卡

# 机电讲堂:“高铁琴师”——柯晓宾

扫一扫:机电讲堂

引导学生立志做有理想、敢担当、能吃苦、肯奋斗的新时代好青年。柯晓宾是一名手工调试继电器技术工人。继电器是高铁的“大脑”和“中枢神经”,看似小小的继电器,想让它安全稳定运行,需要调试人员无数次用心调试。柯晓宾在 19 年里只干一件事——调试继电器,将继电器的触片接点间距误差控制在 0.05~0.1 mm。由于调试精度要求极高,她被亲切地称为“高铁琴师”。

# 思考与习题

1. 数字式传感器信号处理过程包括哪些环节?
2. 试简述位移传感器的测量原理。
3. 表征传感器静态特性的主要技术指标有哪些?
4. 霍尔式传感器的原理是什么? 说明各部分的作用。
5. 热电偶回路中热电势由哪些组成?
6. 为什么机电一体化系统中的测试过程往往要进行非线性补偿?
7. 试分析非线性补偿通常使用的几种方法的原理。

# 项目三　可编程控制器技术及应用

扫一扫：PLC 控制技术概述

可编程控制器是专门为在工业环境下应用而设计的数字运算操作电子系统。它采用一种可编程的存储器，在其内部存储执行逻辑运算、顺序控制、定时、计数和算术运算等操作的指令，通过数字式或模拟式的输入输出来控制各种类型的机械设备或生产过程。

1969 年，美国数字设备公司研制出第一台可编程控制器（PDP-14），当时称为可编程逻辑控制器（Programmable Logic Controller，PLC），在通用汽车公司的生产线上试用后，效果显著。可编程控制器最初的目的是替代机械开关装置（继电模块）。然而，自从 1969 年以来，PLC 逐渐代替了继电器控制板，随着半导体技术，尤其是微处理器和微型计算机技术的发展，20 世纪 70 年代中期以后，PLC 已广泛使用微处理器作为中央处理器，输入输出模块和外围电路也采用了中、大规模甚至超大规模的集成电路，这时的 PLC 已不再仅具有逻辑判断功能，还同时具有数据处理、PID 调节和数据通信功能。现代 PLC 具有更多的功能，其用途也已从单一过程控制延伸到整个制造系统的控制和监测。

对用户来说，可编程控制器是一种无触点设备，改变程序即可改变生产工艺，因此可在初步设计阶段选用可编程控制器，在实施阶段再确定工艺过程。从制造生产可编程控制器的厂商角度来看，在制造阶段不需要根据用户的订货要求专门设计控制器，适合批量生产。由于这些特点，可编程控制器问世以后很快受到工业控制界的欢迎，并得到迅速发展。目前，可编程控制器已成为工厂自动化强有力的工具，并得到了广泛的应用。

## 任务一　PLC 的结构及各部分的作用

### 3.1.1　PLC 的组成

PLC 的结构多种多样，但其组成的一般原理基本相同，即都是以微处理器为核心的结构。PLC 通常由中央处理单元（CPU）、存储器（RAM、ROM）、输入输出单元（I/O）、电源和编程器等组成。

1. 中央处理单元（CPU）

CPU 作为整个 PLC 的核心，起着总指挥的作用。CPU 一般由控制电路、运算器和寄存器组成，它们通常都被封装在一个集成电路芯片上。CPU 通过地址总线、数据总线、控制总线与存储单元、输入输出接口电路连接。CPU 的功能包括从存储器中读取指令、执行指令、取下一条指令、处理中断。

2. 存储器(RAM、ROM)

存储器主要用于存放系统程序、用户程序及工作数据。存放系统软件的存储器称为系统程序存储器;存放应用软件的存储器称为用户程序存储器;存放工作数据的存储器称为工作数据存储器。常用的存储器有 RAM、EPROM 和 EEPROM。RAM 是一种可进行读写操作的随机存储器,存放用户程序,生成用户数据区,存放在 RAM 中的用户程序可以方便地修改。RAM 存储器是一种高密度、低功耗、价格便宜的半导体存储器,可用锂电池做备用电源,掉电时可有效地保持存储的信息。EPROM、EEPROM 都是只读存储器,可用于固化系统管理程序和应用程序。

3. 输入输出单元(I/O 单元)

I/O 单元实际上是 PLC 与被控对象间传递输入输出信号的接口部件。I/O 单元有良好的电隔离和滤波作用。接到 PLC 输入接口的输入器件是各种开关、按钮、传感器等。PLC 的各种输出控制器件往往是电磁阀、接触器、继电器,而继电器有交流型和直流型、高电压型和低电压型、电压型和电流型。

4. 电源单元

PLC 电源单元包括系统的电源及备用电源,电源单元的作用是把外部电源电压转换成内部工作电压。PLC 内有一个稳压电源用于对 PLC 的 CPU 单元和 I/O 单元供电。

5. 编程器

编程器是 PLC 最重要的外围设备。利用编程器可以将用户程序送入 PLC 的存储器,还可以用编程器检查程序、修改程序、监视 PLC 的工作状态。除此以外,在计算机上添加适当的硬件接口和软件包,即可用计算机对 PLC 编程。利用计算机作为编程器,可以直接编制并显示梯形图。

### 3.1.2 PLC 的工作方式

在 PLC 中用户程序按先后顺序存放, CPU 从第一条指令开始执行程序,直到遇到结束符后又返回第一条指令,如此周而复始地不断循环。PLC 的扫描过程分为内部处理、通信操作、程序输入、程序执行、程序输出等几个阶段。全过程扫描一次所需的时间称为扫描周期。当 PLC 处于停止状态时,只进行内部处理和通信操作等。当 PLC 处于运行状态时,从内部处理、通信操作、程序输入、程序执行到程序输出一直进行循环扫描工作。

1. 输入处理

输入处理也叫输入采样,在此阶段 CPU 顺序读入所有输入端的通断状态,并将读入的信息存入存储器中所对应的映像寄存器,在此输入映像寄存器被刷新;接着进入程序执行阶段,在程序执行时,输入映像寄存器与外界隔离,即使输入信号发生变化,输入映像寄存器的内容也不会发生变化,只有在下一个扫描周期的输入处理阶段才能再次存入信息。

2. 程序执行

根据 PLC 梯形图程序扫描原则,按先左后右、先上后下的步序,逐句扫描、执行程序。遇到程序跳转指令时,根据跳转条件是否满足来决定程序的跳转地址。当用户程序涉及输入输出状态时，PLC 从输入映像寄存器中读出上一阶段采集的对应输入端状态，从输出映像寄存器读出对应用户程序，根据用户程序进行逻辑运算，存入有关器件映像寄存器中。对每个器件来说，器件映像寄存器中所寄存的内容会随着程序执行过程而变化。

3. 输出处理

程序执行完毕后，将输出映像寄存器，即器件映像寄存器中的 Y 寄存器的状态，在输出处理阶段转存到输出锁存器，通过隔离电路、驱动功率放大电路，使输出端子向外界输出控制信号，驱动外部负载。

### 3.1.3　PLC 编程语言

PLC 有五种标准化编程语言：顺序功能图（SFC）、梯形图（LD）、功能模块图（FBD）三种图形化语言，及语句表（IL）、结构化语句（ST）两种文本语言。选用的编程语言应遵守其标准（IEC 6113123），同时还应支持多种语言编程形式，如 C 语言、Basic 语言等，以满足特殊控制场合的控制要求。

1. 梯形图编程语言

梯形图沿袭了继电器控制电路的形式，它是在电气控制系统中常用的继电器、接触器逻辑控制基础上简化符号演变而来的，其优点是形象、直观、实用。

梯形图的设计应注意以下三点。

（1）梯形图按从左到右、从上到下的顺序排列，每一逻辑行起始于左母线，然后是触点的串并联接，最后是线圈与右母线相连。

（2）梯形图中每个梯级流过的不是物理电流，而是“概念电流”，从左流向右，其两端没有电源。这个“概念电流”只是形象地描述用户程序执行中应满足线圈接通的条件。

（3）输入继电器用于接收外部输入信号，而不能由 PLC 内部其他继电器的触点来驱动。因此，梯形图中只出现输入继电器的触点，而不出现其线圈。输出继电器输出程序执行结果传递给外部输出设备，当梯形图中的输出继电器线圈得电时，就有信号输出，但不是直接驱动输出设备，而要通过输出接口的继电器、晶体管或晶闸管才能实现。输出继电器的触点可供内部编程使用。

2. 语句表编程语言

指令语句表示一种与计算机汇编语言相类似的助记符编程方式，但比汇编语言易懂易学。一条指令语句由步序、指令语和作用器件编号三部分组成。

3. 功能模块图编程语言

功能模块图编程语言来源于佩特利（Petri）网，是一种图形表达方式，能较简单和清楚地描述并发系统和复杂系统的所有现象，并能对系统中存有的死锁、不安全等反常现象进行分析和建模，在模型的基础上能直接编程，因此其在工程应用中得到了广泛应用。近几年推出的 PLC 和小型集散控制系统已经提供采用功能模块图编程语言进行编程的软件。功能模块图编程语言是与数字逻辑电路类似的一种 PLC 编程语言，因此有数字电路基础的人很容易掌握。

4. 顺序功能图编程语言

顺序功能图又称流程图，是一种新颖的、按照工艺流程图进行编程的图形编程语言，是用来描述控制过程、功能和特性的一种图形。流程图采用约定的几何图形、有向线段和简单的文字说明来描述 PLC 的处理过程和程序的执行步骤，这是一种“IEC”标准推荐的首选编程语言，近年来开始逐步普及与推广。

5. 结构化语句编程语言

结构化语句编程语言是用结构化的描述语句来描述程序的一种编程语言，是一种类似于高级语言的编程语言。在大、中型的 PLC 系统中，常采用结构化语句编程语言来描述系统中各个变量的关系，也用于集散控制系统的编程和组态。大多数制造厂商采用的结构化语句编程语言与 Basic 语言、Pascal 语言或 C 语言等高级语言相类似，但为了应用方便，在语句的表达方法及种类等方面都进行了简化。

## 3.1.4 PLC 控制系统的分类及应用

1.PLC 控制系统的分类

1 )集中式控制系统

集中式控制系统是用一个 PLC( 控制器 )控制一台或多台被控设备( 控制对象 )，主要用于输入、输出点数较少，各被控设备所处的位置比较近，且相互间的动作有一定联系的场合，其特点是控制结构简单。集中式控制系统如图 3-1 所示。

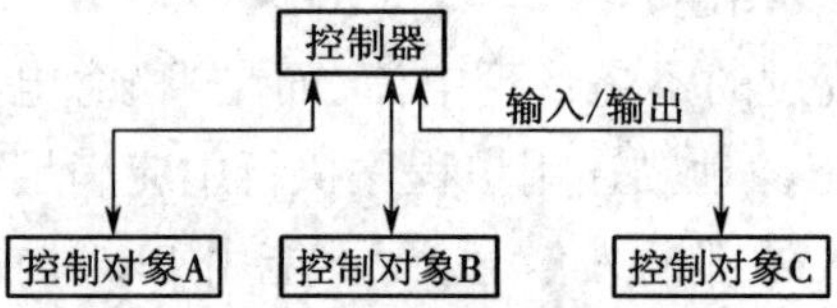


图 3-1 集中式控制系统方框图

2 )远程式控制系统

远程式控制系统的控制单元远离控制现场，PLC 通过通信电缆与被控设备进行信息传递，一般用于被控设备十分分散，或工作环境比较恶劣的场合，其特点是需要采用远程通信模块，提高系统的成本和复杂性。远程式控制系统如图 3-2 所示。

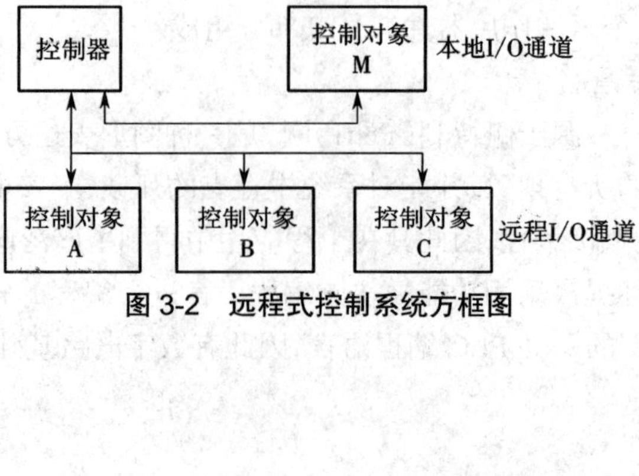


图 3-2 远程式控制系统方框图

3）分布式控制系统

分布式控制系统即采用几台小型 PLC 分别独立控制某些被控设备，然后再用通信线将几个 PLC 连接起来，并用上位机进行管理，多用于有多台被控设备的大型控制系统，且各被控设备之间有数据信息传送的场合，其特点是系统灵活性强、控制范围大，但需要增加用于通信的硬件和软件，系统的复杂性也更大。分布式控制系统如图 3-3 所示。

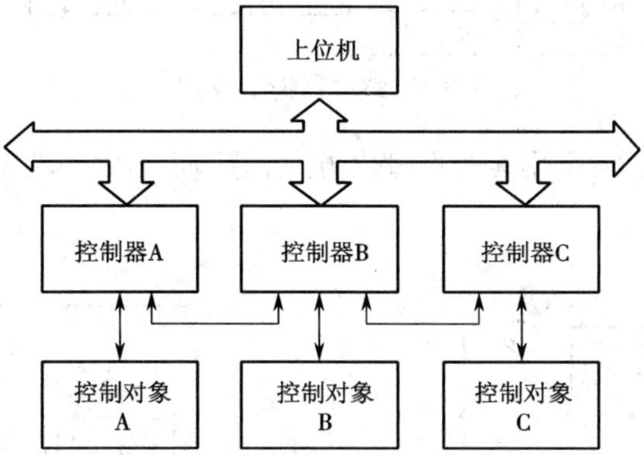


图 3-3　分布式控制系统方框图

2.PLC 控制系统的应用

（1）开关量的逻辑控制。

（2）位置控制。

（3）过程控制。

（4）数据处理。

（5）通信联网。

（6）CIMS 的应用。

## 3.1.5　PLC 的分类及特点

1.PLC 的分类

1）按组成结构形式分

（1）一体化整体式 PLC。

（2）结构化模块式 PLC。

2）按 I/O 点数及内存容量分

（1）超小型 PLC：I/O 点数通常在 256 以内。

（2）中小型 PLC：I/O 点数通常在 256~2 048。

（3）大型 PLC：I/O 点数大于 2 048。

（4）超大型 PLC：I/O 点数通常为 10 万。

3）按输出形式分

（1）继电器输出型 PLC：采用有触点输出方式，适用于低频大功率直流或交流负载，如图 3-4 所示。

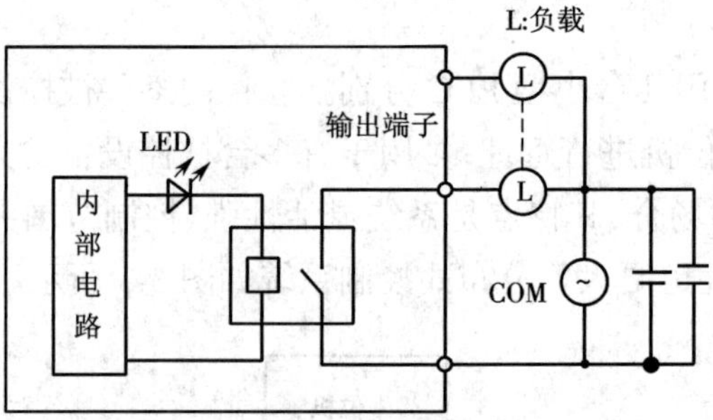


图 3-4　继电器输出型 PLC

(2)晶体管输出型 PLC:采用无触点输出方式,适用于高频小功率直流负载,如图 3-5 和图 3-6 所示。

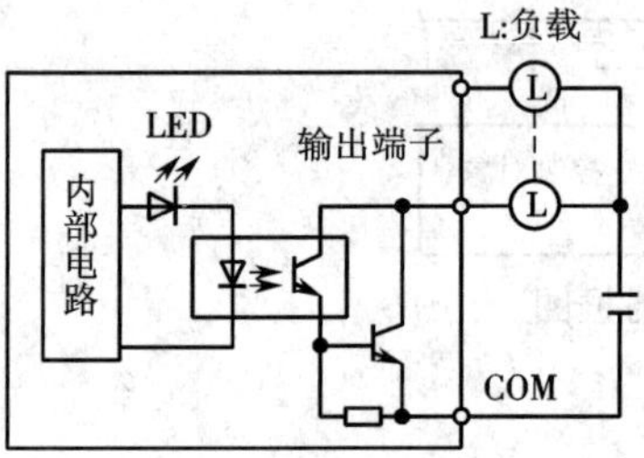


图 3-5　晶体管输出(NPN)型 PLC

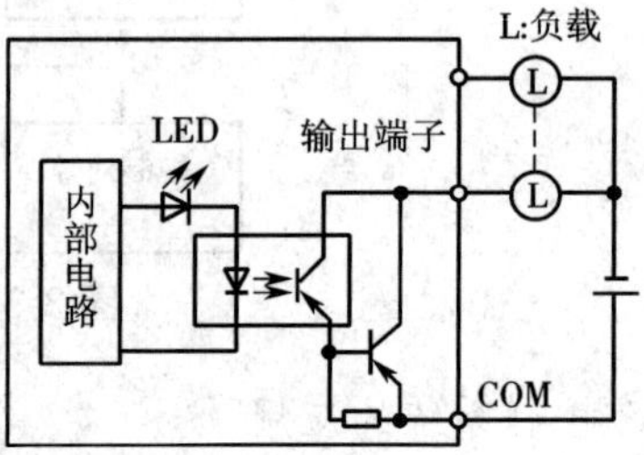


图 3-6　晶体管输出(PNP)型 PLC

(3)晶闸管输出型 PLC:采用无触点输出方式,适用于高速大功率交流负载,如图 3-7 所示。

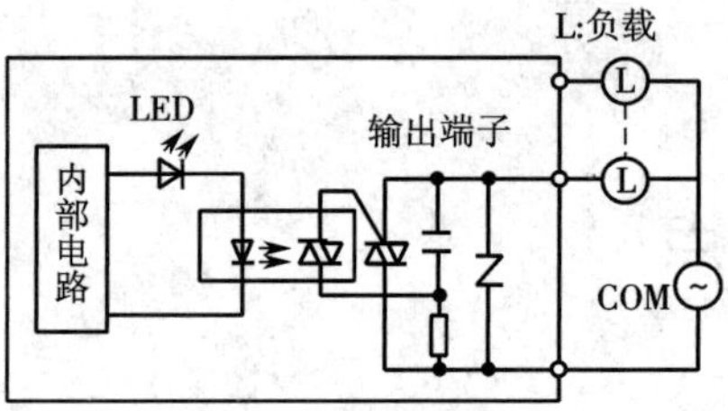


图 3-7　晶闸管输出型 PLC

2.PLC 的特点

(1)可靠性高、抗干扰能力强。

(2)编程简单、使用方便。

(3)设计、安装容易,维护工作量少。

(4)功能完善、通用性好,可实现三电一体化,即将电控(逻辑控制)、电仪(过程控制)和电结(运动控制)集于一体。

(5)体积小、能耗低。

(6)性价比高。

# 任务二　可编程控制器的原理

对于整体式 PLC,所有部件都封装在同一机壳内;对于模块式 PLC,各功能部件独立封装,称为模块或模板,各模块通过总线连接,安装在机架或导轨上。不同制造厂商生产的不同系列产品在每个机架上可插放的模块数是不同的,一般为 3~10 块;可扩展的机架数也不同,一般为 2~8 个。基本机架与扩展机架之间的距离不宜太长,一般不超过 10 m。PLC 的硬件组成如图 3-8 所示。

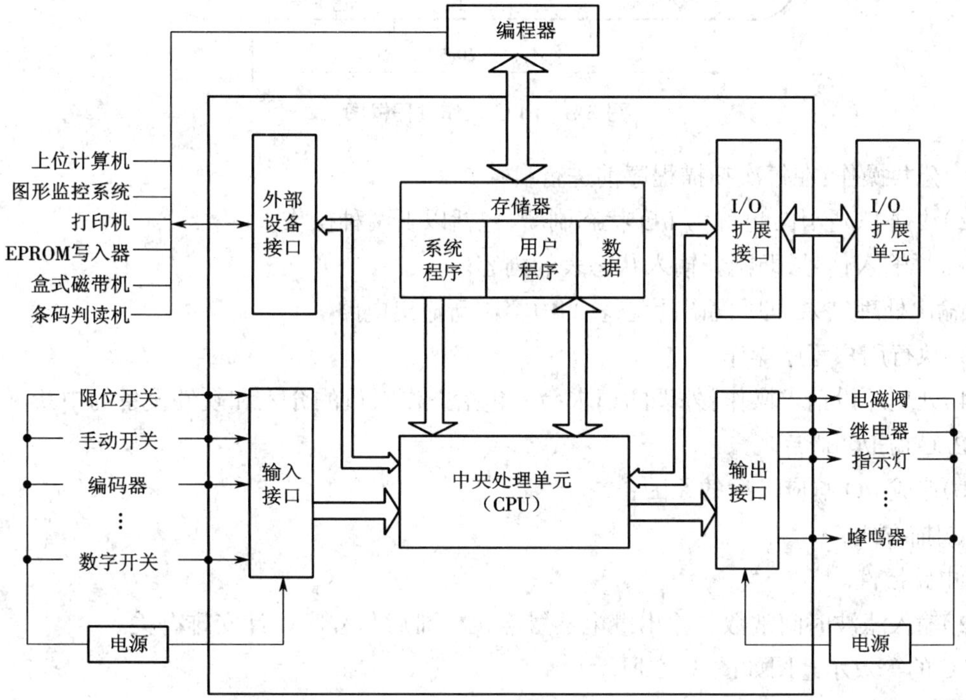


图 3-8　PLC 的硬件组成框图

## 3.2.1　PLC 的基本工作原理

1.PLC 的循环扫描

扫一扫:可编程控制器原理

PLC 的 CPU 采用分时操作的原理,每一时刻执行一个操作,随着时间的延长,一个动作接一个动作顺序地进行,这种分时操作进程称为 CPU 对程序的扫描。PLC 的用户程序由若干条指令组成,指令在存储器中按序号顺序排列。CPU 从第一条指令开始,顺序逐条地执行用户程序,直到用户程序结束,然后返回第一条指令开始新一轮的扫描。

2.PLC 工作过程

PLC 工作过程如图 3-9 所示。

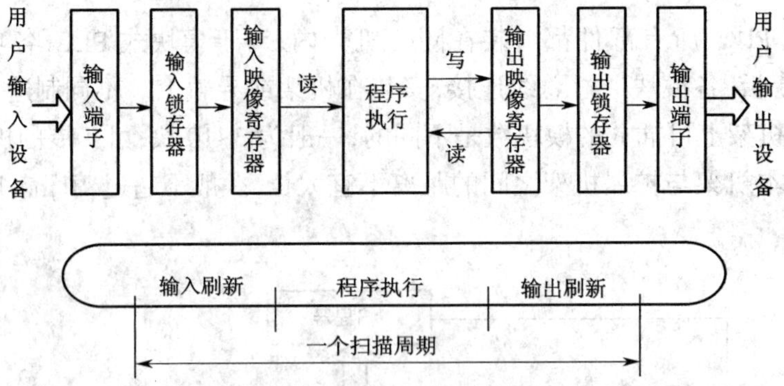


图 3-9 PLC 工作过程框图

(1)公共操作:在每次扫描程序前进行自检。

(2)数据 I/O 操作:也称为 I/O 状态刷新,包括以下两种操作。

①采样输入信号,即刷新输入状态表的内容。

②输出处理结果,即用输出状态表的内容刷新输出电路。

(3)执行用户程序操作。

(4)处理外设请求操作:外设的请求命令包括操作人员的介入和硬件设备的中断。

3.PLC 的 I/O 滞后现象

(1)造成 I/O 响应滞后的原因:

①扫描方式;

②电路惯性。

(2)输入滤波时间常数和输出继电器触点机械滞后与程序设计安排有关。

PLC 的等效示意图如图 3-10 所示。

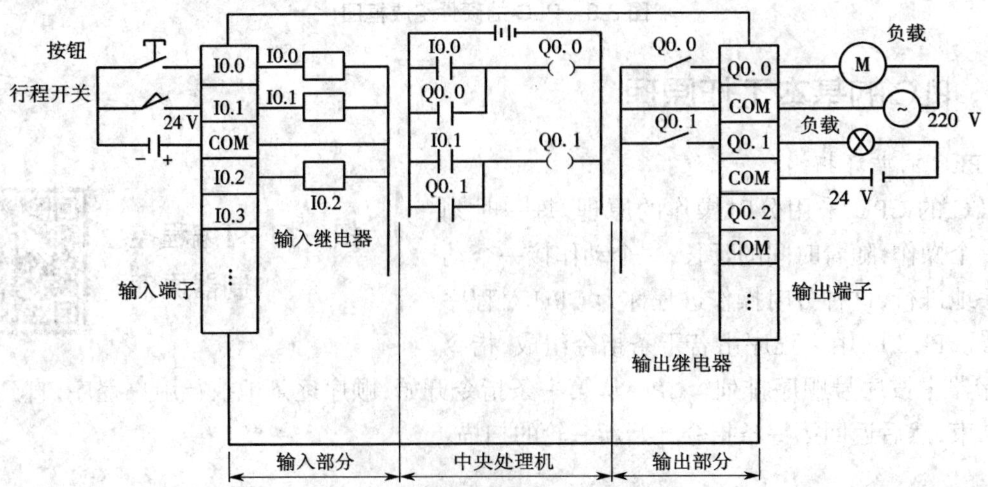


图 3-10 PLC 的等效示意图

## 3.2.2 PLC 编程原则

1. 梯形图编程及其原则

（1）程序的执行顺序。图 3-11 所示 PLC 梯形图和继电器梯形图实现相同的功能。当 1S1 闭合时，1Y1、1Y2 输出。系统上电之后，当 1S1 闭合时，继电器梯形图中的 1Y1、1Y2 会同时得电，若不考虑继电器触点的延时，则 1Y1、1Y2 会同时输出；但在 PLC 梯形图中，因为 PLC 的程序是顺序扫描执行的，PLC 的指令按从上向下、从左向右的扫描顺序执行，整个 PLC 的程序不断循环往复。PLC 的动作顺序由 PLC 的扫描顺序和在梯形图中的位置决定，因此当 1S1 闭合时，1Y1 先输出，而后 1Y2 输出，即继电器采用并行的执行方式，而 PLC 采用串行的执行方式，如图 3-12 所示。

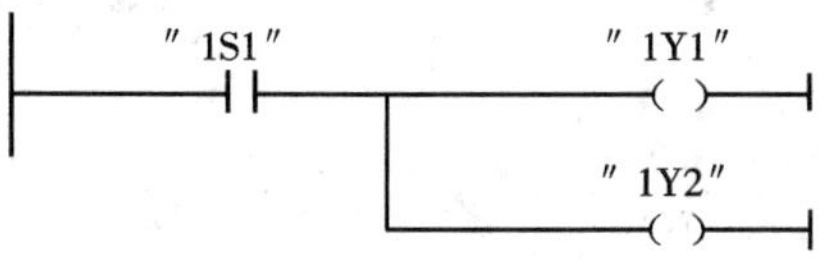


PLC梯形图

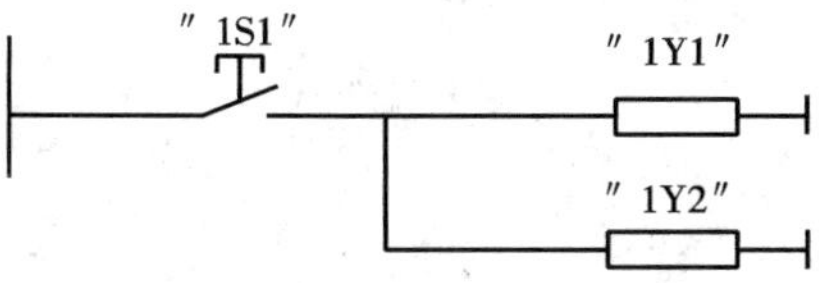


继电器梯形图

图 3-11　PLC 梯形图与继电器梯形图

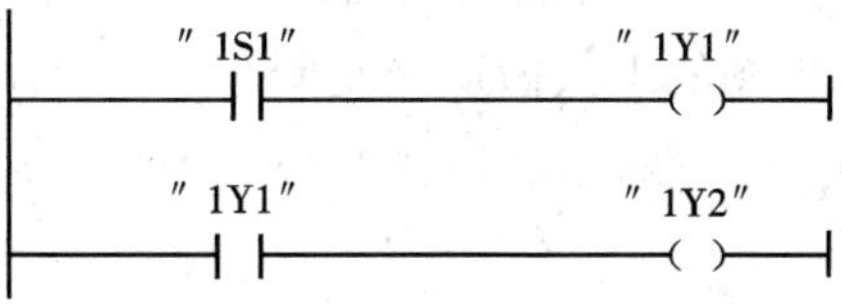


1Y1、1Y2在同一个周期内动作

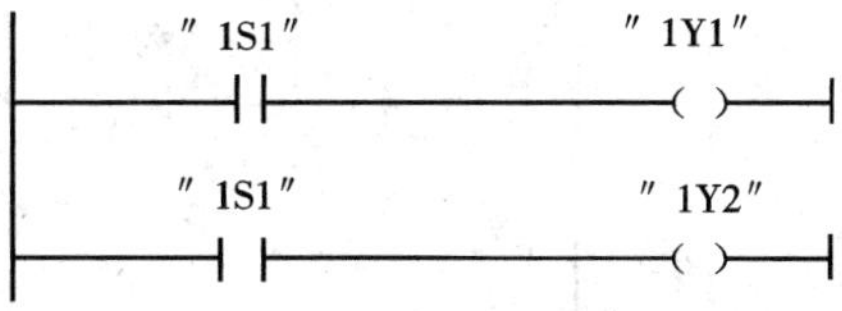


1Y1、1Y2在两个周期内动作

图 3-12　程序的执行顺序

（2）继电器自身的延时效应。传统的继电器的线圈得电后触点在动作时有一个微小的延时，并且常开和常闭触点的动作之间有一微小的时间差；而 PLC 中的继电器都为软继电器，不会有延时效应，在此忽略了 PLC 的扫描时间，如图 3-13 所示。

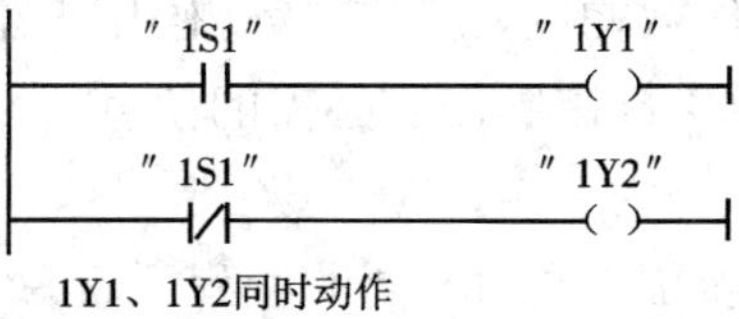


1Y1、1Y2同时动作

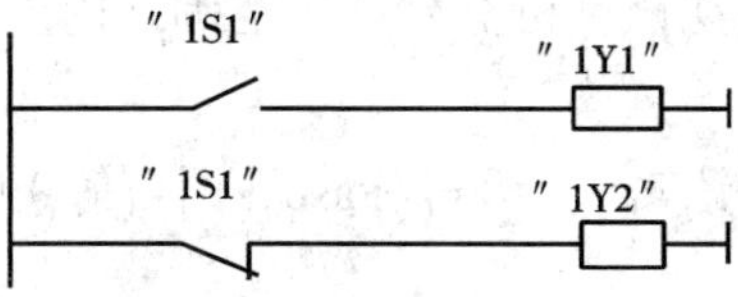


1Y1、1Y2不同时动作

图 3-13　继电器自身的延时效应

（3）PLC 中的软继电器，每个继电器有无数个常开和常闭触点。

（4）PLC 编程的基本原则。每个梯形图网络由多个梯级组成，每个输出元素可构成一个梯级，每个梯级可由多个支路组成。梯形图每一行都是从左母线开始，而且输出线圈接在最右边，输入触点不能放在输出线圈的右边；输出线圈不能直接与左母线连接，多个输出线圈可以并联输出。在一个程序中各输出处同一编号的输出线圈若使用两次称为“双线圈输出”。双线圈输出容易引起误动作，一般禁止使用。在 PLC 梯形图中，外部输入 / 输出继电器、内部继电器、定时器、计数器等器件的触点可多次重复使用。梯形图中串联或并联的触点的个数没有限制，可无限次使用。在使用梯形图编程时，只有在一个梯级编制完成后才能继续后面的程序编制。当梯形图程序运行时，其执行顺序遵循从左到右、从上到下的原则。

（5）编程技巧及原则：上重下轻，左重右轻，避免混联。梯形图应把串联触点较多的电路放在梯形图上方，把并联触点较多的电路放在梯形图左边，为了使输入程序方便操作，可以把一些梯形图的形式做适当变换。

图 3-14 是一段“左大右小”的梯形图，其中图（a）和图（b）仅差一步，实际上执行步数差了25%。

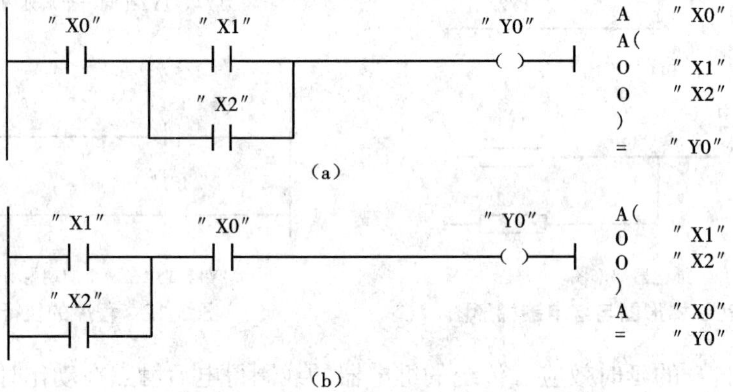


**图 3-14 梯形图编程**

2. 语句表编程

PLC 的语句由操作码 + 操作数构成。其中，操作码用来指定要执行的功能，告诉 CPU 该进行什么操作；操作数内包含为执行该操作所必需的信息，告诉 CPU 用什么地方的数据来执行此操作。

操作数的分配原则：为了让 CPU 区别不同的编程元素，每个独立的元素应指定一个互不重复的地址，所指定的地址必须在该型机器允许的范围之内。

3. 其他编程语言

功能图编程语言、高级编程语言（C语言、Pascal 语言等）的应用见表 3-1。

表 3-1　PLC 编程语言及其应用

| 编程语言 | 用户类 | 应用 |
|---|---|---|
| 语句表 | 愿意用类似于机器码语言编程的用户 | 程序在运行时间和存储空间上要求最优 |
| 梯形图 | 习惯电路图的用户 | 编写逻辑控制程序 |
| 功能图 | 熟悉布尔代数逻辑图的用户 | 编写逻辑控制程序 |
| SCL(结构控制语言)可选软件包 | 用高级语言,如 Pascal 或 C 语言编程的用户 | 数据处理任务程序 |
| S7 Graph(顺序控制)可选软件包 | 有技术背景,没有 PLC 编程经验的用户 | 以顺序过程的描述很方便 |
| S7 HiGraph(状态图形)可选软件包 | 有技术背景,没有 PLC 编程经验的用户 | 以异步非顺序过程的描述很方便 |
| CFC(连续功能图)可选软件包 | 有技术背景,没有 PLC 编程经验的用户 | 适用于对连续过程的描述 |

# 任务三　SIMATIC S7-300 PLC 系统特性及硬件构成

## 3.3.1　S7-300 PLC 系统结构

1.S7-300 PLC 的组成

S7-300 PLC 的主要组成部分有导轨(RACK)、电源模块(PS)、中央处理单元(CPU)模块、接口模块(IM)、信号模块(SM)、功能模块(FM)等,通过多点接口(MPI)网络的接口直接与编程器(PG)、操作员面板(OP)和其他 S7 PLC 相连。

2.S7-300 PLC 的扩展能力

CPU 的一个机架上最多只能再安装 8 个信号模块或功能模块,最多可以扩展为 4 个机架。中央处理单元总是在 0 机架的 2 号槽上,1 号槽安装电源模块,3 号槽安装接口模块,4 至 11 号槽可自由分配给信号模块、功能模块。

3.S7-300 PLC 模块地址的确定

数字 I/O 模块每个槽划分为 4 Byte(等于 32 个 I/O 点),模拟 I/O 模块每个槽划分为 16 Byte(等于 8 个模拟量通道),每个模拟量输入或输出通道的地址总是一个字地址。PLC 数字量和模拟量模板地址分配见表 3-2。

表 3-2　PLC 数字量和模拟量模板地址分配

| 机架 | 模板起始地址 | 槽号 | | | | | | | | | | |
|---|---|---|---|---|---|---|---|---|---|---|---|---|
| | | 1 | 2 | 3 | 4 | 5 | 6 | 7 | 8 | 9 | 10 | 11 |
| 0 | 数字量<br>模拟量 | PS | CPU | IM | 0<br>256 | 4<br>272 | 8<br>288 | 12<br>304 | 16<br>320 | 20<br>336 | 24<br>352 | 28<br>368 |

续表

| 机架 | 模板起始地址 | 槽号 | | | | | | | | | | |
|---|---|---|---|---|---|---|---|---|---|---|---|---|
| | | 1 | 2 | 3 | 4 | 5 | 6 | 7 | 8 | 9 | 10 | 11 |
| 1 | 数字量 | | | IM | 32 | 36 | 40 | 44 | 48 | 52 | 56 | 60 |
| | 模拟量 | | | | 384 | 400 | 416 | 432 | 448 | 464 | 480 | 496 |
| 2 | 数字量 | | | IM | 64 | 68 | 72 | 76 | 80 | 84 | 88 | 92 |
| | 模拟量 | | | | 512 | 528 | 544 | 560 | 576 | 592 | 608 | 624 |
| 3 | 数字量 | | | IM | 96 | 100 | 104 | 108 | 112 | 116 | 120 | 124 |
| | 模拟量 | | | | 640 | 656 | 672 | 688 | 704 | 720 | 736 | 752 |

1)确定数字量模板的地址

一个数字量模板的输入或输出地址由字节地址和位地址组成。字节地址取决于模板的起始地址。例如,如果一块数字量模板插在 4 号槽,其地址分配如图 3-15 所示。

2)确定模拟量模板的地址

一个模拟量模板的输入或输出通道的地址总是一个字地址。通道地址取决于模板的起始地址。例如,如果一块模拟量模板插在 4 号槽,其地址分配如图 3-16 所示。

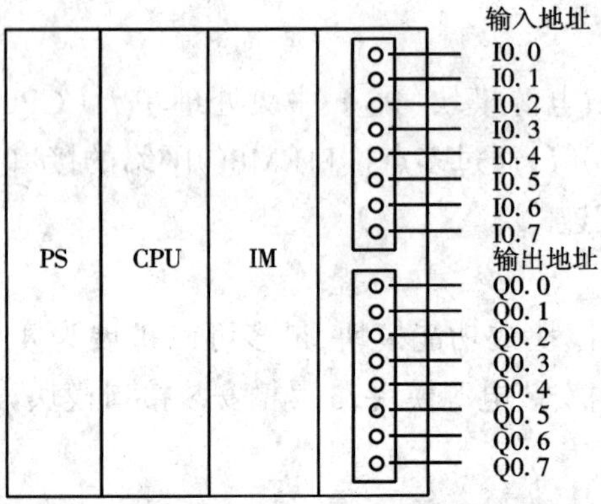


图 3-15 字节地址取决于模板的起始地址

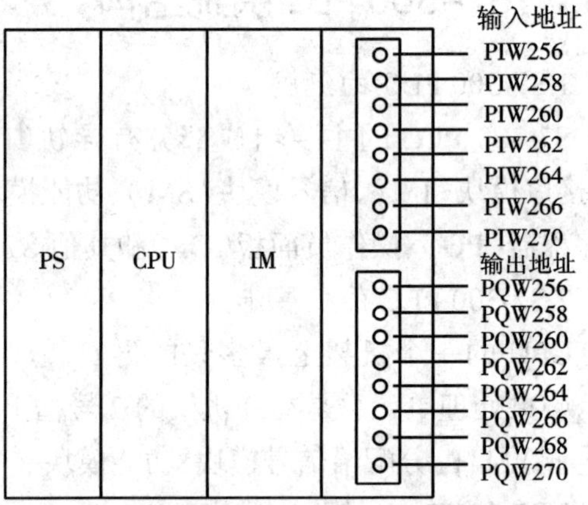


图 3-16 通道地址取决于模板的起始地址

## 3.3.2 S7-300 PLC 存储区简介

1.S7-300 PLC 编程方式简介

用户程序由组织块(OB)、功能块(FB、FC)、数据块(DB)构成。其中,组织块(OB)是系统操作程序与用户应用程序在各种条件下的接口界面,用于控制程序的运行。$OB_1$ 是主程序循环块,在任何情况下,它都是需要的。功能块实际上是用户子程序,可分为带"记忆"的功能块 FB 和不带"记忆"的功能块 FC。功能块 FB 有一个数据结构与该功能块的参数表完全相同的数据块(DB)附属于该功能块,并随着功能块的调用而打开,随着功能块的结束而关闭。该附属数据块(DB)称为背景数据块,存在背景数据块中的数据在 FB 块结束时继续保持,也即被"记忆"。功能块 FC 没有背景数据块，当 FC 完成操作后，数据不能保持。FB 与 FC 的区别见表 3-3。数据块（DB）是用户定义的用于存放数据的存储区。S7-300 CPU 还提供标准系统功能块（SFB，SFC）。

表 3-3　FB 与 FC 的区别

| | 名称 | 背景数据块 | 定义静态变量 |
|---|---|---|---|
| FB | 带"记忆"的功能块 | 需要 | 可以 |
| FC | 不带"记忆"的功能块 | 不需要 | 不可以 |

2.S7-300 PLC 的存储区

S7-300 CPU 有三个基本存储区。

（1）系统存储区：RAM 类型，用于存放操作数据（I/O、位存储、定时器、计数器等）。

（2）装载存储区：物理上是 CPU 模块中的部分 RAM，加上内置的 EEPROM 或选用的可拆卸 FEPROM 卡，用于存放用户程序。

（3）工作存储区：物理上是 CPU 模块中的部分 RAM，其存储内容是 CPU 运行时所执行的用户程序单元（逻辑块和功能块）的复制件。

CPU 程序所能访问的存储区为系统存储区的全部、工作存储区中的数据块、暂时局部数据存储区、外设 I/O 存储区等，见表 3-4。

表 3-4　CPU 程序可访问的存储区及功能

| 名称 | 存储区 | 存储区功能 |
|---|---|---|
| 输入（I） | 输入过程映像表 | 扫描周期开始，操作系统读取过程输入值并录入表中，在处理过程中，程序使用这些值；<br>每个 CPU 周期，输入存储区在输入映像表中所存放的输入状态值是外设输入存储区前面 128 Byte 的映像 |
| 输出（Q） | 输出过程映像表 | 在扫描周期中，程序计算输出值并存放在该表中，在扫描周期结束后，操作系统从表中读取输出值，并传送到过程输出口，该表所存放的是外设输出存储区前面 128 Byte 的映像 |
| 位存储区（M） | 存储位 | 存放程序运算的中间结果 |
| 外设输入（PI）<br>外设输出（PQ） | I/O：外设输入<br>I/O：外设输出 | 外设存储区允许直接访问现场设备（物理的或外部的输入和输出），外设存储区可以字节、字和双字格式访问，但不可以位方式访问 |
| 定时器（T） | 定时器 | 为定时器提供存储区；<br>计时时钟访问该存储区中的计时单元，并以减法更新计时值；<br>定时器指令可以访问该存储区和计时单元 |
| 计数器（C） | 计数器 | 为计数器提供存储区，计数指令访问该存储区 |
| 临时本地数据（L） | 本地数据堆栈（L 堆栈） | 在 FB、FC 或 OB 运行时设定，将在块变量声明表中声明的暂时变量存在该存储区中，提供空间以传送某些类型参数和存放梯形图中间结果；块结束执行时，临时本地存储区再行分配，不同的 CPU 提供不同数量的临时本地存储区 |
| 数据块（DB） | 数据块 | DB 块存放程序数据信息，可被所有逻辑块公用（"共享"数据块）或被 FB 特定占用（"背景"数据块） |

3.S7-300 PLC 中央处理单元(CPU)模块

中央处理单元(CPU)的主要特性包括存储器容量、指令执行时间、最大 I/O 点数、各类编程元件(位存储器、计数器、定时器、可调用块)数量等,见表 3-5。

**表 3-5 S7-300 PLC 的 CPU 的技术数据**

| | |
|---|---|
| 程序存储量 | 24 KB |
| 每 1KB 语句执行时间 | 0.3 ms |
| 计数器 | 64 个(C0~C63),计数范围为 0~999 |
| 定时器 | 128 个(T0~T127),定时范围为 10 ms~9 990s |
| 通信接口 | MPI |
| 编程软件 | S7 |
| 位存储器 | 2 048 个(MB0~MB255) |
| 数据块 | 最多 127(DB0 保留)<br>大小:最大 8 KB<br>嵌套深度:8 层 |
| 机架 | 最多 4 个,每个机架的信号模块数最多 8 个 |
| 应用场合 | 对编程范围和操作处理速度有较高要求的大型设备 |

多点接口(MPI)是西门子公司开发的用于 PLC 之间通信的保密协议。MPI 通信是当通信速率要求不高、通信数据量不大时,可以采用的一种简单经济的通信方式。MPI 通信可使用 S7-200/300/400PLC、操作面板 TP/OP 及上位机 MPI/PROFIBUS 通信卡,如 CP5512/CP5611/CP5613 等进行数据交换。MPI 网络的通信速率为 19.2 Kb/s~12 Mb/s,最多可以连接 32 个节点,最大通信距离为 50 m,但可通过中断器来扩展通信距离。

4.S7-300 CPU 的工作方式

S7-300 CPU 有四种工作方式,可通过可卸的专用钥匙控制。

(1)RUN-P:可编程运行方式。

(2)RUN:运行方式。

(3)MRES:CPU 清零(模块复位功能)。

(4)STOP:停机方式。

一般在开始一个新的编程工作时,需要对 CPU 进行清零处理,可以很容易地通过操作 CPU 上的钥匙开关来实现,且必须进行以下操作。

(1)接通 PLC 工作电源,并等待至 CPU 的自检测运行完成。

(2)转动钥匙开关至 MRES 位置,并保持此状态,直至 STOP 发光二极管从闪动转为常亮状态。

(3)转动钥匙开关至 STOP 位置,并迅速转回至 MRES 位置,保持此状态,直至 STOP 发光二极管开始快速闪动,表示 CPU 已被清零。

(4)松开钥匙开关,此时钥匙会自动返回 STOP 位置。

（5）可编程控制器已被清零，可以传输新的控制程序。

程序的下传只能在钥匙开关处于 STOP 或 RUN-P 位置时进行。

## 3.3.3　CPU 单元时钟存储器的参数设置

S7-300 PLC 有 8 个时钟存储器，每个频率都不一样，可以在 0~255 范围内定义任一字节为时钟存储器字节，如图 3-17 所示。

A period duration/frequency is assigned to each bit of the clock memory byte：

| | | | | | | | | |
|---|---|---|---|---|---|---|---|---|
| Bit | 7 | 6 | 5 | 4 | 3 | 2 | 1 | 0 |
| Period | | | | | | | | |
| Duration（s）： | 2 | 1.6 | 1 | 0.8 | 0.5 | 0.4 | 0.2 | 0.1 |
| Frequency（Hz）： | 0.5 | 0.625 | 1 | 1.25 | 2 | 2.5 | 5 | 10 |

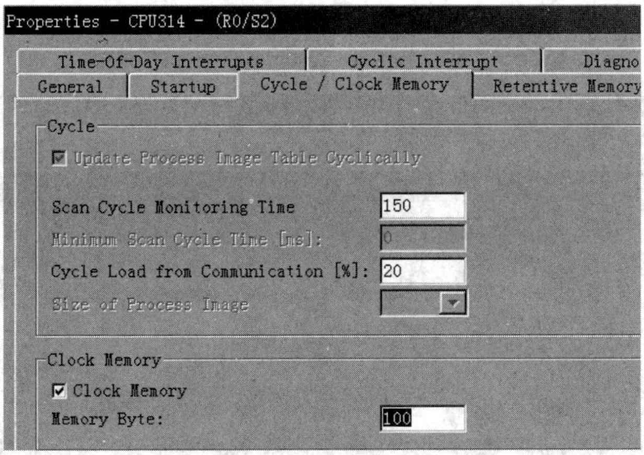


图 3-17　时钟存储器

（1）循环中断参数，如图 3-18 所示。

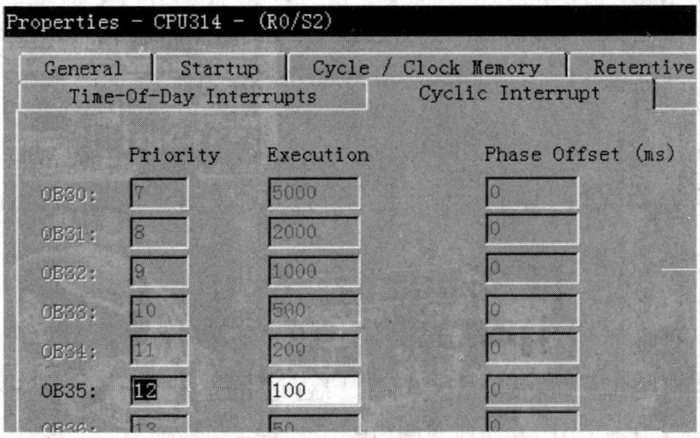


图 3-18　循环中断参数

（2）最长循环时间，如图 3-19 所示。

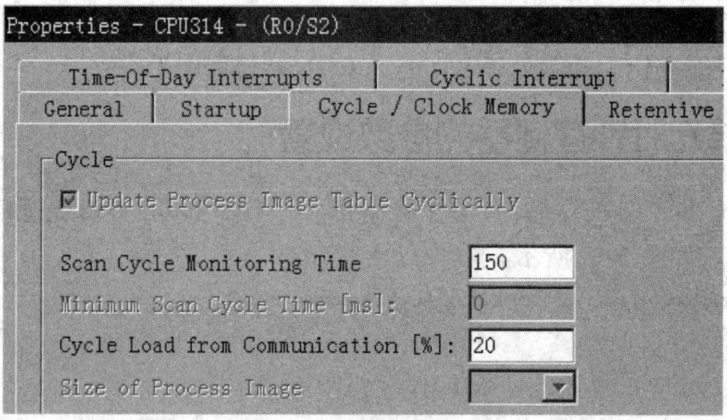


图 3-19 最长循环时间

(3)MPI 参数,如图 3-20 所示。

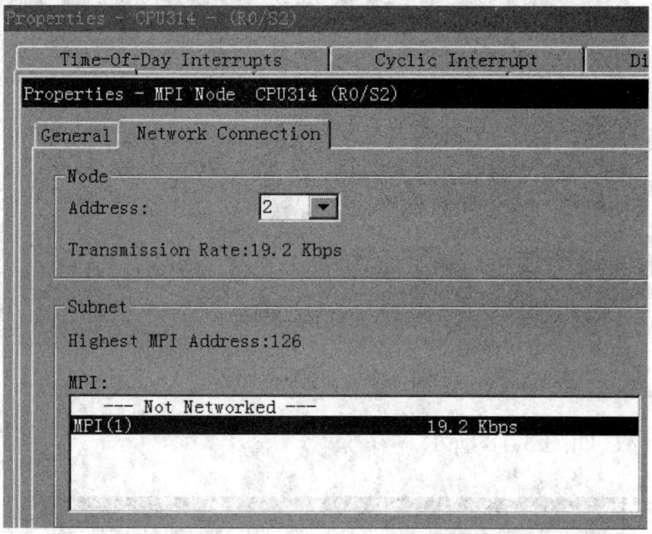


图 3-20 MPI 参数

(4)CPU 的循环时间计算。循环时间是一个程序循环所占用的时间,循环时间由过程映像的传送时间、操作系统的执行时间和用户程序的执行时间三大部分组成。

# 任务四 编程语言

操作系统由 PLC 的制造厂商提供,支持用户程序的运行。用户程序是用户为完成特定的控制任务而编写的应用程序。PLC 常用的编程语言有梯形图、语句表、功能图。PLC 常用的编程语言的基本步骤如图 3-21 所示。

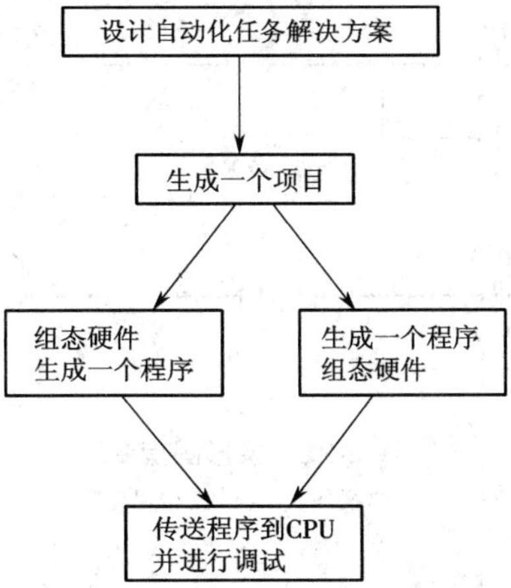


图 3-21　PLC 常用的编程语言的基本步骤

注:对于数字量模块不一定要进行硬件组态,而对于模拟量模块一定要进行硬件组态。

## 3.4.1　指令及其结构

指令是程序的最小独立单位,用户程序由若干条顺序排列的指令构成。

1. 语句指令

语句指令是用助记符表示 PLC 要完成的操作。

指令由操作码 + 操作数构成。其中,操作码用来指定要执行的功能,告诉 CPU 该进行什么操作;操作数内包含为执行该操作所必需的信息,告诉 CPU 用什么地方的数据来执行此操作。

例如:

| 操作码 | 操作数 |
| --- | --- |
| 0 | I0.0 |
| 0 | I0.1 |
| = | Q0.0 |

有些语句指令不带操作数,因为它们的操作对象是唯一的。

例如:

| 操作码 | 操作数 |
| --- | --- |
| NOT | |
| SET | |

2. 梯形图指令

梯形图指令用图形元素表示 PLC 要完成的操作。在梯形图指令中,操作码用图素形象地表明要 CPU 做什么,操作数的表示方法与语句指令相同,如图 3-22 所示。

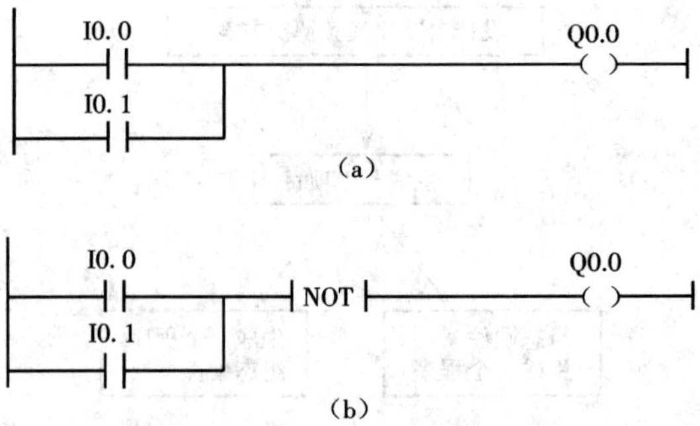


**图 3-22 梯形图指令**

(a)带操作数 (b)不带操作数

## 3.4.2 操作数

1. 标识符及标识参数

主标识符(操作数存放的存储器的区域):I、Q、PI、PQ、M、T、C、L、DB。

辅助标识符(操作数的位数长度):X、B、W、D。

操作数:标识参数(操作数在该存储器区域内的具体位置)。

注释:

I——输入过程映像存储区;

Q——输出过程映像存储区;

PI——外部输入;

PQ——外部输出;

M——位存储区;

T——定时器;

C——计数器;

L——本地数据;

DB——数据块;

X——位;

B——字节;

W——字;

D——双字。

注意:(1)PLC 物理存储器是以字节为单位的;

(2)当操作数长度是字或双字时,标识符后给出的标识参数是字或双字内的最低字节单元号;

(3)当使用宽度是字或双字的地址时,应保证没有生成任何重叠的字节分配,以免造成数据读写错误。

2. 操作数的表示法

物理地址(绝对地址)、操作数的表示法、符号地址(必须先定义后使用,而且符号名必须是唯一的),关于定义符号地址的注意事项见表 3-6,局域(块定义)符号和共享符号见表 3-7。

**表 3-6　定义符号地址的注意事项**

| 列 | 注意 |
|---|---|
| 符号 | 在整个符号表中名字必须唯一,当确认该区域输入或退出该区域时,不唯一的符号则被标定出来,符号名最长可达 24 个字符,引号("")不允许使用 |
| 地址 | 当确认该区域输入或退出该区域时,程序会自动检查该地址输入是否是允许的 |
| 数据类型 | 当确认或退出地址时,该区域被自动赋予一个缺省数据类型;如果修改这个缺省类型,程序会检查数据类型是否与地址相匹配 |
| 注释 | 可以输入注释简单地解释该符号的功能(最多 80 个字符) |

**表 3-7　局域(块定义)符号和共享符号**

| | 共享符号 | 局域符号 |
|---|---|---|
| 有效性 | • 在整个用户程序中有效;<br>• 可以被所有的块使用;<br>• 在所有的块中含义是一样的;<br>• 在整个用户程序中是唯一的 | • 只在定义的块有效;<br>• 相同的符号可在不同的块中用于不同的目的 |
| 允许使用的字符 | • 字母、数字及特殊字符;<br>• 除 0X00,0XFF 及引号以外的强调号;<br>• 如使用特殊字符,则符号必须写在引号内 | • 字母、数字;<br>• 下划线(_)(注意不允许使用两个连续的下划线) |
| 使用 | 可以为以下各项定义共享符号:<br>•I/O 信号(I、IB、IW、ID、Q、QB、QW、QD);<br>•I/O 输入与输出(PI、PQ);<br>• 存储位(M、MB、MW、MD);<br>• 定时器(T)、计数器(C);<br>• 逻辑块(FB、FC、SFB、SFC);<br>• 数据块(DB);<br>• 用户定义数据类型(UDT);<br>• 变量表(VAT) | 可以为以下各项定义局域符号:<br>• 块参数(输入、输出和输入输出参数);<br>• 块的静态数据;<br>• 块的临时数据 |
| 在哪里定义 | 符号表 | 块的变量声明表 |

3. 寻址方式

寻址方式是指令得到操作数的方式。

立即寻址:操作数本身直接包含在指令中。

直接寻址:指令中直接给出操作数的存储单元地址。

S7 寻址方式:存储器间接寻址和寄存器间接寻址。

常数:S7 状态字中的状态位和 S7 的各种寄存器。

S7 指令的操作对象:数据块,功能块 FB、FC 和系统功能块 SFB、SFC,S7 各存储区中的单元。

4. 数据类型

数据类型决定了以什么方式或格式理解或访问存储区中的数据。

基本数据类型:定义不超过 32 位的数据。

复式数据类型:定义超过 32 位或由其他数据类型组成的数据。

参数类型:定义传给 FB 块和 FC 块的参数。

5. 状态字

状态字用于表示 CPU 执行指令时所具有的状态,如图 3-23 所示。

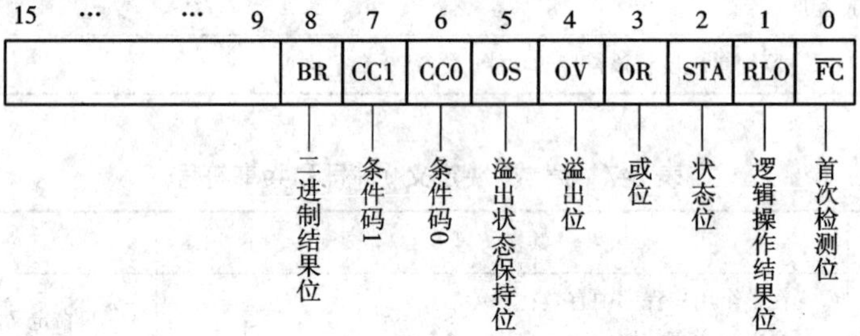


图 3-23 状态字

6. 输入梯形图组件

在段中选择一点,在该点后面可插入一个梯形图组件。所选的梯形图组件被插入,问号用来表示地址和参数。可采用下列方法之一,在段中插入所需的组件。

(1)在菜单“Insert”中选择合适的菜单命令,例如 Insert → LAD Element → Normally Open Contact,用功能键 F2、F3 或 F7 输入一个常开触点、常闭触点或输出线圈。

(2)选择菜单命令 Insert → Program Elements,打开“Program Elements(编程组件)”对话框,并在目录中选择所需的组件。

7. 输入语句表语句

(1)通过单击灰色注释框下面的任意区域即可打开正文框(或者若不显示段注释,则在段标题的下面)。

(2)输入指令,按空格键,然后输入地址(直接或间接地址)。

(3)按空格键,并输入以双斜线(//)开始的注释(可选)。

(4)在完成一条(一行)带注释或不带注释的语句后,按 RETURN。

一行语句输入完成后,运行语法检查,检查此条语句,指令中或绝对地址中的小写字母都转换为大写;检查到的语法错误都显示为红色斜体,在存储该逻辑块之前必须修改所有错误。

# 任务五 位逻辑指令

位逻辑指令包括位逻辑运算指令、定时器指令、计数器指令、位测试指令。

## 3.5.1 位逻辑运算指令

1.“与”“或”“异或”指令

(1)语句指令布尔逻辑串内的真值表,见表3-8。(根据表3-8可以确定第二条布尔位操作后的RLO。)

**表3-8　语句指令布尔逻辑串内的真值表**

| 助记符 | 指令 | 指令前RLO | 地址状态 | RLO结果 |
|---|---|---|---|---|
| A | 与 | 0<br>0<br>1<br>1 | 0<br>1<br>0<br>1 | 0<br>0<br>0<br>1 |
| AN | 与非 | 0<br>0<br>1<br>1 | 0<br>1<br>0<br>1 | 0<br>0<br>1<br>0 |
| O | 或 | 0<br>0<br>1<br>1 | 0<br>1<br>0<br>1 | 0<br>1<br>1<br>1 |
| ON | 或非 | 0<br>0<br>1<br>1 | 0<br>1<br>0<br>1 | 1<br>0<br>1<br>1 |
| X | 异或 | 0<br>0<br>1<br>1 | 0<br>1<br>0<br>1 | 0<br>1<br>1<br>0 |
| XN | 异或非 | 0<br>0<br>1<br>1 | 0<br>1<br>0<br>1 | 1<br>0<br>0<br>1 |

(2)布尔逻辑串开始的真值表,见表3-9。

**表3-9　布尔逻辑串开始的真值表**

| 助记符 | 指令 | 地址状态 | RLO结果 |
|---|---|---|---|
| A | 与 | 0<br>1 | 0<br>1 |
| AN | 与非 | 0<br>1 | 1<br>0 |

续表

| 助记符 | 指令 | 地址状态 | RLO 结果 |
|---|---|---|---|
| O | 或 | 0<br>1 | 0<br>1 |
| ON | 或非 | 0<br>1 | 1<br>0 |
| X | 异或 | 0<br>1 | 0<br>1 |
| XN | 异或非 | 0<br>1 | 1<br>0 |

(3)梯形图(LAD)逻辑指令。

①常开接点(动合触点)元素和参数,见表 3-10。

**表 3-10 常开接点(动合触点)元素和参数**

| LAD 元素 | 参数 | 数据类型 | 存储区 | 说明 |
|---|---|---|---|---|
| 地址<br>—\| \|— | 地址 | BOOL,TIMER,<br>COUNTER | I,Q,M,T,C,L,D | 地址指明要检查信号状态的位 |

②常闭接点(动断触点)元素和参数,见表 3-11。

**表 3-11 常闭接点(动断触点)元素和参数**

| LAD 元素 | 参数 | 数据类型 | 存储区 | 说明 |
|---|---|---|---|---|
| 地址<br>—\|/\|— | 地址 | BOOL,TIMER,<br>COUNTER | I,Q,M,T,C,L,D | 地址指明要检查信号状态的位 |

2. 输出指令

输出指令把状态字中 RLO 的值赋给指定的操作数,见表 3-12。

**表 3-12 输出指令**

| STL 指令 | LAD 指令 | 功能 | 操作数 | 数据类型 | 存储区 |
|---|---|---|---|---|---|
| =< 地址 > | < 地址 ><br>---(   ) | 逻辑串赋值输出 | < 位地址 > | BOOL | I,Q,M,D,L |
| | < 地址 ><br>--(#)-- | 中间结果赋值输出 | < 位地址 > | BOOL | I,Q,M,D,L |

**例 3-1** 启动和自锁程序。程序功能:输入 X0 闭合时,输出 Y0 闭合且自锁。只有在 X1 闭合时,其动断触点打开,Y0 断开。

时序图如图 3-24 所示,梯形图如图 3-25 所示,语句表如图 3-26 所示。

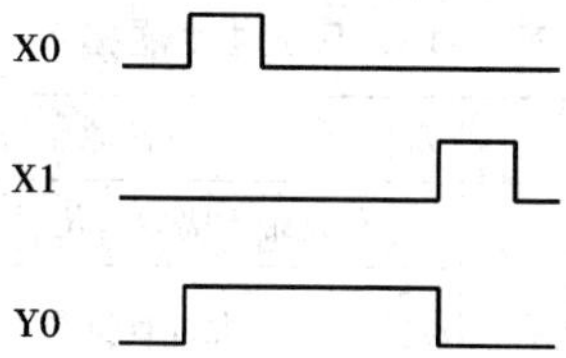


图 3-24　时序图

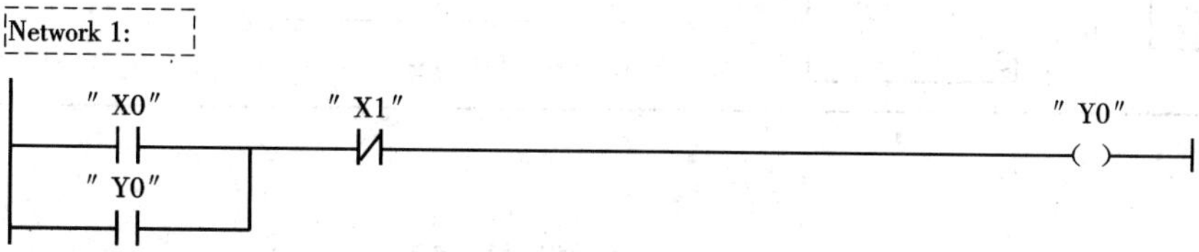


图 3-25　梯形图

```
Network 1:
A (
O        " X0"
O        " Y0"
)
AN       " X1"
=        " Y0"
```

图 3-26　语句表

3. 置位 / 复位指令

置位 / 复位（S/R）指令根据 RLO 的值来决定被寻地址位的信号状态是否需要改变。若 RLO 的值为 1，被寻地址位的信号状态被置 1 或清 0；若 RLO 的值为 0，被寻地址位的信号保持原状态不变。这一特性又称为静态的置位 / 复位。相应地，赋值输出被称为动态赋值输出。在 LAD 中，置位 / 复位指令要放在逻辑串最右端，而不能放在逻辑串中间。S/R 指令见表 3-13。

表 3-13　S/R 指令

| STL 指令 | LAD 指令 | 功能 | 操作数 | 数据类型 | 存储区 |
|---|---|---|---|---|---|
| S< 位地址 > | < 位地址 ><br>---（S） | 置位输出 | < 位地址 > | BOOL | I，Q，M，D，L |
| R< 位地址 > | < 位地址 ><br>--（R） | 复位输出 | < 位地址 > | BOOL，TIMER，COUNTER | I，Q，M，D，L，T，C |

4.RS 触发器

在 LAD 中，RS 触发器可以用在逻辑串最右端，以结束一个逻辑串；也可以用在逻辑串中间，影响右边的逻辑操作结果。RS 触发器指令见表 3-14，RS 触发器真值表见表 3-15。

**表 3-14　RS 触发器指令**

| STL 指令 | LAD 指令 | 操作数 | 数据类型 | 存储区 |
| --- | --- | --- | --- | --- |
| <位地址> 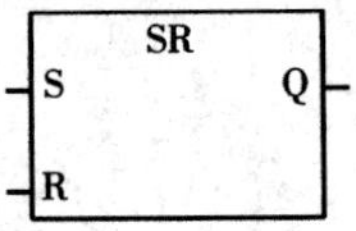 | <位地址> 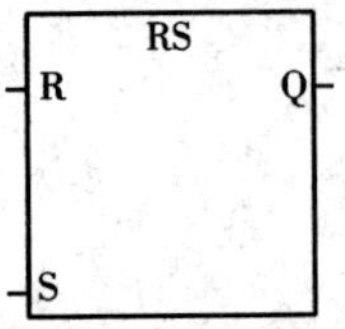 | <位地址>需要置位、复位的位 | BOOL | I,Q,M,D,L |
| | | S 允许置位输入 | | |
| | | R 允许复位输入 | | |
| | | Q 地址的状态 | | |

**表 3-15　RS 触发器真值表**

| 置位复位触发器 | | | 复位置位触发器 | | |
| --- | --- | --- | --- | --- | --- |
| S | R | Q | R | S | Q |
| 0 | 0 | — | 0 | 0 | — |
| 0 | 1 | 0 | 0 | 1 | 1 |
| 1 | 0 | 1 | 1 | 0 | 0 |
| 1 | 1 | 0 | 1 | 1 | 1 |

**例 3-2**　控制传送带。一个由电气启动的传送带，在传送带的起点有两个按钮开关，即用于启动的 S1 和停止的 S2；在传送带的尾部也有两个按钮开关，即用于启动的 S3 和停止的 S4。可以从任何一端启动或停止传送带。另外，当传送带上的物件到达尾端时，传感器 S5 使传送带停机。

PLC 接线如图 3-27 所示，定义符号地址见表 3-16，梯形图如图 3-28 所示。

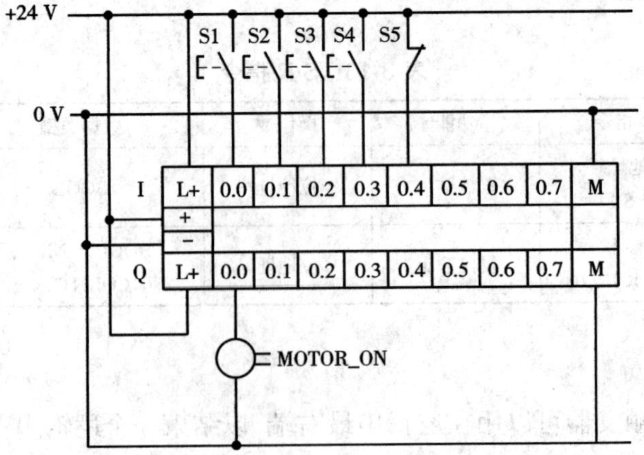


图 3-27　PLC 接线图

表 3-16　定义符号地址

| 符号地址 | 绝对地址 | 类据类型 | 说明 |
|---|---|---|---|
| S1 | I0.0 | BOOL | 起点启动按钮 |
| S2 | I0.1 | BOOL | 起点停机按钮 |
| S3 | I0.2 | BOOL | 尾部启动按钮 |
| S4 | I0.3 | BOOL | 尾部停机按钮 |
| S5 | I0.4 | BOOL | 末端传感器 |
| MOTOR_ON | Q0.0 | BOOL | 电机 |

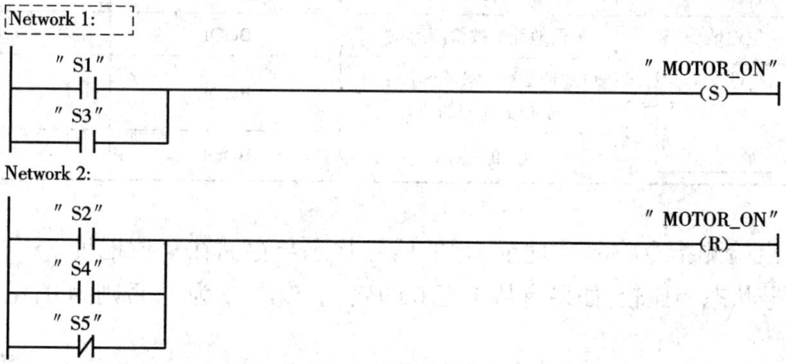


图 3-28　梯形图

5.RLO 上升沿、下降沿检测指令

RLO 上升沿检测指令识别 RLO 从 0 至 1(上升沿)的信号变化,并且在操作之后以 RLO=1 表示这一变化。用边沿存储位比较 RLO 现在的信号状态与该地址上周期的信号状态,如果操作之前地址的信号状态是 0,并且现在 RLO=1,那么操作之后, RLO 将为 1(脉冲),所有其他的情况为 0。在该操作之前,RLO 存储于地址中。

RLO 下降沿检测指令识别 RLO 从 1 至 0(下降沿)的信号变化,并且在操作之后以 RLO=1 表示这一变化。用边沿存储位比较 RLO 现在的信号状态与该地址上周期的信号状态,如果操作之前地址的信号状态是 1,并且现在 RLO=0,那么操作之后, RLO 将为 1(脉冲),所有其他的情况为 0。在该操作之前,RLO 存储于地址中。

如果 RLO 在相邻两个扫描周期中相同(全为 1 或 0),那么 FP 或 FN 语句把 RLO 位清 0。

RLO 上升沿、下降沿检测指令格式见表 3-17。

表 3-17　RLO 上升沿、下降沿检测指令格式

| LAD 指令 | STL 指令 | 功能 | 操作数 | 数据类型 | 存储区 |
|---|---|---|---|---|---|
| <位地址><br>-(P)- | FP<位地址> | RLO 上升沿检测 | <位地址>存储旧 RLO 的边沿存储位 | BOOL | I、Q、M、D、L |

续表

| LAD 指令 | STL 指令 | 功能 | 操作数 | 数据类型 | 存储区 |
|---|---|---|---|---|---|
| <位地址><br>-(N)- | FN<位地址> | RLO 下降沿检测 | <位地址> | BOOL | I、Q、M、D、L |

6. 地址上升沿、下降沿检测指令

地址上升沿检测指令将 <位地址 1> 的信号状态与存储在 <位地址 2> 中的先前信号状态检查时的信号状态相比较,如果有从 0 至 1 的变化,输出 Q 为 1,否则为 0,见表 3-18。

**表 3-18　地址上升沿检测指令格式**

| 地址上升沿检测 | 参数 | 数据类型 | 存储区 |
|---|---|---|---|
| 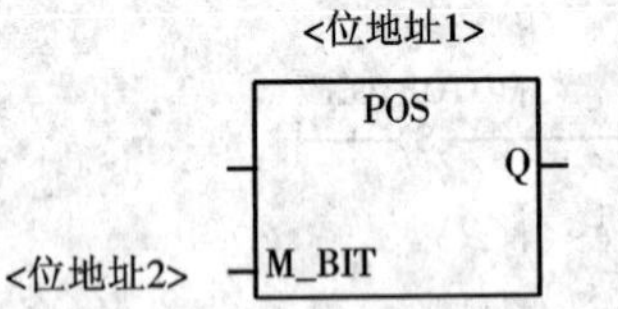 | 位地址 1 被检测的位 | BOOL | I,Q,M,D,L |
| | 位地址 2 存储被检测位上一个扫描周期的状态 | BOOL | Q,M,D |
| | Q 单稳输出 | BOOL | I,Q,M,D,L |

地址下降沿检测指令将 <位地址 1> 的信号状态与存储在 <位地址 2> 中的先前信号状态检查时的信号状态相比较,如果有从 1 至 0 的变化,输出 Q 为 1,否则为 0,见表 3-19。

**表 3-18　地址下降沿检测指令格式**

| 地址下降沿检测 | 参数 | 数据类型 | 存储区 |
|---|---|---|---|
| 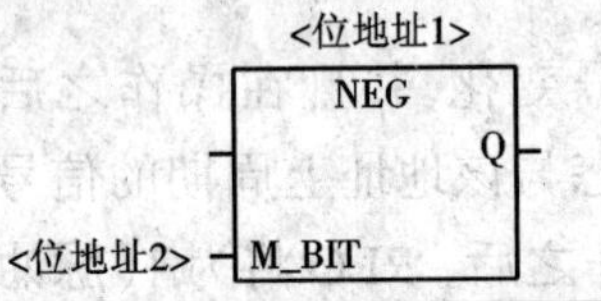 | 位地址 1 被检测的位 | BOOL | I,Q,M,D,L |
| | 位地址 2 存储被检测位上一个扫描周期的状态 | BOOL | Q,M,D |
| | Q 单稳输出 | BOOL | I,Q,M,D,L |

在梯形图中,地址跳变(上升或下降)沿检测方块和 RS 触发器方块可被看作一个特殊常开触点。该常开触点的特性:若方块的 Q 为 1,触点闭合;若 Q 为 0,触点断开。

7. 对 RLO 的直接操作指令

对 RLO 的直接操作指令格式见表 3-20。

**表 3-20　对 RLO 的直接操作指令格式**

| LAD 指令 | STL 指令 | 功能 | 说明 |
|---|---|---|---|
| -\|NOT\|- | NOT | 取反 RLO | 在逻辑串中,对当前的 RLO 取反;取反指令或置位 STA |
| ------- | SET | 置位 RLO | 把 RLO 无条件置 1 并结束逻辑串;使 STA 置 1,OR、FC 清 0 |
| ------- | CLR | 复位 RLO | 把 RLO 无条件清 0 并结束逻辑串;STA、OR、FC 清 0 |
| -(SAVE) | SAVE | 保存 RLO | 把 RLO 存入状态字的 BR 位,该指令不影响其他状态位 |

## 3.5.2　定时器指令

定时器可以提供等待时间或监控时间,定时器还可以产生一定宽度的脉冲,亦可测量时间。定时器是一种由位和字组成的复合单元,定时器的触点由位表示,其定时时间值存储在字存储器中。

脉冲定时器(SP)包括扩展脉冲定时器(SE)、接通延时定时器(SD)、保持型接通延时定时器(SS)、关断延时定时器(SF)。

1. 定时器组成

在 CPU 的存储器中留出了定时器区域,该区域用于存储定时器的定时时间值。每个定时器为 2 Byte,称为定时字。在 S7-300 PLC 中,定时器区为 512 Byte,因此最多允许使用 256 个定时器。S7-300 PLC 中,定时时间由时基和定时值两部分组成,定时时间等于时基与定时值的乘积。当定时器运行时,定时值不断减 1,直至减到 0,即表示定时时间到。定时时间到后,会引起定时器触点动作。

定时器的第 0 至 11 位存放二进制格式的定时值,第 13 和 12 位存放二进制格式的时基。定时器的时基与定时范围见表 3-21。定时器存储位如图 3-29 所示。

**表 3-21　定时器的时基与定时范围**

| 时基 | 时基的二进制代码 | 分辨率 | 定时范围 |
| --- | --- | --- | --- |
| 10 ms | 00 | 0.01 s | 10 ms 至 9 s 990 ms |
| 100 ms | 01 | 0.1 s | 100 ms 至 1 min 39 s 900 ms |
| 1 s | 10 | 1 s | 1 s 至 16 min 39 s |
| 10 s | 11 | 10 s | 10 s 至 2 h 46 min 30 s |

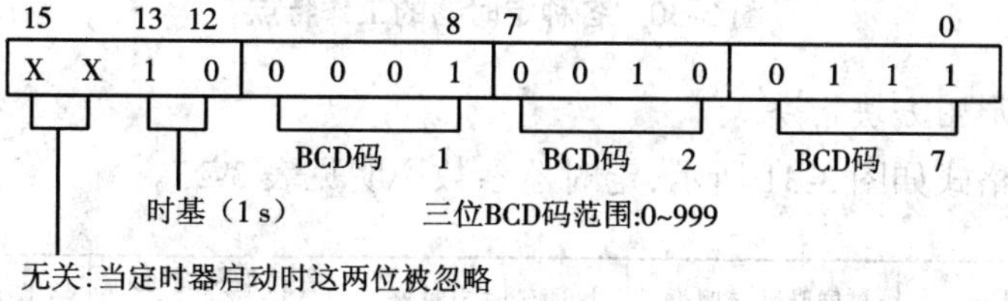


图 3-29　定时器存储位

为累加器 1 装入定时时间值的表示方法:

L　W # 16 # wxyz

其中,w,x,y,z 均为十进制数(w= 时基,取值 0,1,2,3,分别表示时基为 10 ms,100 ms,1 s,10 s;xyz= 定时值,取值范围 1~999)。

2. 定时器启动与运行

PLC 中的定时器相当于时间继电器。在使用时间继电器时,要为其设置定时时间,当时间继电器的线圈通电后,时间继电器被启动。若定时时间到,继电器的触点动作。当时间继电器的线圈断电后,也将引起其触点的动作,该触点可以在控制线路中控制其他继电器。

3. 定时器启动指令

定时器启动指令格式见表 3-22。

表 3-22 定时器启动指令格式

| LAD 指令 | STL 指令 | 功能 |
| --- | --- | --- |
| T no.---( SP )时间值 | SP T no. | 启动脉冲定时器 |
| T no.---( SE )时间值 | SE T no. | 启动扩展脉冲定时器 |
| T no.---( SD )时间值 | SD T no. | 启动接通延时定时器 |
| T no.---( SS )时间值 | SS T no. | 启动保持型接通延时定时器 |
| T no.---( SF )时间值 | SF T no. | 启动关断延时定时器 |
| | FR T no. | 允许再启动定时器 |

各种定时器的工作特点如图 3-30 所示。

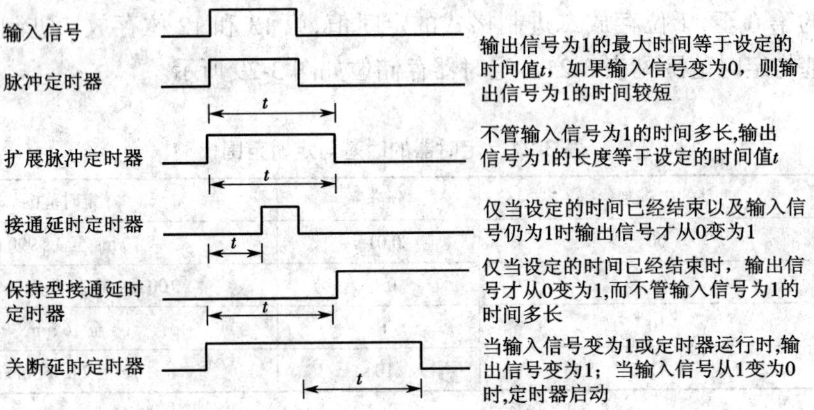


图 3-30 各种定时器的工作特点

4. 定时器的梯形图方块指令

定时器的指令格式如图 3-31 所示,定时器参数说明见表 3-23。

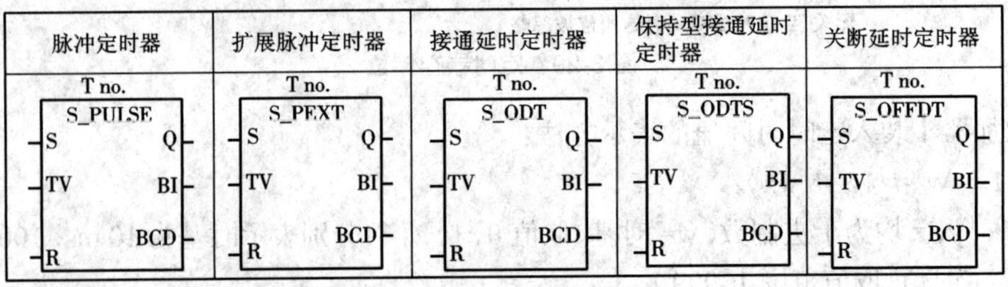


图 3-31 定时器的指令格式

表 3-23　定时器参数说明

| 参数 | 数据类型 | 存储区 | 说明 |
|---|---|---|---|
| No. | TIMER | T | 定时器标识号,与 CPU 有关 |
| S | BOOL | I、Q、M、D、L | 启动输入 |
| TV | S5TIME | I、Q、M、D、L | 设定定时时间(S5TIME 格式) |
| R | BOOL | I、Q、M、D、L | 复位输入 |
| Q | BOOL | I、Q、M、D、L | 定时器状态输出 |
| BI | WORD | I、Q、M、D、L | 剩余时间输出(二进制格式) |
| BCD | WORD | I、Q、M、D、L | 剩余时间输出(BCD 码格式) |

5. 定时器应用举例

**例 3-3**　脉冲发生器。用定时器可构成脉冲发生器,这里用了两个定时器产生频率占空比均可设置的脉冲信号。如图 3-32 所示脉冲发生器的时序图,当输入 I0.0 为 1 时,输出 Q0.0 为 0 或 1 交替变化,脉冲信号的周期为 3 s,脉冲宽度为 1 s。梯形图如图 3-33 所示。

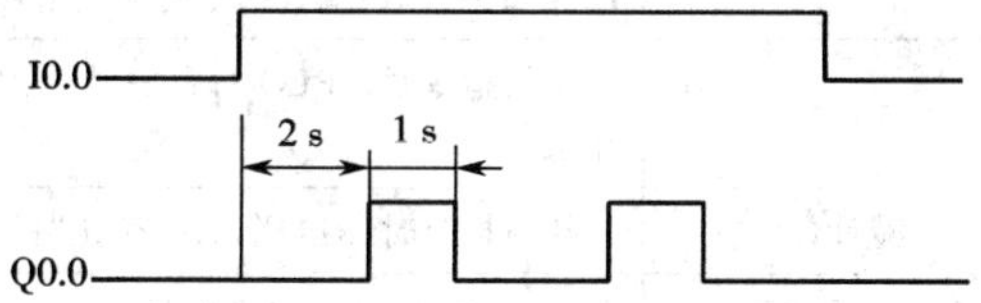


图 3-32　脉冲发生器时序图

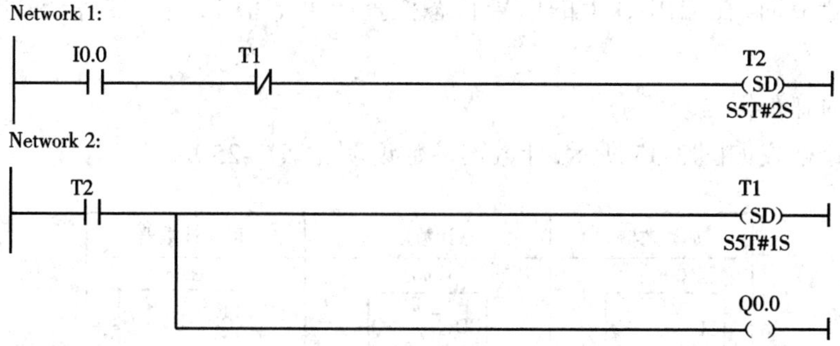


图 3-33　梯形图

## 3.5.3　计数器指令

S7-300 PLC 中的计数器用于对 RLO 正跳沿计数。计数器有加计数器、减计数器、可逆计数器。

1. 计数器的组成

在 CPU 中保留一块存储区作为计数器计数值存储区,每个计数器占用两个字节,称为计数器字。计数器字中的第 0 至 11 位表示计数值(二进制格式),计数范围是 0~999。当计数值达到上限 999 时,将累加停止;当计数值达到下限 0 时,将不再减小。计数器的存储位如图

3-34 所示。

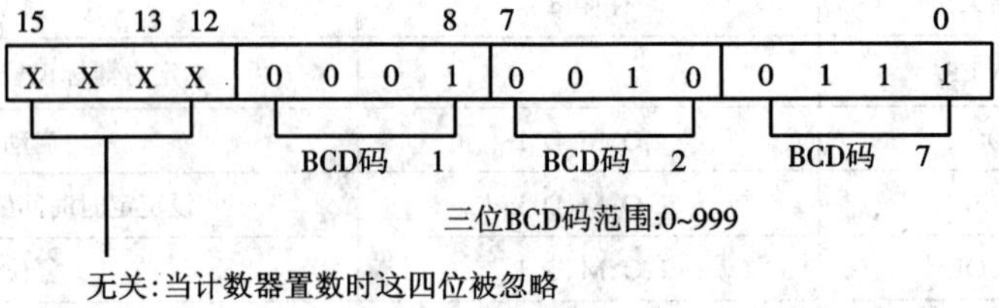


图 3-34 计数器存储位

2. 计数器指令

计数器指令见表 3-24。

表 3-24 计数器指令

| LAD 指令 | STL 指令 | 功能 | 说明 |
|---|---|---|---|
| C no.--( SC )<br>< 预置值 > | SC C no. | 计数器置初始值 | 该指令为计数器置初始值,其中 no. 为计数器编号,数据类型为 COUNTER;< 预置值 > 的数据类型为 WORD,可用存储区为 I、Q、M、D、L,也可为常数;STL 指令的初始值在累加器 1 中 |
| C no.--( CU ) | CU C no. | 加计数 | 执行指令时, RLO 每有一个正跳沿计数值加 1,若达上限 999,则停止累加 |
| C no.--( CD ) | CD C no. | 减计数 | 执行指令时,RLO 每有一个正跳沿计数值减 1,若达下限 0,则停止减 |
| | FR C no. | 允许计数器再启动 | 若 RLO 为 1,则初始值再次装入,它不是计数器正常运行的必要条件 |

当计数大于 0 时,在输出 Q 上的信号状态检查产生结果 1;当计数等于 0 时,信号状态检查产生结果 0。

3. 计数器的梯形图方块指令

计数器指令格式如图 3-35 所示,计数器参数说明见表 3-25。

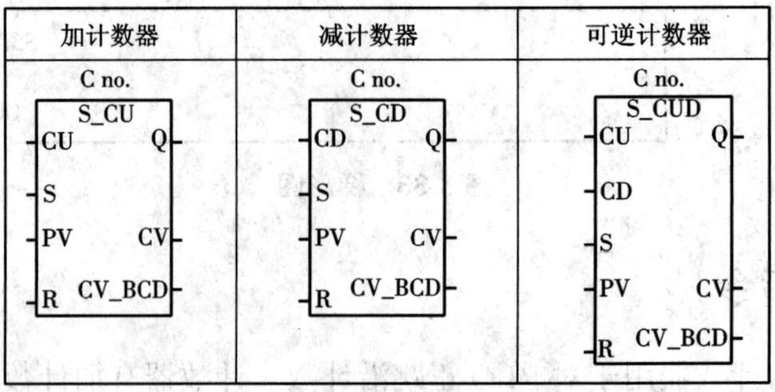


图 3-35 计数器指令格式

**表 3-25　计数器参数说明**

| 参数 | 数据类型 | 存储区 | 说明 |
|---|---|---|---|
| No. | COUNTER | | 计数器标识号 |
| CU | BOOL | I、Q、M、D、L | 加计数输入 |
| CD | BOOL | I、Q、M、D、L | 减计数输入 |
| S | BOOL | I、Q、M、D、L | 计数器预置输入 |
| PV | WORD | I、Q、M、D、L | 计数初始值（0~999） |
| R | BOOL | I、Q、M、D、L | 复位计数器输入 |
| Q | BOOL | I、Q、M、D、L | 计数器状态输出 |
| CV | WORD | I、Q、M、D、L | 当前计数值输出（整数格式） |
| CV_BCD | WORD | I、Q、M、D、L | 当前计数值输出（BCD 格式） |

4. 计数器应用举例

**例 3-4**　计数器扩展为定时器。当定时器不够用时，可以将计数器扩展为定时器，图 3-36 所示梯形图中使用了 CPU 的时钟存储器，设置 MB100 为时钟存储器，则 M100.0 的变化周期为 0.1 s。

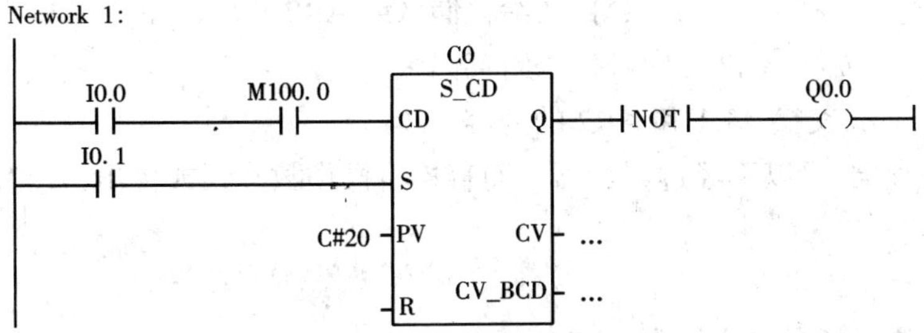


**图 3-36　计数器梯形图**

在程序中，如果 I0.1 的正跳沿为减计数器 C0 置数，若 I0.0 为 1，则 C0 每 0.1 s 减 1；当 C0 减到 0 后，输出 Q0.0 为 1，I0.1 的又一个正跳沿使 C0 置数并使输出为 0。这样，在 I0.0 为 1 后 2 s（20 × 0.1 s=2 s），Q0.0 为 1，I0.1 的正跳沿使 Q0.0 复位。

# 任务六　数字指令

数字指令有装入和传送指令、比较指令、算术运算指令、字逻辑运算指令、移位和循环移位指令。

## 3.6.1　装入和传送指令

装入（L）和传送（T）指令可以在存储区之间或存储区与过程输入、输出之间交换数据。CPU 执行这些指令不受逻辑操作结果 RLO 的影响。L 指令将源操作数装入累加器 1，而累加器 1 原有的数据移入累加器 2，累加器 2 中原有的内容被覆盖。T 指令将累加器 1 中的内容写入目的存储区，累加器 1 的内容保持不变。L 和 T 指令可对字节、字、双字数据进行操作，当数据长度小于 32 位时，数据在累加器右对齐，其余各位填 0。

1. 对累加器 1 的装入和传送指令

L +5

T MW0

2. 读取或传送状态字

L STW　　//将状态字中 0~8 位装入累加器 1 中，累加器 1 的 9~31 位被清 0

T STW　　//装累加器 1 中的内容传送到状态字中

3. 装入时间值或计数值

L T1　　//将定时器 T1 中二进制格式的时间值直接装入累加器 1 的低字

LC T1　　//将定时器 T1 中的时间值和时基以 BCD 格式装入累加器 1 的低字

L C1　　//将计数器 C1 中二进制格式的计数值直接装入累加器 1 的低字

LC C1　　//将计数器 C1 中的计数值以 BCD 格式装入累加器 1 的低字

4. 地址寄存器装入和传送

LAR1　　//将操作数的内容装入地址寄存器 AR1

LAR2　　//将操作数的内容装入地址寄存器 AR2

TAR1　　//将 AR1 的内容传送给存储区或 AR2

TAR2　　//将 AR2 的内容传送给存储区

CAR　　//交换 AR1 和 AR2 的内容

对于地址寄存器，可以不经过累加器 1 而直接将操作数装入或传出，或将两个地址寄存器的内容直接交换。

5. 梯形图方块传送指令

梯形图方块传送指令格式如图 3-37 所示。

| LAD指令 | 参数 | 数据类型 | 存储区 | 说明 |
|---|---|---|---|---|
| 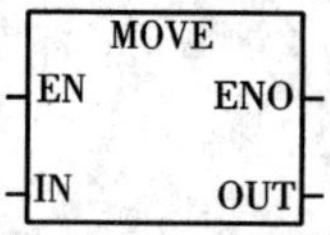 | EN<br>ENO | BOOL<br>BOOL | I、Q、M、D、L | 允许输入<br>允许输出 |
| | IN | 8，16，32位长的所有数据类型 | | 源数据，可为常数 |
| | OUT | 8，16，32位长的所有数据类型 | | 目的操作数 |

图 3-37　梯形图方块传送指令格式

注意：高位赋值给低字节，低位赋值给高字节。

如图 3-38 所示程序，当按下按钮 I0.0 时，输出 Q0.0 为 1。

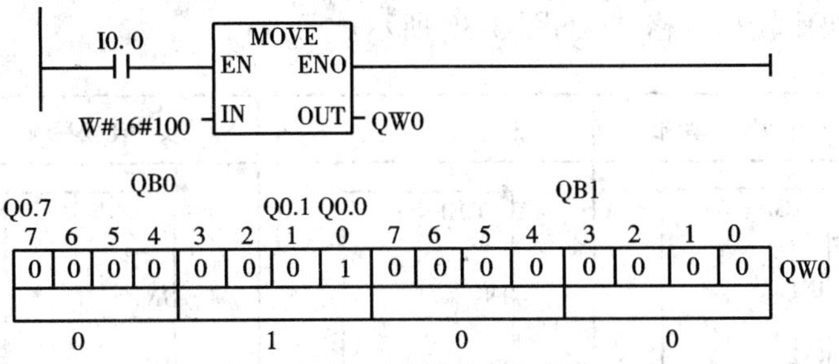


图 3-38　传送指令示例

## 3.6.2　比较指令

比较指令用于比较累加器 2 与累加器 1 中的数据大小。比较时,应确保两个数的类型相同,数据类型可以是整数、长整数或实数。若比较的结果为真,则 RLO 为 1,否则 RLO 为 0。

(1)比较两个整数或长整数,见表 3-26。

表 3-26　整数比较指令说明

| 指令 | 说明 |
|---|---|
| ==I<br>==D | 在累加器 2 低字中的整数是否等于累加器 1 低字中的整数<br>在累加器 2 中的长整数是否等于累加器 1 中的长整数 |
| <>I<br><>D | 在累加器 2 低字中的整数是否不等于累加器 1 低字中的整数<br>在累加器 2 中的长整数是否不等于累加器 1 中的长整数 |
| >I<br>>D | 在累加器 2 低字中的整数是否大于累加器 1 低字中的整数<br>在累加器 2 中的长整数是否大于累加器 1 中的长整数 |
| <I<br><D | 在累加器 2 低字中的整数是否小于累加器 1 低字中的整数<br>在累加器 2 中的长整数是否小于累加器 1 中的长整数 |
| >=I<br>>=D | 在累加器 2 低字中的整数是否大于或等于累加器 1 低字中的整数<br>在累加器 2 中的长整数是否大于或等于累加器 1 中的长整数 |
| <=I<br><=D | 在累加器 2 低字中的整数是否小于或等于累加器 1 低字中的整数<br>在累加器 2 中的长整数是否小于或等于累加器 1 中的长整数 |

(2)比较两个实数,见表 3-27。

表 3-27　实数比较指令说明

| 指令 | 说明 |
|---|---|
| ==R | 在累加器 2 中的 32 位实数是否等于累加器 1 中的实数 |
| <>R | 在累加器 2 中的 32 位实数是否不等于累加器 1 中的实数 |
| >R | 在累加器 2 中的 32 位实数是否大于累加器 1 中的实数 |
| <R | 在累加器 2 中的 32 位实数是否小于累加器 1 中的实数 |
| >=R | 在累加器 2 中的 32 位实数是否大于或等于累加器 1 中的实数 |
| <=R | 在累加器 2 中的 32 位实数是否小于或等于累加器 1 中的实数 |

(3)梯形图方块比较指令格式,如图 3-39 所示。

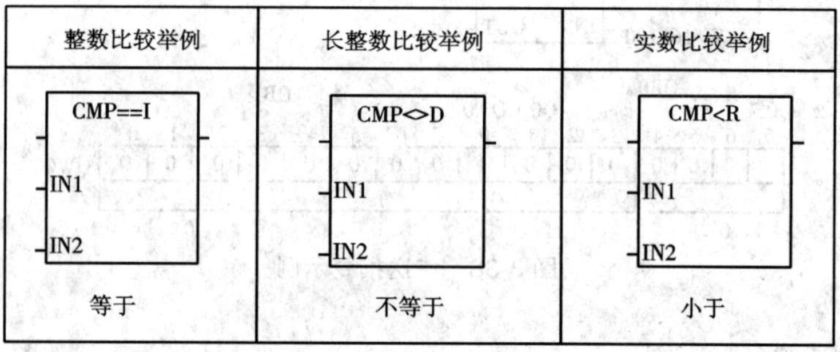


| 参数 | 数据类型 | 存储区 | 说明 |
|---|---|---|---|
| INT1 | INT<br>DINT<br>REAL | I、Q、M、D、L | 第一个参与比较数 |
| INT2 | INT<br>DINT<br>REAL | I、Q、M、D、L | 第二个参与比较数 |

图 3-39　梯形图方块比较指令格式

方块比较指令在逻辑串中等效于一个常开触点,如果比较结果为“真”,则该常开触点闭合,否则该常开触点断开。

比较指令示例如图 3-40 所示。

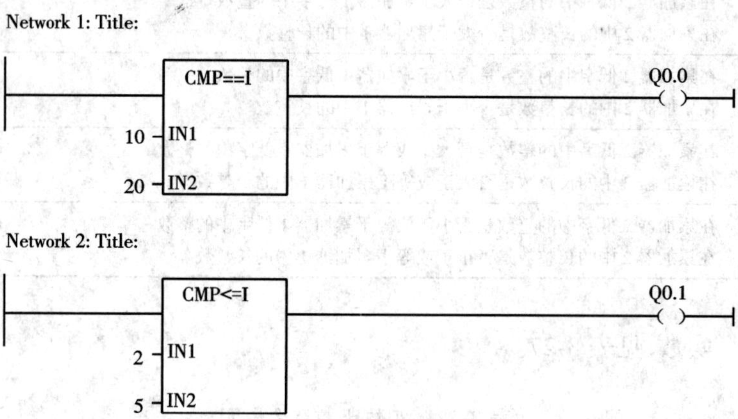


图 3-40　比较指令示例

## 3.6.3　算术运算指令

在 S7-300 PLC 中可以对整数、长整数和实数进行加、减、乘、除算术运算。算术运算指令在累加器 1 和 2 中进行,在累加器 2 中的值作为被减数或被除数,算术运算的结果存在累加器 1 中,累加器 1 原有的值被运算结果覆盖,累加器 2 中的值保持不变。

(1)整数算术运算,见表 3-28。

表 3-28　整数算术运算指令说明

| 指令 | 说明 |
| --- | --- |
| +I | 将累加器 1,2 低字中的 16 位整数相加,16 位整数结果保存在累加器 1 低字中 |
| -I | 将累加器 2 低字中的 16 位整数减去累加器 1 低字中的内容,结果保存在累加器 1 低字中 |
| *I | 将累加器 1,2 低字中的 16 位整数相乘,32 位整数结果保存在累加器 1 低字中 |
| /I | 将累加器 2 低字中的 16 位整数除以累加器 1 低字中的内容,商为 16 位整数,保存在累加器 1 低字中,余数存放在累加器 1 高字中 |
| +D | 将累加器 1,2 中的 32 位整数相加,32 位整数结果保存在累加器 1 中 |
| -D | 将累加器 2 中的 32 位整数减去累加器 1 中的内容,结果保存在累加器 1 中 |
| *D | 将累加器 1,2 中的 32 位整数相乘,32 位整数结果保存在累加器 1 中 |
| /D | 将累加器 2 中的 32 位整数除以累加器 1 中的内容,商为 32 位整数,保存在累加器 1 中,余数被丢掉 |
| MOD | 将累加器 2 中的 32 位整数除以累加器 1 中的内容,余数保存在累加器 1 中,商被丢掉 |
| + | 累加器 1 中加一个 16 位或 32 位整数常量,结果保存在累加器 1 中 |

(2)实数算术运算,见表 3-29。

表 3-29　实数算术运算指令说明

| 指令 | 说明 |
| --- | --- |
| +R | 将累加器 1,2 中的 32 位实数相加,32 位结果保存在累加器 1 中 |
| -R | 将累加器 2 中的 32 位实数减去累加器 1 中的内容,结果保存在累加器 1 中 |
| *R | 将累加器 1,2 中的 32 位实数相乘,32 位结果保存在累加器 1 中 |
| /R | 将累加器 2 中的 32 位实数除以累加器 1 中的内容,商为 32 位实数,保存在累加器 1 中 |
| ABS | 对累加器 1 中的 32 位实数取绝对值 |

(3)梯形图方块算术运算指令,如图 3-41 所示。

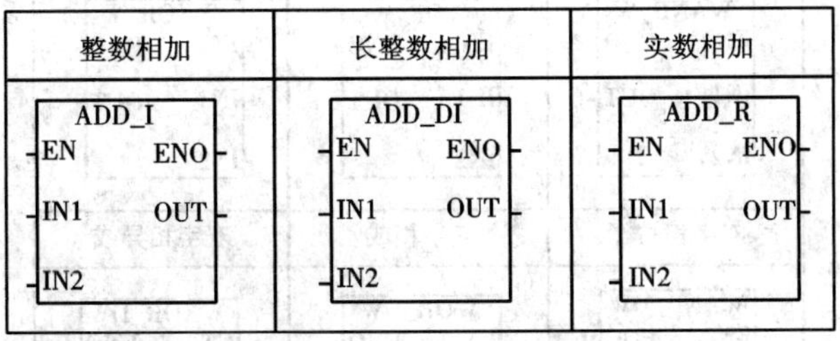


图 3-41　梯形图方块算术运算指令格式

**例 3-5**　解数学问题。用算术运算指令解以下方程:

$$MW4=\frac{(IW0+DBW3)\times 15}{MW0}$$

梯形图如图 3-42 所示。

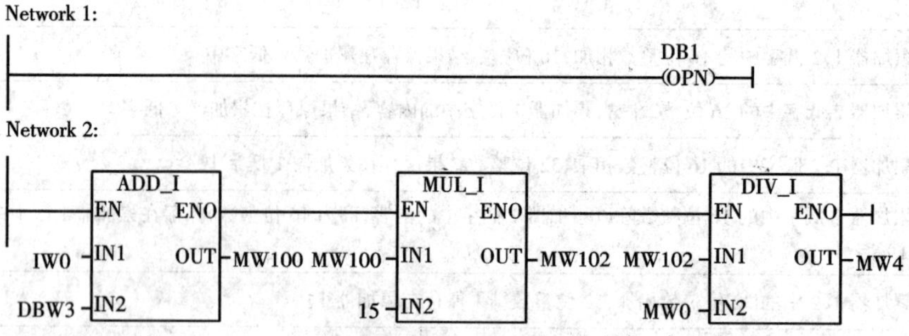


图 3-42 梯形图

## 3.6.4 字逻辑运算指令

字逻辑运算指令将两个字(16 位)或双字(32 位)逐位进行逻辑运算,每个字或双字都必须分别存放在 2 个累加器中,结果存放在累加器 1 中,累加器 1 原有的内容被覆盖。

(1)字逻辑语句表指令,见表 3-30。

表 3-30 字逻辑语句表指令说明

| 指令 | 说明 |
|---|---|
| AW | 两个字逐位进行与逻辑运算 |
| OW | 两个字逐位进行或逻辑运算 |
| XOW | 两个字逐位进行异或逻辑运算 |
| AD | 两个双字逐位进行与逻辑运算 |
| OD | 两个双字逐位进行或逻辑运算 |
| XOD | 两个双字逐位进行异或逻辑运算 |

(2)字逻辑方块指令,如图 3-43 所示。

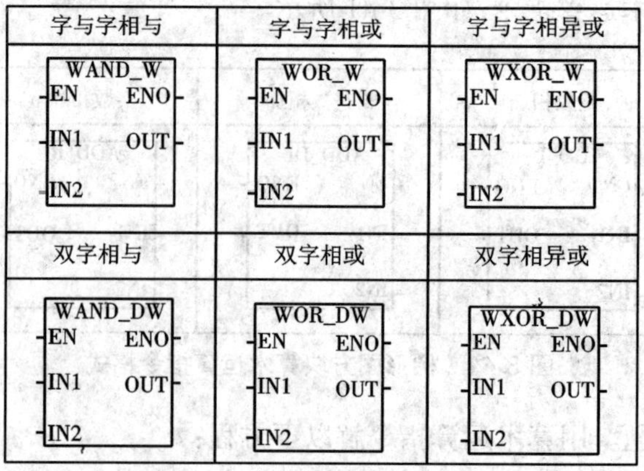


图 3-43 字逻辑方块指令格式

## 3.6.5　移位和循环移位指令

移位指令将累加器 1 低字中或整个累加器 1 中的内容左移或右移，移动的次数在累加器 2 中或直接在指令中以常数给出，累加器 1 移位后空出的位，填以 0 或符号位（0 代表正，1 代表负），被移动的最后一位保存在状态字中的 CC1 里，CC0 和 OV 被复位为 0。循环移位指令与一般移位指令的差别是循环移位指令的空位填以从累加器中移出的位。

（1）无符号数移位指令，见表 3-31。

表 3-31　无符号数移位指令说明

| 指令 | 说明 |
|---|---|
| SLW | 将累加器 1 低字中的内容逐位左移，空出位填以 0 |
| SRW | 将累加器 1 低字中的内容逐位右移，空出位填以 0 |
| SLD | 将累加器 1 整个内容逐位左移，空出位填以 0 |
| SRD | 将累加器 1 整个内容逐位右移，空出位填以 0 |

（2）有符号数移位指令，见表 3-32。

表 3-32　有符号数移位指令说明

| 指令 | 说明 |
|---|---|
| SSI | 将累加器 1 低字中的内容逐位右移，空出位填以符号位（正填 0，负填 1） |
| SSD | 将累加器 1 中的整个内容逐位右移，空出位填以符号位（正填 0，负填 1） |

（3）循环移位指令，见表 3-33。

表 3-33　循环移位指令说明

| 指令 | 说明 |
|---|---|
| RLD | 将累加器 1 中的整个内容逐位左移，空出位填以从累加器 1 移出的位 |
| RRD | 将累加器 1 中的整个内容逐位右移，空出位填以从累加器 1 移出的位 |
| RLDA | 将累加器 1 中的整个内容带 CC1 位逐位左移一位，空出位填以从 CC1 移出的位 |
| RRDA | 将累加器 1 中的整个内容带 CC1 位逐位右移一位，空出位填以从 CC1 移出的位 |

（4）移位方块指令，如图 3-44 所示。

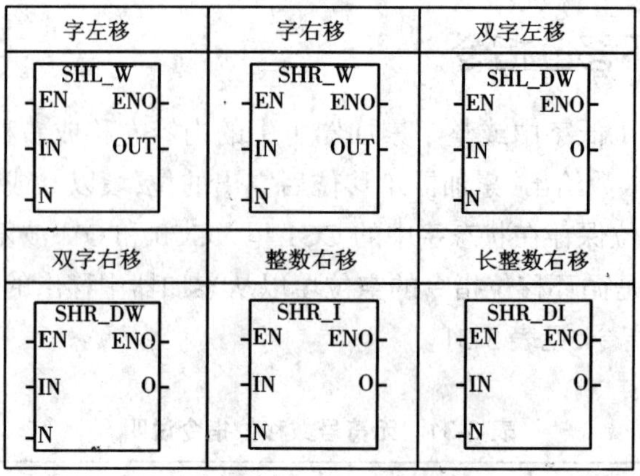


图 3-44 移位方块指令格式

使用移位指令将输入 IN 中的数向左或向右逐位移动,将输入 IN 中的内容左移相当于完成乘 2 加权的运算,将输入 IN 中的内容右移相当于完成除以 2 加权的运算。双字循环移位方块指令格式如图 3-45 所示。

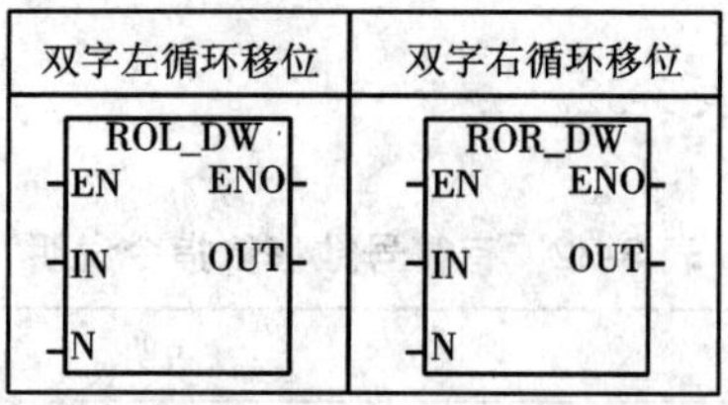


图 3-45 双字循环移位方块指令格式

**例 3-6** 彩灯控制。当按下启动按钮时,彩灯 L1、L2 同时亮;过 1 s 后,L1 熄灭,L2 保持亮;过 1 s 后,L1、L2 同时熄灭;过 1 s 后,L1 亮,L2 保持熄灭;再过 1 s 后,L1、L2 又同时亮,如此循环闪烁,直到按下停止按钮,彩灯工作终止。梯形图如图 3-46 所示。

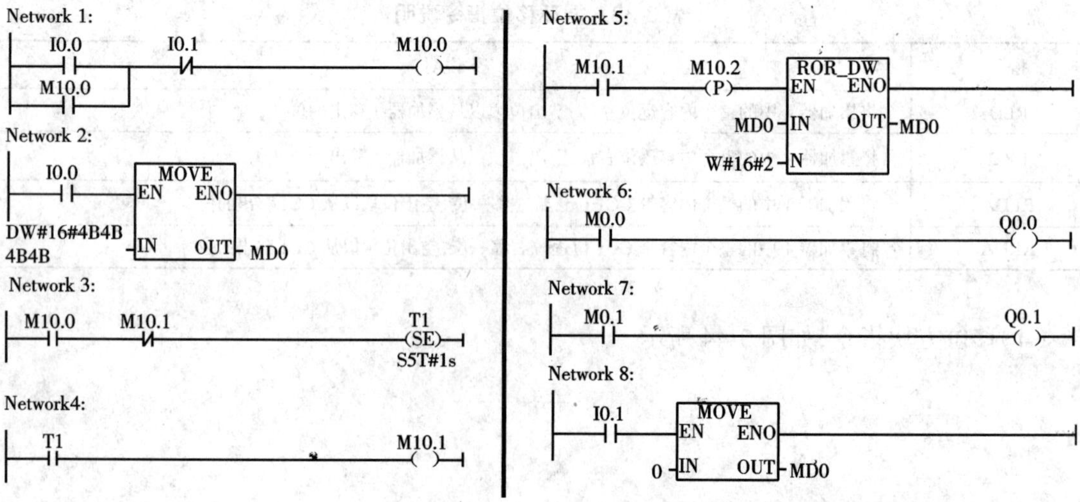


图 3-46 梯形图

# 任务七 控制指令

## 3.7.1 逻辑控制指令

逻辑控制指令是指逻辑块内的跳转和循环指令,这些指令中止程序原有的线性逻辑流,跳到另一处执行程序。跳转和循环指令的操作数是地址标号,该地址标号指出程序要跳往何处,地址标号最多为 4 个字符,第一个字符必须是字母,其余字符可为字母或数字。与其相同的标号还必须写在程序跳转的目的地前,称为目标地址标号。在一个逻辑块内,目标地址标号不能重名。在语句表中,目标地址标号与目标指令用冒号分隔。在梯形图中,目标地址标号必须在一个网络开始。由于 S7-300 PLC 的跳转指令只能在逻辑块内跳转,所以在不同逻辑块中的目标地址标号可以重名。

1. 无条件跳转指令

无条件跳转指令(JU):无条件中断正常的程序逻辑流,使程序跳转到目标处继续执行,见表 3-34。

表 3-34 无条件跳转指令说明

| 指令 | 说明 |
|---|---|
| JU | 无条件跳转 |
| JL | 跳转表格 |

跳转表格指令(JL):实质上是多路分支跳转语句,它必须与无条件跳转指令一起使用。多路分支的路径参数存放于累加器 1 中。

**例 3-7** 如图 3-47 所示,累加器中的值为 2,则程序执行时跳到 sub2,这时 Q0.2 灯亮。

```
        L       2
        JL      list
        JU      sub0
        JU      sub1
        JU      sub2
        JU      sub3
list:   JU      comm
sub0:   AN      M       0.0
        =       Q       0.1
        JU      comm
sub1:   AN      M       0.1
        =       Q       0.1
        JU      comm
sub2:   AN      M       0.2
        =       Q       0.2
        JU      comm
sub3:   AN      M       0.3
        =       Q       0.3
        JU      comm
comm:   AN      M       0.4
        =       Q       0.4
```

图 3-47 无条件跳转指令程序

2. 条件跳转指令

条件跳转指令,见表 3-35。

表 3-35 条件跳转指令说明

| 指令 | 说明 |
|---|---|
| JC | 当 RLO=1 时跳转 |
| JCN | 当 RLO=0 时跳转 |
| JCB | 当 RLO=1 且 BR=1 时跳转,指令执行时将 RLO 保存在 BR 中 |
| JNB | 当 RLO=0 且 BR=0 时跳转,指令执行时将 RLO 保存在 BR 中 |
| JBI | 当 BR=1 时跳转,指令执行时,OR、FC 清 0,STA 置 1 |

续表

| 指令 | 说明 |
| --- | --- |
| JNBI | 当 BR=0 时跳转，指令执行时，OR、FC 清 0，STA 置 1 |
| JO | 当 OV=1 时跳转 |
| JOS | 当 OS=1 时跳转，指令执行时，OS 清 0 |
| JZ | 累加器 1 中的计算结果为 0 跳转 |
| JN | 累加器 1 中的计算结果为非 0 跳转 |
| JP | 累加器 1 中的计算结果为正跳转 |
| JM | 累加器 1 中的计算结果为负跳转 |
| JMZ | 累加器 1 中的计算结果小于或等于 0 跳转 |
| JPZ | 累加器 1 中的计算结果大于或等于 0 跳转 |
| JUO | 实数溢出跳转 |

3. 循环指令

使用循环指令（LOOP）可以多次重复执行特定的程序段，重复执行的次数存在累加器 1 中，即以累加器 1 为循环计数器。LOOP 指令执行时，将累加器 1 低字中的值减 1，如果不为 0，则回到循环体开始处继续循环过程，否则执行 LOOP 指令后面的指令。循环体是指循环标号和 LOOP 指令间的程序段。由于循环次数不能是负数，所以程序应保证循环计数器中的数为正整数（数值范围为 0~32 767）或字型数据（数值范围为 W # 16 # 0000~W # 16 # FFFF）。

4. 梯形图逻辑控制指令

梯形图逻辑控制指令，见表 3-36。

表 3-36 梯形图逻辑控制指令说明

| 指令 | 说明 |
| --- | --- |
| <地址>-(JMP) | 用于无条件跳转或以 RLO=1 为跳转条件，无条件跳转时不影响状态字，条件跳转时，清 OR、FC，置位 STA、RLO |
| <地址>-(JMPN) | 当 RLO=0 时跳转，清 OR、FC，置位 STA、RLO |

在 S7-300 PLC 中，没有根据算术运算结果直接跳转的梯形逻辑指令。但通过使用反映字各位状态的常开常闭触点，并使用前面两条跳转指令，即可实现根据运算结果的跳转功能。状态位常开常闭触点说明见表 3-37，梯形图如图 3-48 所示。

表 3-37 状态位常开常闭触点说明

| LAD 指令 | | 说明 |
| --- | --- | --- |
| >0<br>⊣⊢ | >0<br>⊣/⊢ | 算术运算结果大于 0，则常开触点闭合，常闭触点断开，该指令检查状态字条码 CC0 和 CC1 的组合，决定结果与 0 的关系 |

**续表**

| LAD 指令 | | 说明 |
|---|---|---|
| >=0<br>—\| \|— | >=0<br>—\|/\|— | 算术运算结果大于或等于 0，则常开触点闭合，常闭触点断开，该指令检查状态字条件码 CC0 和 CC1 的组合，决定结果与 0 的关系 |
| UO<br>—\| \|— | UO<br>—\|/\|— | 浮点算术运算结果溢出，则常开触点闭合，常闭触点断开，该指令检查状态字条件码 CC0 和 CC1 的组合 |
| BR<br>—\| \|— | BR<br>—\|/\|— | 若状态字的位 BR 为 1，常开触点闭合，常闭触点断开 |

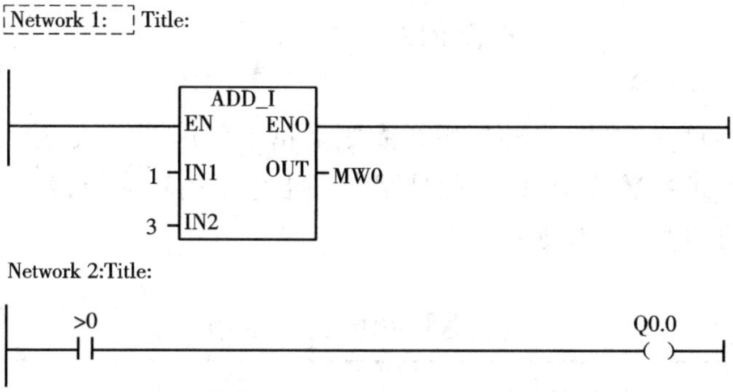


图 3-48　梯形图程序

## 3.7.2　程序控制指令

程序控制指令是指功能块（FB、FC、SFB、SFC）调用指令和逻辑块（OB、FB、FC）结束指令。调用块或结束块可以是有条件的或无条件的。S7-300 PLC 中的功能块实质上就是子程序。

1.STL 程序控制指令

STL 程序控制指令说明见表 3-38。

表 3-38　STL 程序控制指令说明

| 指令 | 说明 |
|---|---|
| CALL | 该指令在程序中无条件执行，调用 FB，FC，SFB，SFC |
| UC | 该指令在程序中无条件调用功能块（一般是 FC 或 SFC），但不能传递参数 |
| CC | RLO=1，调用功能块（一般是 FC），但不能传递参数 |
| BEU | 该指令无条件结束当前块的扫描，将控制返还给调用块 |
| BEC | RLO=1，结束当前块的扫描，将控制返还给调用块；若 RLO=0，则将 RLO 置 1，程序继续在当前块内扫描 |

CALL 指令可以调用用户编写的功能块或操作系统提供的功能块，CALL 指令的操作数是功能块类型及其编号，当调用的功能块是 FB 块时，还要提供相应的背景数据块 DB。使用 CALL 指令可以为被调用功能块中的形参赋以实参，调用时应保证实参与形参数据类型一致。

例如：

```
CALL   FB40,DB41      // 调用 FB40,并指明背景数据块为 DB41
IN1:=I1.0             // 将实参 I1.0 分配给形参 IN1
IN2:=MW2              // 将实参 MW2 分配给形参 IN2
OUT1:=MD20            // 将实参 MD20 分配给形参 OUT1
L      MD20           // 调用结束后,FB40 的运行结果在 MD20 中
```

UC 和 CC 指令用于不需传递参数的场合，例如：

```
CC     FC12           // 当 RLO=1 时,调用 FC12
UC     FC12           // 不管 RLO 结果,调用 FC12
```

2. 梯形图程序控制指令

梯形图调用块有两种方式：一种是用线圈驱动指令调用功能块，这种方式相当于 STL 指令 UC 和 CC，不能实现参数传递；另一种是用方块指令调用功能块，相当于 STL 指令 CALL，可以传递参数。梯形图指令说明见表 3-39。

**表 3-39 梯形图指令说明**

| LAD 指令 | 参数 | 数据类型 | 说明 |
|---|---|---|---|
| No.<br>-( CALL ) | No. | BLOCK_FC | No. 为被调用的不带参数的 FC 或 SFC 号数 |
| DB No.<br>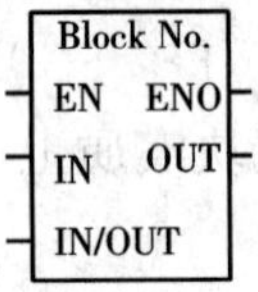 | DB No<br>Block<br>No | BLOCK_DB<br>BLOCK_FB<br>BLOCK_FC | 背景数据块号，只在调用 FB 时提供这一数据被调用的功能块 |
| | EN | BOOL | 允许输入 |
| | ENO | BOOL | 允许输出 |
| -( RET ) | 无 | — | 块结束 |

## 3.7.3 主控继电器指令

主控继电器是一种美国梯形图逻辑主控开关，用来控制信号流（电流路径）的通断。

在 S7-300 PLC 中与主控继电器相关的指令见表 3-40 和表 3-41，梯形图如图 3-49 所示。

**表 3-40 主控继电器指令说明**

| STL 指令 | LAD 指令 | 说明 |
|---|---|---|
| MCRA | -( MCRA ) | 激活 MCR 区，该指令表明一个按 MCR 方式操作区域的开始 |
| MCRD | -( MCRD ) | 激活 MCR 区（应与 MCRA 成对使用），该指令表明一个按 MCR 方式操作区域的结束 |
| MCR( | -( MCR< ) | 主控继电器，该指令将 RLO 保存于 MCR 堆栈中，产生一条子母线，其后的指令与子母线相连 |
| )MCR | -( MCR> ) | 恢复 RLO，结束子母线，返回主母线 |

注：①在 MCRA 和 MCRD 指令之间的指令将根据 MCR 位的信号状态进行操作；在 MCRA 和 MCRD 之外的指令串中，即使有 MCR 位也不按其操作，而是视主控触点为闭合进行操作。
②若在 MCRA 和 MCRD 之间有 BEU 指令，则 CPU 执行到 BEU 指令时也结束 MCR 区域。
③若在激活的 MCR 区域中有块调用指令，则激活状态不能继承到被调用块中，必须在被调用块中重新激活 MCR 区域，才能使指令根据 MCR 位操作。
④ MCR 指令要成对使用，以表示受控子母线的形成与终止；MCR 指令可以嵌套使用，最大的嵌套深度是 8 层。
⑤在 S7-300 PLC 中主控继电器动作与否，影响与子母线相连的控制逻辑的操作结果。

**表 3-41　主控指令说明**

| MCR 信号状态 | =（输出线圈或中间输出） | S 或 R（置位或复位） | T（传送或赋值） |
|---|---|---|---|
| 0 | 写入 0，模仿掉电时继电器的静止状态 | 不写入，模仿掉电时的自锁继电器，使其保持当前的状态 | 写入 0，模仿一个元件，在掉电时产生 0 值 |
| 1 | 正常执行 | 正常执行 | 正常执行 |

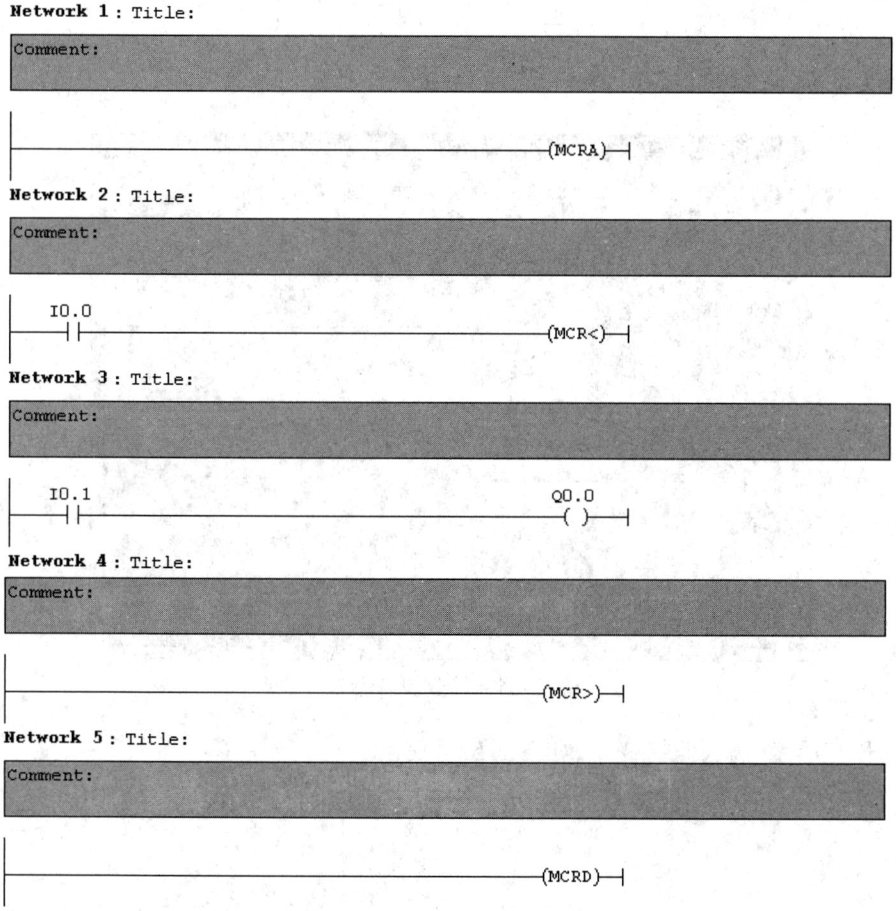


图 3-49　梯形图程序

## 3.7.4　监控变量和强制变量

（1）创建一个变量表，如图 3-50 所示。

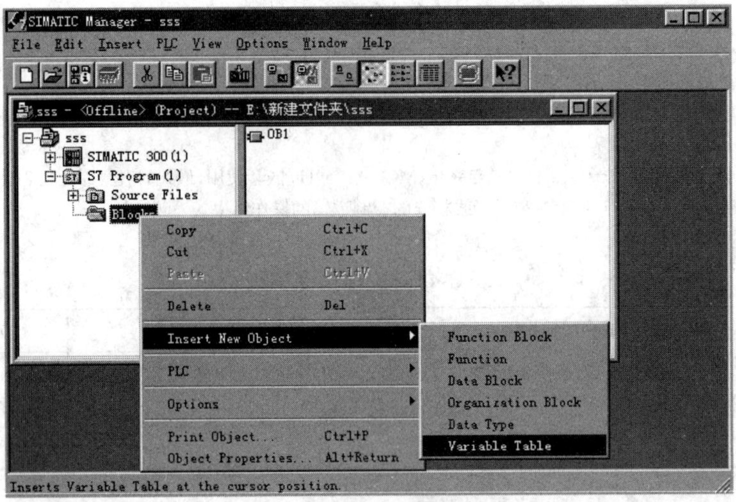


图 3-50 创建变量表

（2）给变量表命名，如图 3-51 所示。

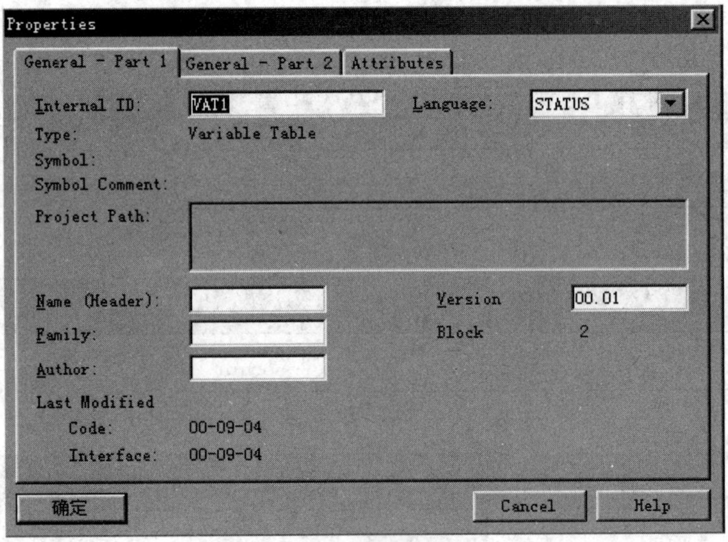


图 3-51 给变量表命名

（3）打开变量表，输入监控变量，如图 3-52 所示。

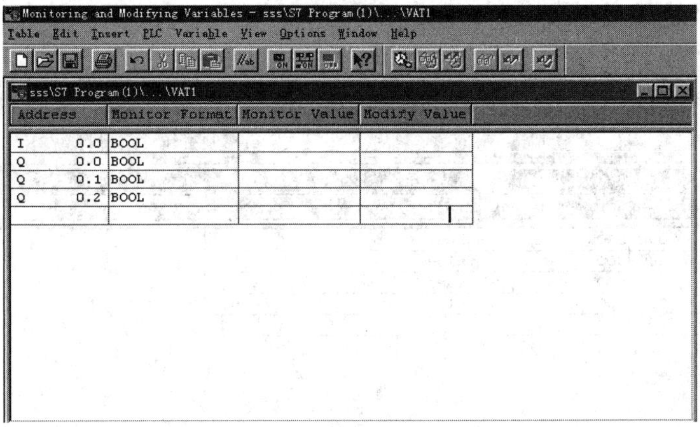


图 3-52　输入监控变量

（4）建立 CPU 连接，如图 3-53 所示。

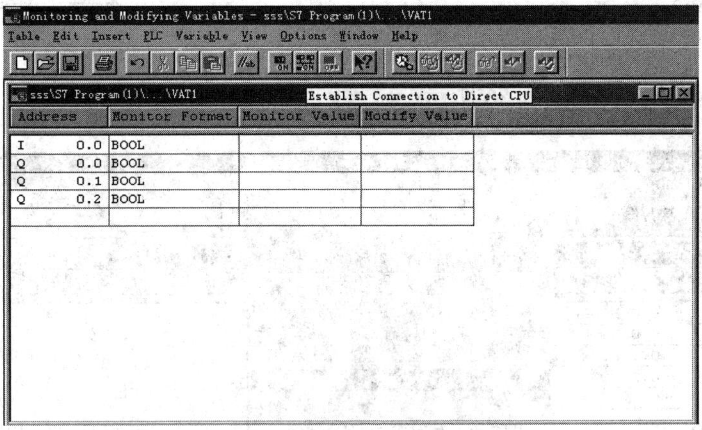


图 3-53　建立 CPU 连接

（5）启动监视，如图 3-54 所示。

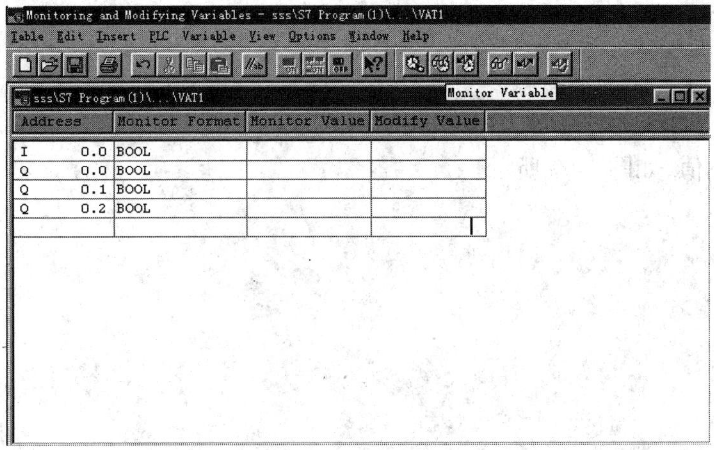


图 3-54　启动监视

（6）监视情况，如图 3-55 所示。

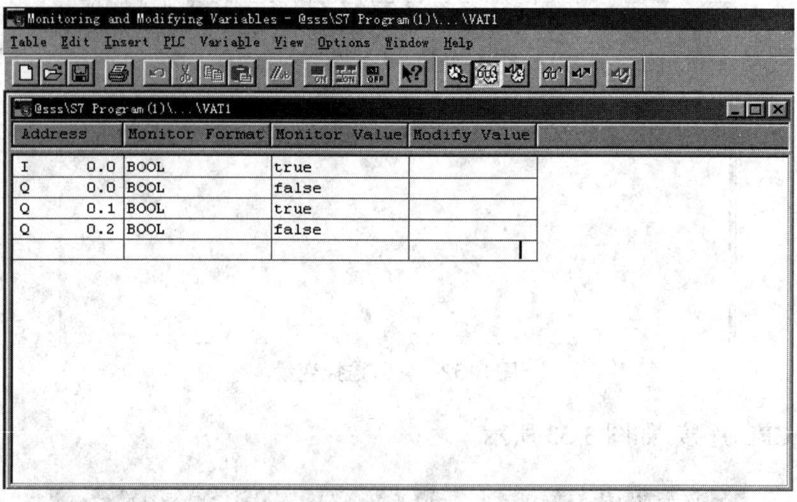


图 3-55 监视情况

（7）显示强制变量表，如图 3-56 所示。

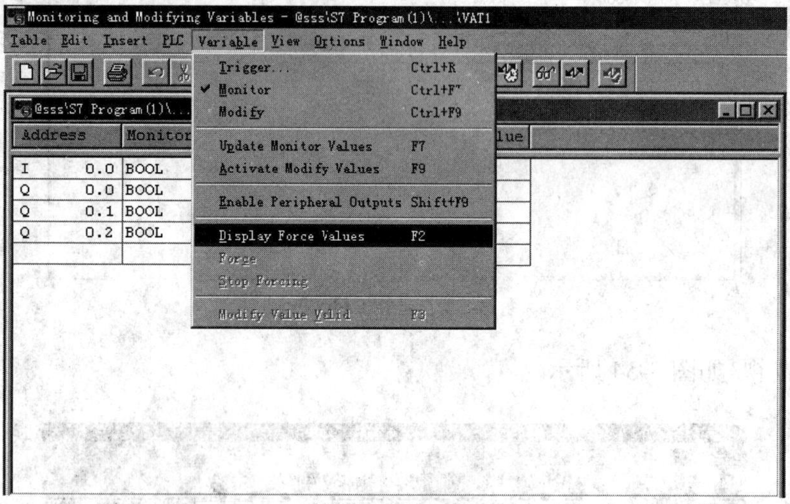


图 3-56 显示强制变量表

（8）设置强制值，如图 3-57 所示。

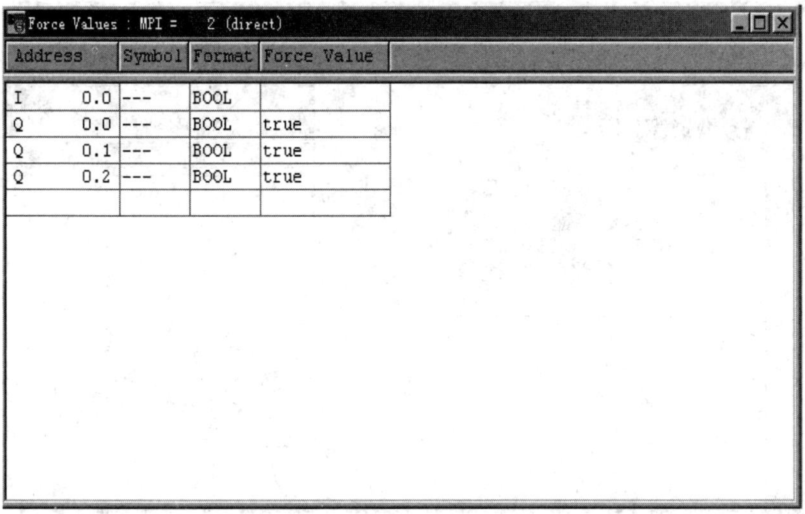


图 3-57　设置强制值

（9）启动强制，如图 3-58 所示。

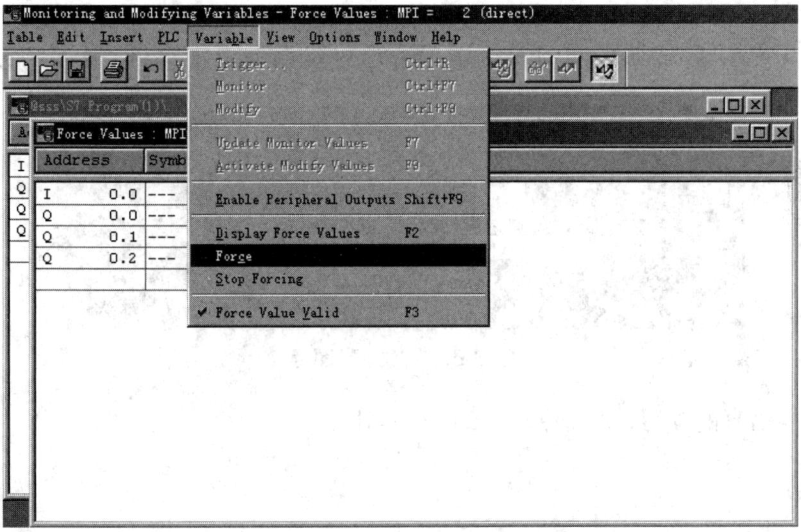


图 3-58　启动强制

（10）停止强制，如图 3-59 所示。

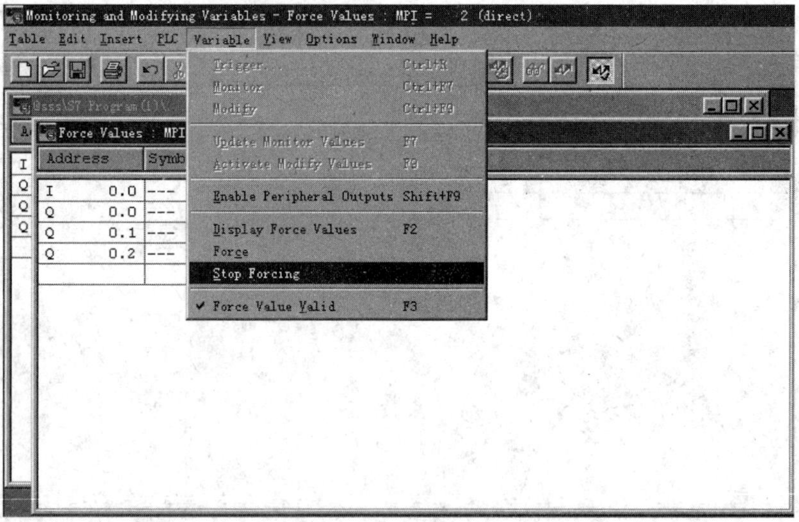


图 3-59 停止强制

## 3.7.5 PLCSIM 的使用

(1)进入 SIMATIC 管理器,单击“仿真”图标,如图 3-60 所示。

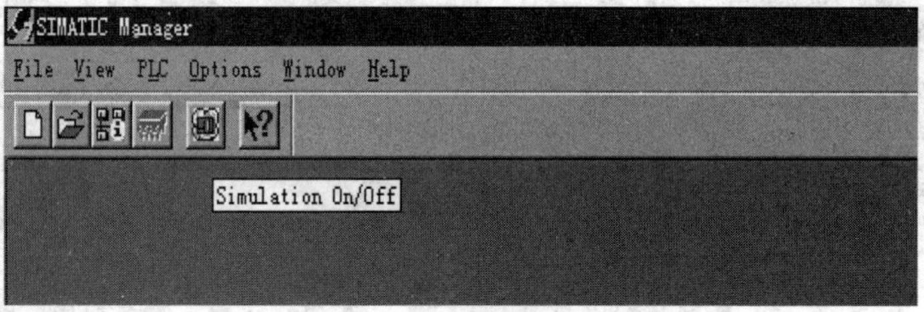


图 3-60 “仿真”图标

(2)打开要仿真的项目(如“www”),如图 3-61 所示。

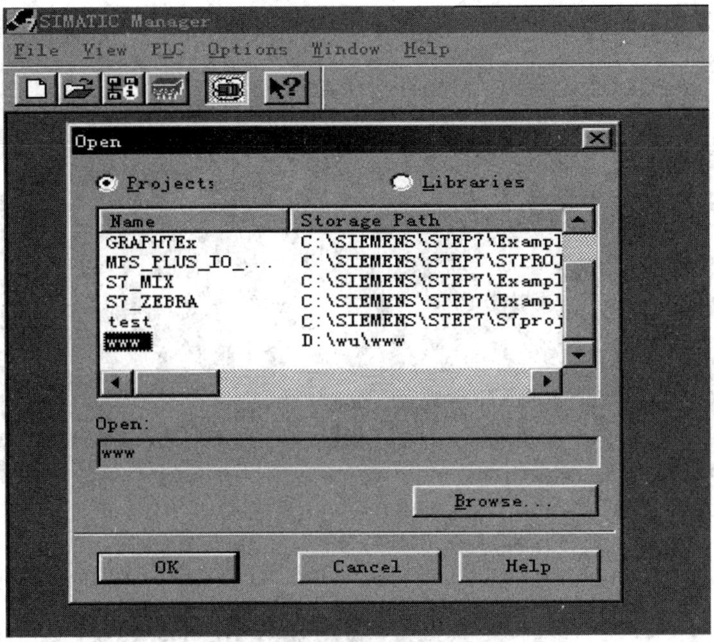


图 3-61　选择仿真项目

（3）下载组织块 OB1，如图 3-62 所示。

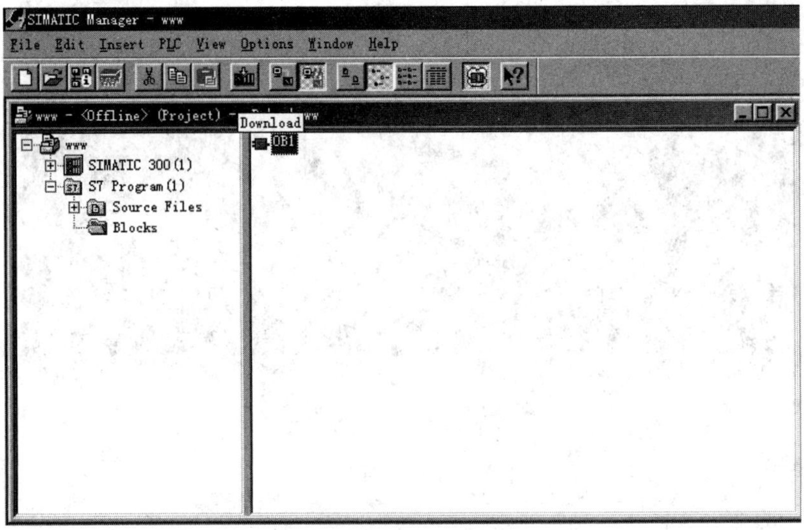


图 3-62　下载组织块 OB1

（4）插入输入值、输出值表，并设定相应的输入值，如图 3-63 所示。

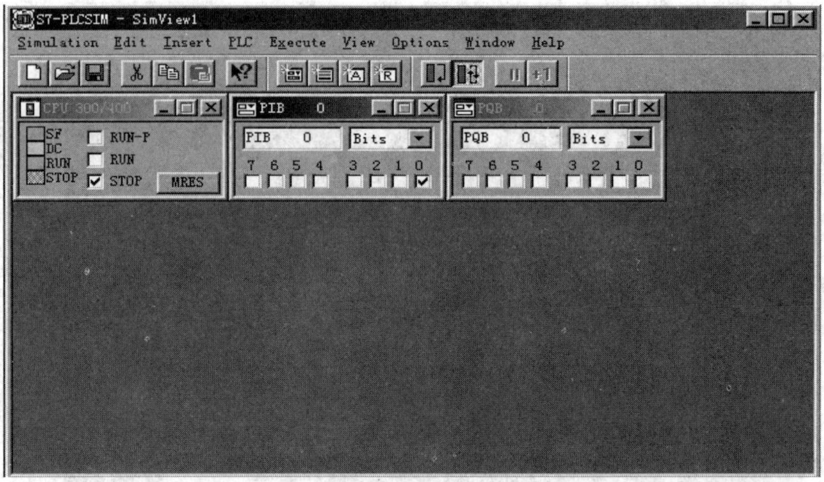


图 3-63 设定仿真值

(5)单击 CPU 模式表,使 CPU 工作在“RUN”或“RUN-P”模式,如图 3-64 所示。

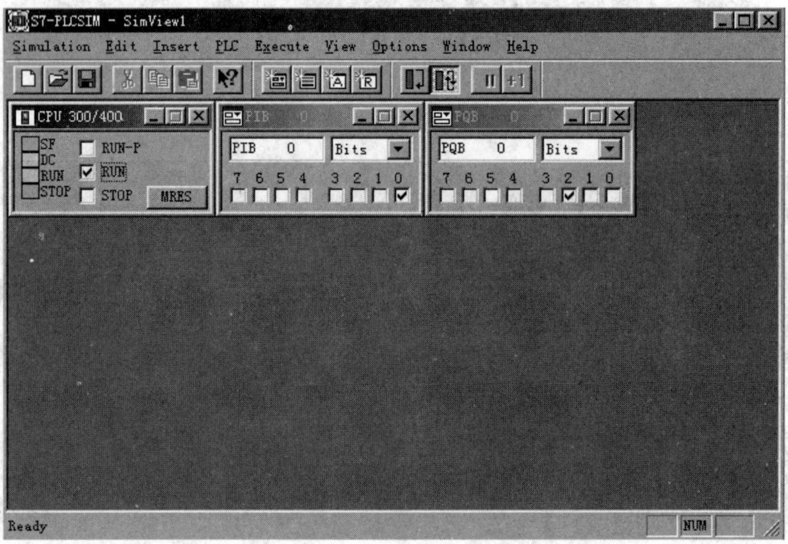


图 3-64 设定 CPU 状态

(6)打开程序,监控程序的运行,如图 3-65 所示。

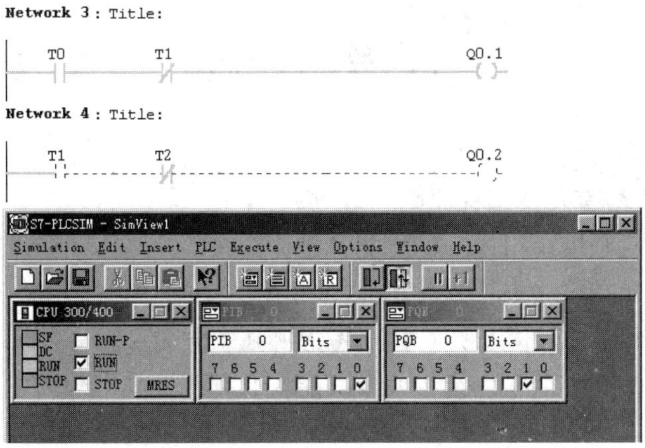


图 3-65　程序监控

（7）PLC 程序设计步骤，如图 3-66 所示。

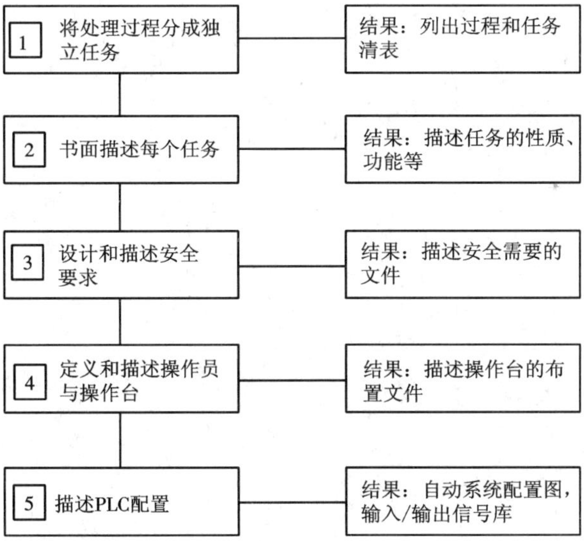


图 3-66　PLC 程序设计步骤

# 机电讲堂：雪域高原上的“工匠”——旦增顿珠

扫一扫：机电讲堂

激发学生心怀远大理想和抱负，把最美好的青春献给祖国和人民，始终成为实现中华民族伟大复兴的先锋力量。40 岁的旦增顿珠是西藏高争建材股份有限公司副总经理兼制成车间主任，2014 年以来，他带领团队刻苦钻研、改进工艺，完成了一项又一项技术攻关，大幅降低了运营成本，让企业产能迈上新台阶。22 年间，旦增顿珠从一名一线工人成长为“技术大拿”、管理高层。他说要在理论学习和创新发展方面继续努力，为企业高质量发展贡献自己的一份力。

# 思考与习题

1. 简述可编程控制器的定义及发展历史。
2. 简述 PLC 编程语言及其编程原则。
3.PLC 系统由哪几个模块组成？其功能各是什么？
4. 简述 MPI 通信的发送、接收数据规则。
5. 采用 PLC 进行系统总体设计时，主要考虑哪几个方面？
6.SIMATIC S7-300/400 的常用组织块及功能块有哪些？其编程的主要指令有哪些？

# 项目四　步进电机及伺服电动机

## 任务一　步进电机概述

### 4.1.1　步进电机结构与分类

扫一扫:步进电机的结构与控制

1. 反应式步进电机

反应式步进电机利用磁阻最小工作原理,即定子绕组励磁产生的气隙磁场总是力图使转子趋于磁阻最小的位置,转子齿数可以很多,步距角可以做得很小,可以低速、高精度地实现位置控制。反应式步进电机是目前使用最广泛的步进控制电机形式,如图 4-1 所示。其步距角为

$$\theta = \frac{360°}{kmZ} \tag{4-1}$$

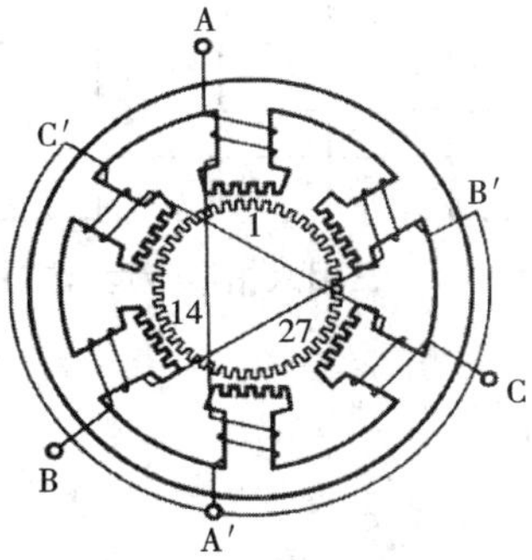


图 4-1　反应式步进电机结构

2. 三相三段反应式步进电机

转子极相互对齐,定子错开的角度为极距对应角度的 1/3,如图 4-2 所示。

3. 混合式步进电机

转子被轴向永磁体分开,转子的一端若为 N 极,则另一端为 S 极,如图 4-3 所示。

图 4-2　三相三段反应式步进电机结构

图 4-3　混合式步进电机结构

4. 步进电机的控制

（1）调速：改变通电脉冲的频率。

（2）方向：改变定子绕组的通电相序。

（3）三相三拍（$k$=1）整步运行方式：A → B → C 正转，A → C → B 反转。

（4）步进电机驱动信号：三相六拍（$k$=2），A → AB → B → BC → C → CA 正转；A → AC → C → CB → B → BA 反转。三相六拍半步运行方式如图 4-4 所示。

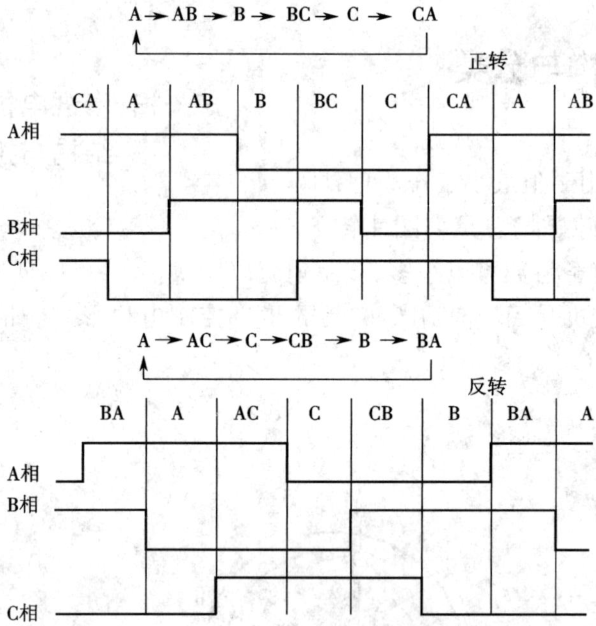


图 4-4 三相六拍半步运行方式

## 4.1.2 步进电机控制方式

1. 硬件环形分配

走步脉冲信号 CP 用来控制步进电机转动的角度，每输入一个走步脉冲，步进电机就转过一个步距角。

方向信号 DIR 为 TTL 电平信号，当 DIR 为高电平时，步进电机正转；反之，步进电机反转。

整步 / 半步信号 F/H 为 TTL 电平信号，当 F/H 为高电平时，步进电机绕组为三相三拍通电方式；反之，则为三相六拍通电方式。

环形分配器根据方向信号和走步脉冲信号确定功率放大器的驱动信号，控制相应绕组的导通与关断。环形分配器有专门的集成电路，如图 4-5 所示。

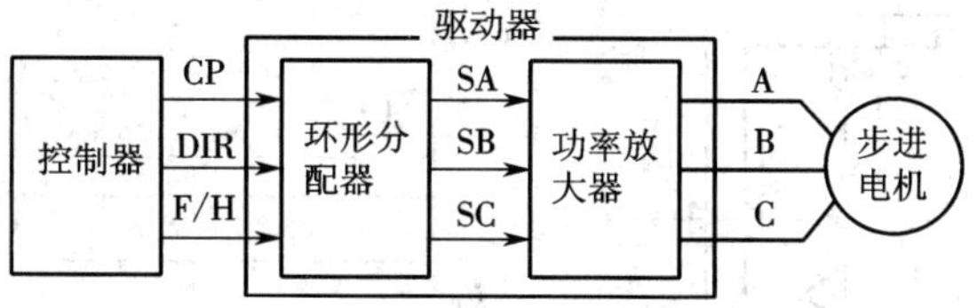


图 4-5　步进电机控制方式（硬件环形分配）

2. 软件环形分配

可用软件实现脉冲分配，取代硬件环形分配，控制器中的 DSP 芯片数字 PIO 口或 PWM 输出口直接多路输出，分别控制功率放大电路，如图 4-6 所示。

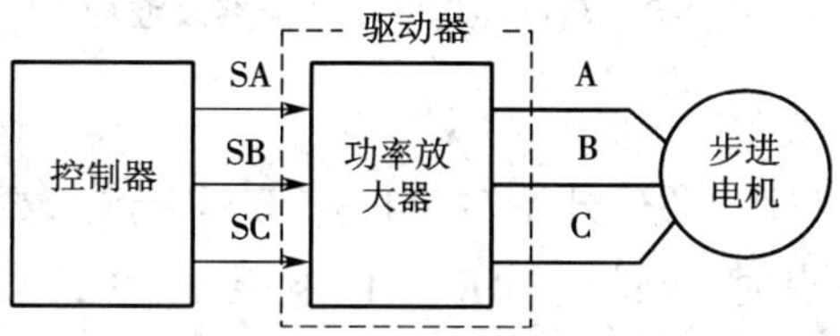


图 4-6　步进电机控制方式（软件环形分配）

## 4.1.3　步进电机驱动电源

1. 单电源驱动电路及波形（一相）

如图 4-7 所示单电源驱动电路，当功率开关 VT 导通时，电源电压使绕组电流上升，并保持一定值；当 VT 关断时，绕组电流经过续流二极管 VD 快速下降为 0。单电源驱动电路结构简单、低频响应好，但高频时电流小、带负载能力差，一般用于驱动小功率步进电机。

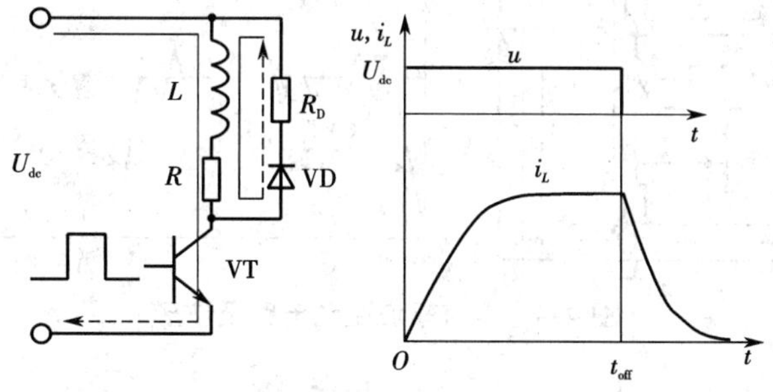


图 4-7　单电源驱动电路及波形

2. 高低压电源驱动电路及波形（一相）

如图 4-8 所示高低压电源驱动电路，当功率开关 $VT_2$ 关断时，绕组电流经过低压电源、续流二极管 $VD_1$、$VD_2$ 和高压电源流通，电流快速下降为 0，高低压驱动改善了高频响应性能；当功率开关 $VT_1$ 和 $VT_2$ 导通时，低压电源 $U_L$ 由二极管 $VD_1$ 钳位不供电，高压电源 $U_H$ 使绕组电流快速上升，绕组电流达到一定大小时 $VT_1$ 关断，高压电源切除，低压电源供电并进行恒流控制。

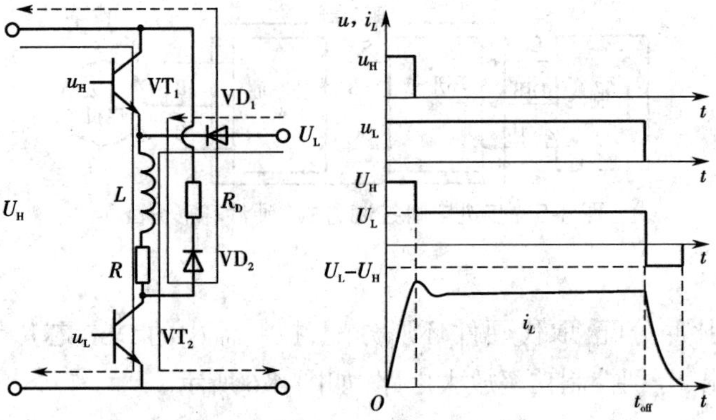


图 4-8 高低压电源驱动电路及波形

3. 恒流斩波驱动电路及波形(一相)

如图 4-9 所示恒流斩波驱动电路,开始时 $VT_1$、$VT_2$ 均导通,相电流流向如图中①所示;当电流上升到比额定值略大一点时,反馈电阻 $R_c$ 上的电压 $U_c$ 也变大,经比较器输出低电位, $VT_2$ 关断,相电流衰减,相电流沿图中②所示回路流动;当相电流衰减到比额定值小时,$R_c$ 上的电压 $U_c$ 也降低,经比较器输出高电位, $VT_2$ 又导通。如此循环,相电流便可维持在额定值附近。当 $VT_1$、$VT_2$ 截止时,相电流沿图中③所示回路流动,相电流快速衰减到零。

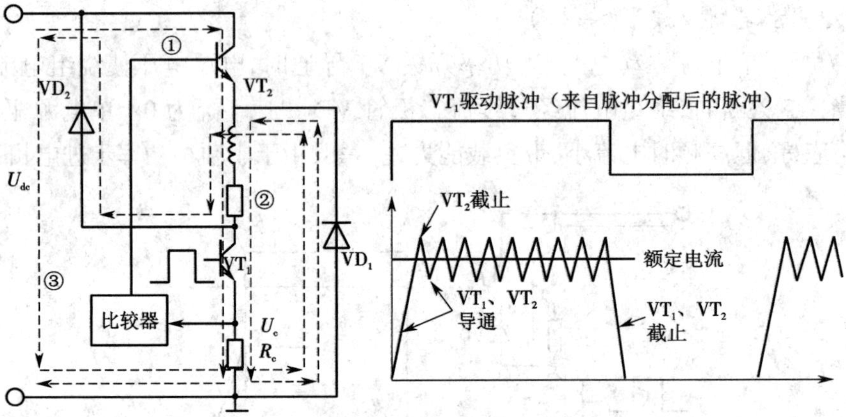


图 4-9 恒流斩波驱动电路及波形

4. 步进电机电流细分

步进电机在低频时振荡严重,而且发出较大噪声。

步进电机的细分控制方法是通过控制各相绕组的电流分配,使其按一定的规律阶梯上升或下降,从而获得从“0”到最大相电流之间的多个稳定的中间电流状态,转子沿着这些中间状态以微步距转动。

5. 等电流细分

把步进电机各相最大额定电流值进行 $N$ 等分。例如,对三相六拍步进电机相电流进行 6 等分,细分前, AB 状态表示 A 和 B 两相导通,电流一样;细分后,电流按照阶梯上升或下降, A 相导通电流恒定, B 相电流逐渐上升,当 B 相电流达到最大值后, A 相电流逐渐上升, B 相电流开始下降，因此电流每改变 1 次，转子能实现原来步距角 1/6 的角位移，如图 4-10 所示。在等电流细分控制方式中，各细分微步的步距角不能保持均匀。

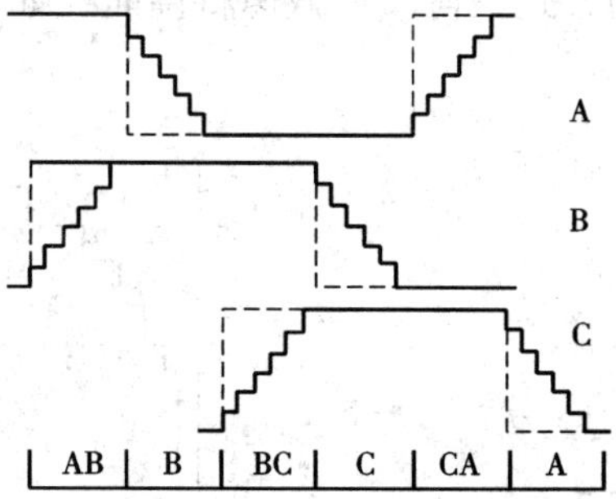


**图 4-10　步进电机电流细分**

## 4.1.4　步进电机运行特性

1. 静态特性

静态特性主要指矩角特性，是在不改变绕组通电状态的情况下，电磁转矩与转子转角的关系。当转子齿对准相应的定子齿时，转子到达平衡位置。在平衡位置时，转子没有电磁力矩。如果转子在外力矩作用下转过一个角度，转子将在相反方向上产生恢复力矩，力图使转子恢复到平衡位置；反之亦然。

当外加负载力矩取消时，转子将向原平衡位置前进，电机力矩逐渐下降，转子在平衡位置附近某一点停下来，不可能到达平衡位置（因为要克服内摩擦力）。转子在平衡位置附近的不定性，一般称为静态位置误差（无外加负载），它通常小于 1°。这个误差是非累积的，对于 1 步和 1 000 步是一样的。

2. 矩 - 频（$T$-$f$）特性

步进电机由静止状态迅速达到设定转速时能驱动的最大负载转矩称为启动转矩（$T_q$）。保证步进电机不失步正常启动的最大输入脉冲频率称为突跳频率（$f_q$）。突跳频率与负载和系统惯性转矩的大小有关。空载时称为最大空载启动频率（$f_{0q}$）。启动频率一般只有几千赫兹，若通电频率大于启动频率，则步进电机的输出转矩不足以克服启动转矩，就会导致步进电机无法启动。步进电机在负载下的启动频率要比空载时低，而且随着负载加大，启动频率会进一步降低。

根据矩 - 频特性，步进电机转矩随频率上升而下降，如图 4-11 所示。步进电机随通电频率上升而不失步的最高运行频率，称为运行频率（$f_e$），其值远大于启动频率，空载时称为空载运行频率（$f_{0e}$）。若步进电机运行的频率过高，将导致输出转矩不足以克服负载转矩，就会发生失步或堵转的现象，并伴有啸叫声。

3. 加减速特性

直线加 / 减速：加速度恒定，算法简单。

指数加 / 减速：按指数规律加速时，加速度是逐渐下降的，接近电机输出转矩随频率变化的规律，但算法比较复杂。

步进电机的加减速特性是描述步进电机由静止到运行以及由运行到停止的过程中,通电频率与时间的变化关系。加减速控制的实现方式有直线加减速和指数加减速。在步进电机驱动中,加减速的频率可用拟合的方式获得。加减速特性曲线如图 4-12 所示。

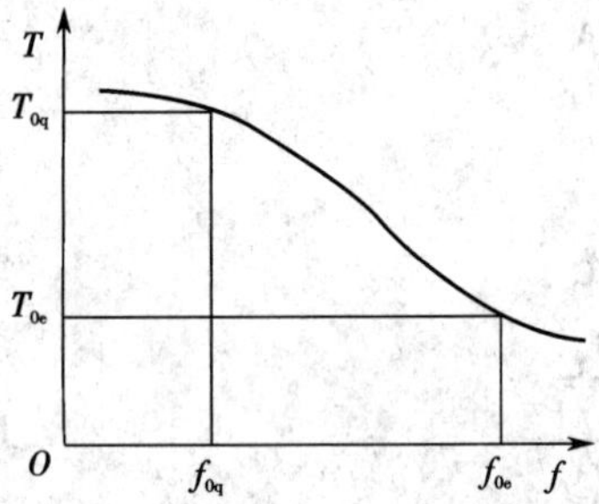


图 4-11 矩 - 频( $T$-$f$ )特性

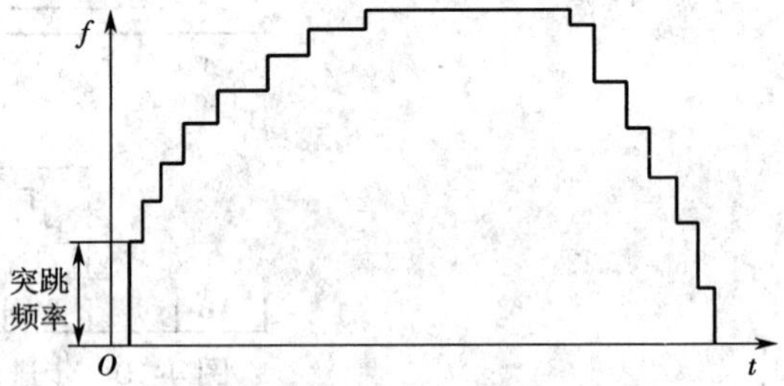


图 4-12 加减速特性曲线

台阶频率拟合是通过多段频率跳跃逐渐达到频率的升高或降低。在加速过程中,刚开始时,频率跳跃幅度较大,即突跳频率,每一个频率持续的时间较短,随着频率升高,频率跳跃幅度逐渐减小,每一个频率持续的时间逐渐延长,直到频率升至运行频率。在减速过程中,随着频率的降低,步进电机的输出转矩增大,频率下降幅度不可过大,否则步进电机会由于惯性而超步。

# 任务二 步进电机应用

## 4.2.1 步进电机控制原理及输出波形

步进电机控制原理及输出波形如图 4-13 所示。

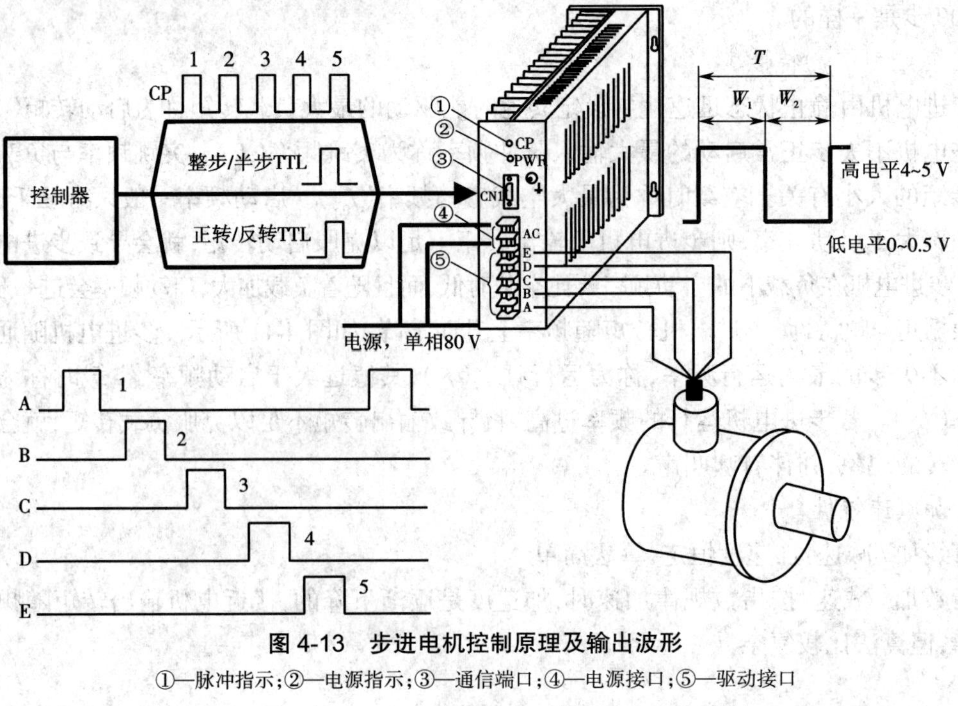


图 4-13 步进电机控制原理及输出波形

①—脉冲指示;②—电源指示;③—通信端口;④—电源接口;⑤—驱动接口

## 4.2.2　步进电机驱动装置性能指标

1.SINUMERIK 802S & STEPDRIVE

SINUMERIK 802S 数控系统采用 32 位微处理器（AM486DE2）、内装式 PLC、分离式操作面板（OP020）和机床控制面板（MCP），是适用于经济型数控机床的数控系统。SINUMERIK 802S 可控制 2~3 个进给轴和 1 个主轴，输出进给脉冲和方向信号至步进驱动器，并有一个 -10~+10 V 的接口，用于连接主轴驱动，如图 4-14 和图 4-15 所示。其通过 RS232C 接口与编程器或微机相连，系统软件存储在 ECU 的 EPROM（闪存）中，需支持电源。PLC 模块带 16 点数字输入和 16 点数字输出，额定电压为直流 24 V，输出最大负载电流为 0.5 A。DI/O 模块通过总线插头直接连接到 CNC 模块（ECU），输入、输出点数可根据需要增加 DI/O 模块（最大 4 个），可扩展至 64 点输入和 64 点输出。步进电机及驱动器的参数见表 4-1。

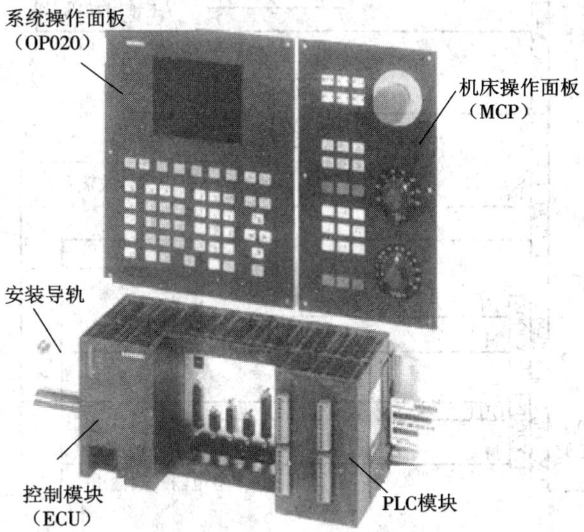


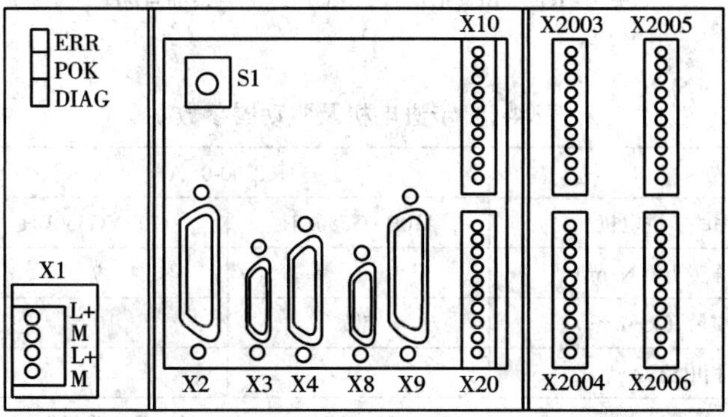


图 4-14　SINUMERIK 802S 数控系统

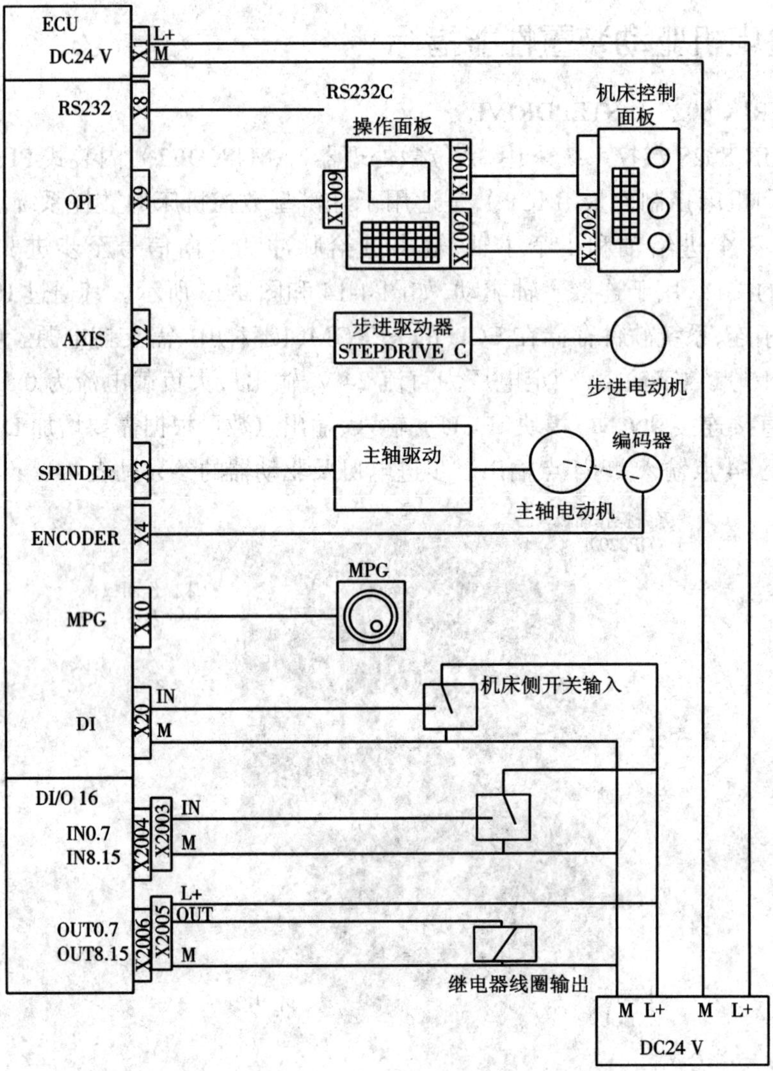


**图 4-15　SINUMERIK 802S 数控系统结构**

**表 4-1　步进电机及驱动器参数**

| 驱动器型号 | | KT300-05 A | | KT300-05 C |
|---|---|---|---|---|
| 电动机 | 适用的步进电机 | 110BYG550AH | 110BYG550BH | 110BYG550CH |
| | 最大静转矩 /（N·m） | 5 | 9 | 12 |
| | 转子惯量 /（$kg\cdot cm^2$） | 5.2 | 10.4 | — |
| | 相电流 /A | 5 | 5 | 5 |
| | 步距角 | 0.36° /0.72° | | |
| | 相数 | 5 | | |
| | 输入电流 | 单相 AC 80 V，4 A，50 Hz | | |

续表

| 驱动器型号 | | | KT300-05 A | KT300-05 C |
|---|---|---|---|---|
| 驱动器 | 输入信号 | CP 信号 | 标准 TTL 电平，$V_H$=4~5 V，$V_L$=0~0.5 V，脉冲宽度 >10 μs，脉冲间隔 >10 μs | |
| | | 整步 / 半步 | TTL 电平，$V_H$=4~5 V（整步），$V_L$=0~0.5 V（半步） | |
| | | 正转 / 反转 | TTL 电平，$V_H$=4~5 V（正转），$V_L$ =0~0.5 V（反转） | |
| | 空载运行频率 /kHz | | <25 | <20 |
| | 空载启动频率 /kHz | | >3 | |
| | 冷却方式 | | 自然冷却 | |
| | 外形尺寸 | | 110 mm × 155 mm × 245 mm | |

STEPDRIVE C/C+ 为单轴驱动器，用于五相步进电机，扭矩为 3.5 N · m、6 N · m、9 N · m、12 N · m、18 N · m 和 25 N · m；FM STEPDRIVE 为单轴步进驱动器，用于三相步进电机，扭矩为 2 N·m、4 N·m、6 N·m、10 N·m 和 15 N·m。

2.ECU（报警）模块

（1）X1 接口（DC24 V）：连接 DC24 V 电源，L+ 为 DC24 V，M 为接地。

（2）X2 驱动接口（AXIS）：最多连接 3 个步进驱动器，信号包括正向、反向进给脉冲（+PULS、-PULS），正、反转方向脉冲（+DIR、-DIR），使能信号（+ENA、-ENA）等。

（3）X3 主轴驱动接口（SPINDLE）：主轴模拟量信号输出，有 0~10 V 和 -10~+10 V 两种形式，前者只控制主轴电动机的转速，转向信号由 PLC 给出；后者既有转速控制又有转向控制。

（4）X4 编码器接口（ENCODER）：连接主轴增量式光电编码器的“六脉冲”输出，用于螺纹车削或刚性攻螺纹。

（5）X8 接口（RS232C）：通信接口，与外设计算机连接，传送机床数据、PLC 程序和零件加工程序等。

（6）X9 系统操作面板接口（OPI）：与系统操作面板接口连接，通过手动数据输入，将机床数据、PLC 程序和零件加工程序等输入控制器。系统操作面板还可与机床操作面板连接，进行工作方式、主轴倍率、进给倍率选择等方面的操作。

（7）X10 手轮接口（MPG）：连接手摇脉冲发生器（手轮）的两路差动脉冲信号输出，即 A+、A- 和 B+、B-。

（8）X20 输入接口（DI）：接收 1~3 个坐标轴回参考点接近开关的输入。

（9）ECU 报警：发光二极管 ERR（红色）、POK（绿色）、DIAG（黄色）分别表示 ECU 故障、电源及诊断状态。

（10）调试开关 S1：1~4 位置，表示运行状态和不同的调试状态。

### 4.2.3　PLC（DI/O）模块

X2003、X2004 为 16 点输入接口，可扩展为 64 点，接收机床侧如行程开关、接近开关等信号的输入；X2005、X2006 为 16 点输出接口，可扩展为 64 点，将 PLC 运行后的结果输出到继电器线圈上，经后续的控制电路控制接触器、电磁阀等执行元件，实现主轴的正反转控制、刀架换刀控制、冷却控制及润滑控制等，如图 4-16 所示。

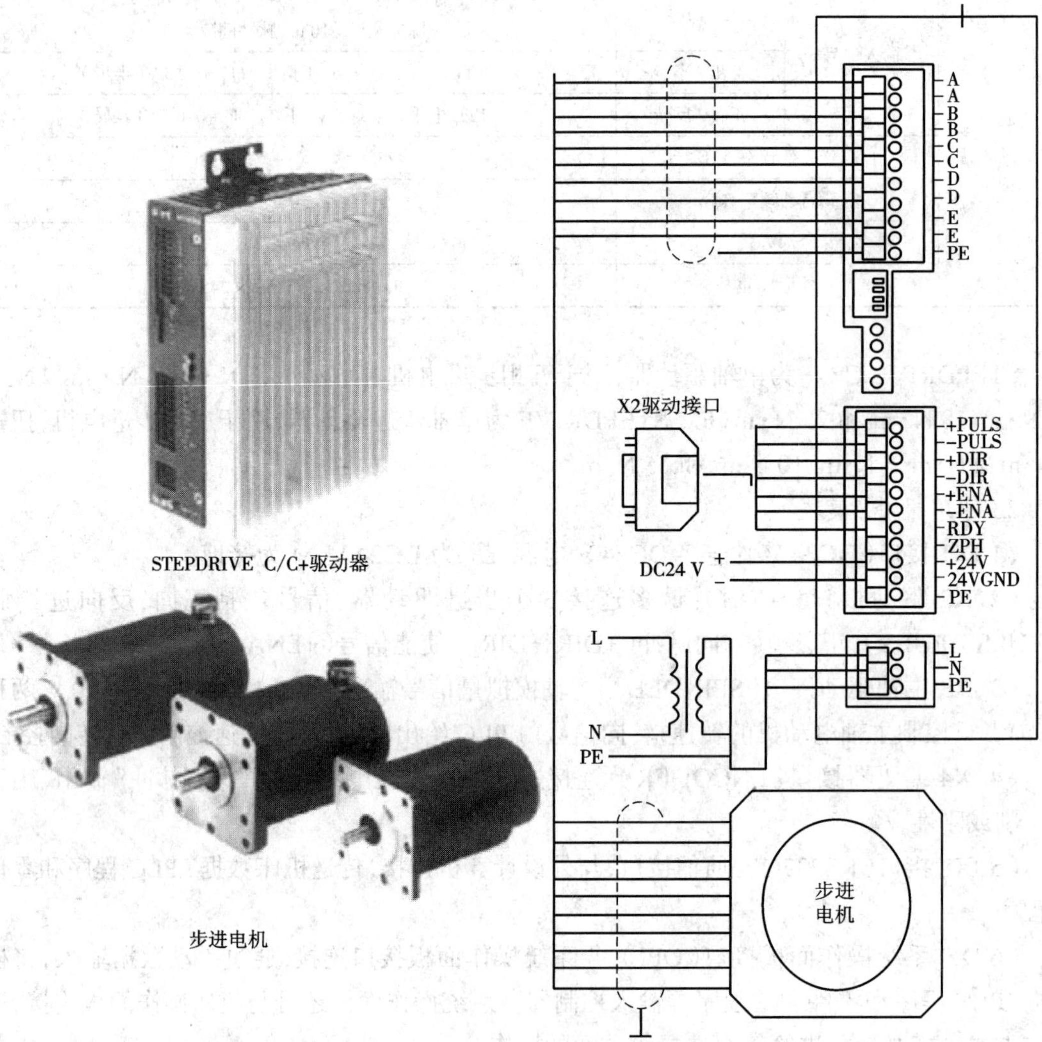


图 4-16　PLC( DI/O )模块外形与接线

# 任务三　直流伺服电动机

扫一扫：伺服电动机

## 4.3.1　直流伺服电动机的组成

直流伺服电动机的主极（定子）为永久磁铁，其产生的磁通通过气隙与转子铁芯构成磁场回路。电枢电压 $U_a$ 越大，电枢电流越大，电磁转矩也越大，转速也随之升高，反之亦然；电枢电压极性改变时，电枢电流方向改变，电磁转矩也随之反向,电动机转子由正转(反转)变为反转(正转)。

在直流伺服电动机中,电刷和换向器间易产生火花,转速越高、负载越大,火花越强烈。同时,电刷和换向器在接触过程中易磨损,造成接触不良,磨损产生的粉末易堵塞换向器,造成短路。因此,直流伺服电动机在使用过程中要经常进行维护。直流伺服电动机结构如图 4-17 所示。

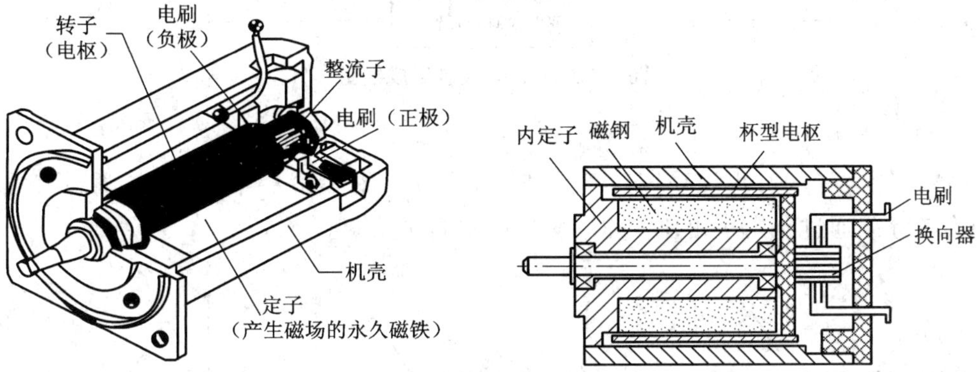


图 4-17　直流伺服电动机结构

1. 主电路及基本控制原理

电枢电压以方波电压形式存在。改变周期 $T$ 内方波电压的宽度 $W$,即改变占空比 $\tau$ 的大小,可以改变电枢电压 $U_a$ 的平均值,从而达到调速的目的。改变方波电压正、负极性的面积,使电枢电压的极性发生改变,可以达到控制转向的目的。直流伺服电动机主电路及基本控制原理和波形如图 4-18 所示。方波占空比为

$$\tau=\frac{W}{T} \tag{4-2}$$

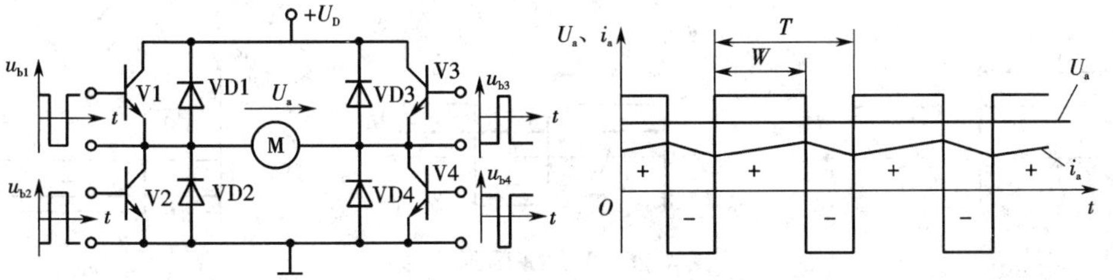


图 4-18　直流伺服电动机主电路及基本控制原理和波形

2.PWM 控制组成框图

脉宽调制(PWM)基本原理就是对逆变电路开关器件的通断进行控制,使输出端得到一系列幅值相等的脉冲,用这些脉冲来代替正弦波或所需要的波形。也就是在输出波形的半个周期中产生多个脉冲,使各脉冲的等值电压为正弦波形,所获得的输出平滑且低次谐波少。按一定的规则对各脉冲的宽度进行调制,即可改变逆变电路输出电压的大小,也可改变输出频率。PWM 控制组成框图如图 4-19 所示。

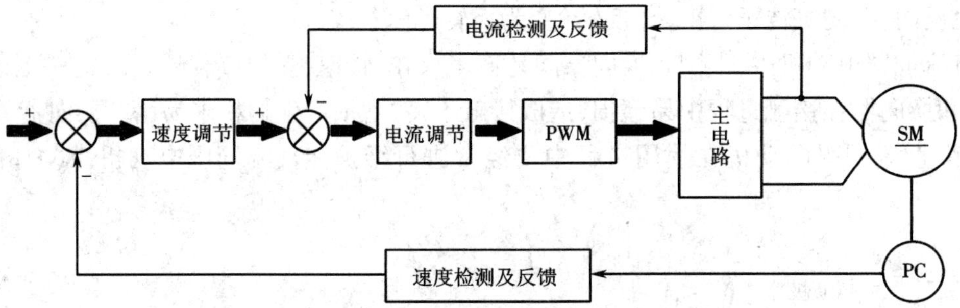


图 4-19 PWM 控制组成框图

3.PWM 调制波形

PWM 调制波形的过程为采用三角波载波信号 $u_{\triangle}$（图 4-20 中第一行）与调制信号 $u_c$（图 4-20 中第二行），通过 $u_{\triangle}$ 与 $u_c$ 的比较得到 PWM 脉冲波形。

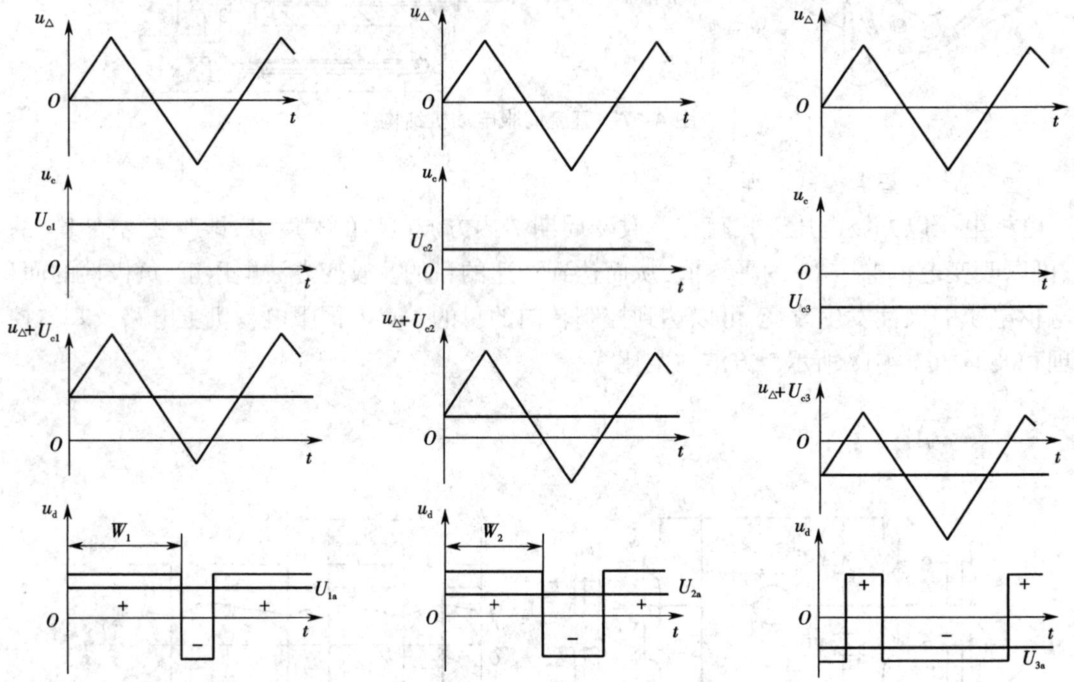

图 4-20 PWM 调制波形

## 4.3.2 直流无刷电动机

1. 基本原理及组成

直流无刷电动机由电动机主体和驱动器组成，是一种典型的机电一体化产品。无刷电动机是指无电刷和换向器（或集电环）的电动机，又称无换向器电动机。早在 19 世纪诞生电动机的时候产生的实用性电动机就是无刷形式的，即交流鼠笼式异步电动机，这种电动机得到了广泛的应用。但是，异步电动机有许多无法克服的缺陷，以致电动机技术发展缓慢。20 世纪中叶诞生了晶体管，因而采用晶体管换向电路代替电刷与换向器的直流无刷电动机就应运而生。这种新型无刷电动机称为电子换向式直流电动机，它克服了第一代无刷电动机的缺陷。

当三相绕组通入方波驱动电流时，三相交流伺服电动机称为方波永磁同步电动机，即通常所说的直流无刷电动机（BLDCM）。直流无刷电动机结构如图 4-21 所示。

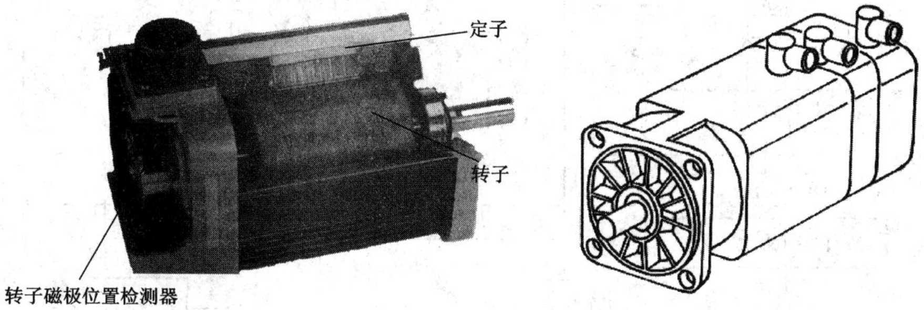


图 4-21　直流无刷电动机结构

2. 霍尔式转子位置检测器

1FT5 系列交流伺服电动机采用霍尔开关作为转子位置检测器。其在电动机尾部机座上固定有霍尔开关组件，组件上有三个霍尔开关；转子上有带磁性条的感应盘，并随转子在霍尔开关槽内旋转。当磁性条与霍尔开关对应时，霍尔开关便发出信号，该信号反映转子转过的角度，经控制电路处理后对定子三相绕组进行换向控制，从而实现电子换向器的功能。

3. 相绕组反电势与电流

BLDCM 是将方波电流输入定子绕组，在半个周期内，方波电流的持续时间为 120° 电角，则梯形波反电势的平顶部分也为 120° 电角，如图 4-22 所示。

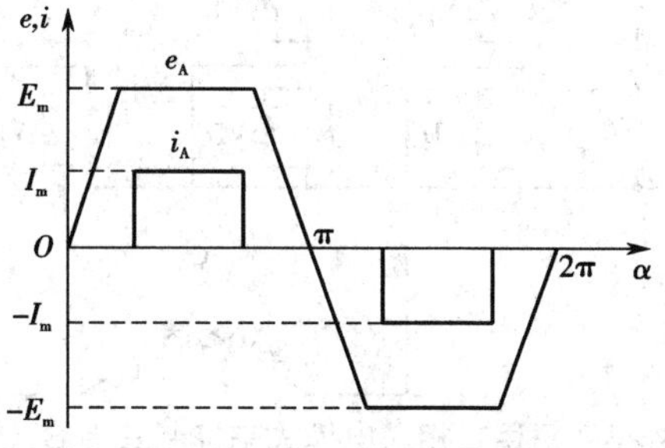


图 4-22　相绕组反电势与电流波形

4.BLDCM 控制原理

（1）BLDCM 控制原理框图如图 4-23 所示。

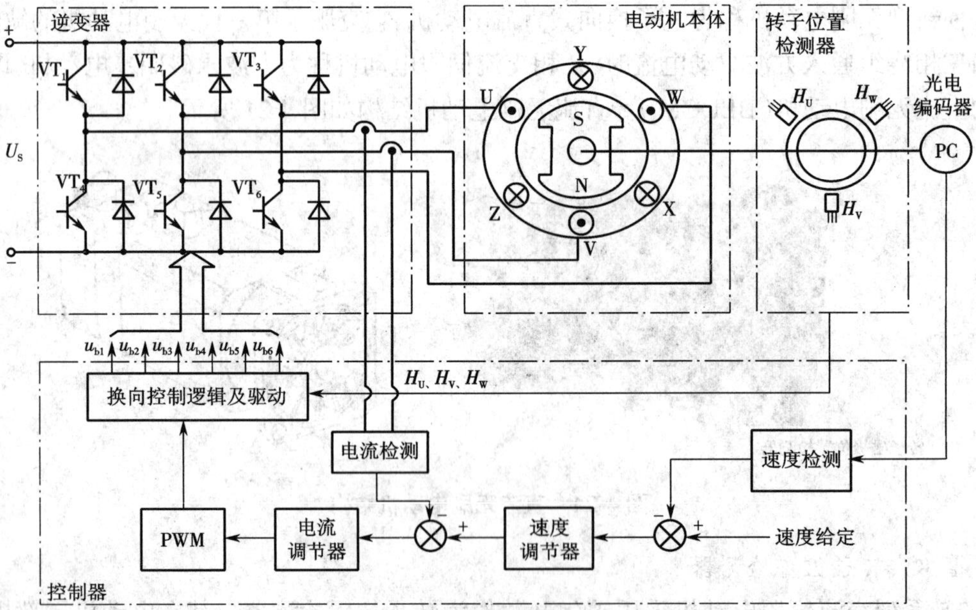

图 4-23 BLDCM 控制原理框图

(2)BLDCM 通电方式,采用二相通电模式来控制三相 BLDCM 的运行,如图 4-24 所示。当 $VT_1$ 和 $VT_6$ 导通时,电流流向为 P 极→ $VT_1$ → A 相绕组→ B 相绕组→ $VT_6$ → N 极。$VT_1$~$VT_6$ 导通、关断的逻辑控制是由三个霍尔开关来实现的。转子每转过 60°,有两相绕组换流。

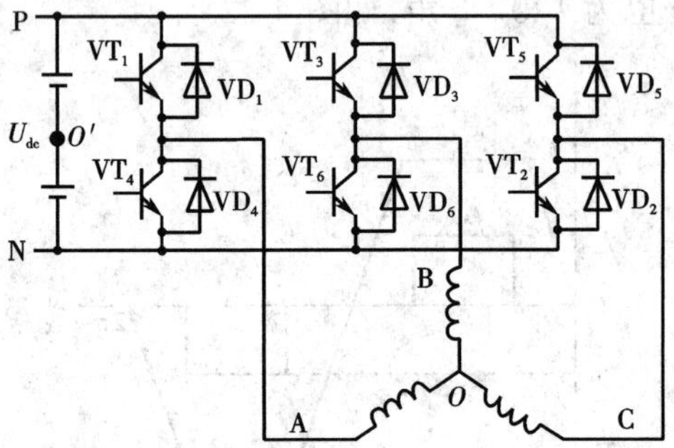
图 4-24 采用二相通电模式来控制三相 BLDCM

5.SIMODRIVE611A 伺服驱动

SIMODRIVE611A 伺服驱动连接与结构如图 4-25 所示。

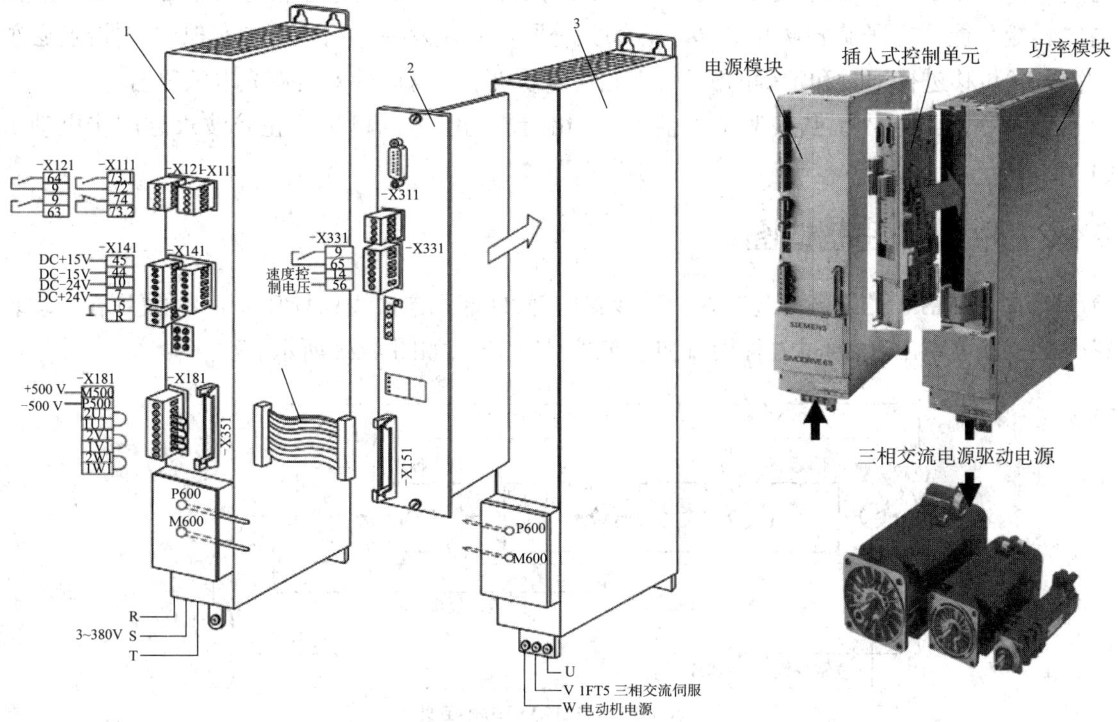


图 4-25　SIMODRIVE611 A 伺服驱动连接与结构

# 任务四　正弦波永磁同步电动机

## 4.4.1　伺服控制系统

利用编码器测量伺服电动机的转速、转角，并通过伺服控制系统控制其各种运行参数，如图 4-26 和图 4-27 所示。

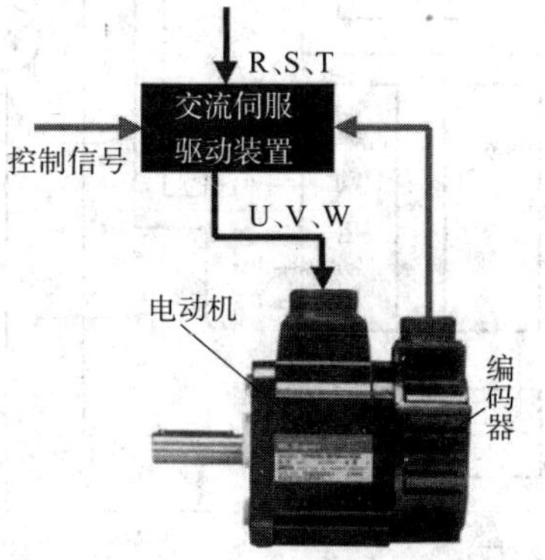


图 4-26　正弦波交流伺服电动机测试

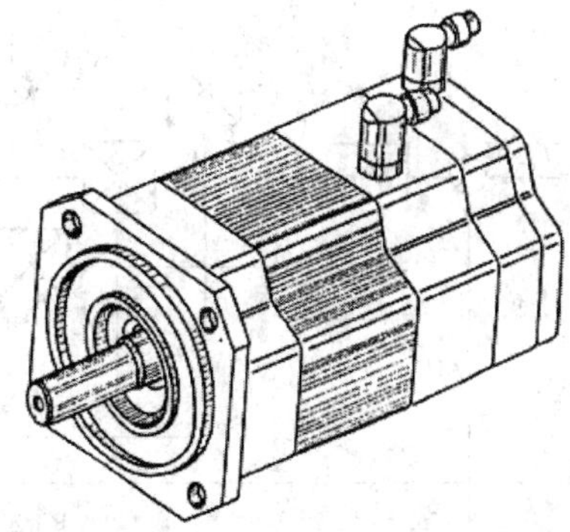

图 4-27　西门子 1FK6 交流伺服电动机

在正弦波交流伺服电动机中，当定子三相绕组通入三相正弦波电流后，就会在定子和转子之间产生一个旋转磁场,由于转子是一个永磁体,因此转子的转速也就是转子磁场的转速,而电磁转矩只能在定子旋转磁场和转子磁场完全同步时才发挥作用。为了实现同步控制,必须对转子角位移进行即时和精确的测量,因此在电动机上通常同轴安装有光电编码器。

当三相绕组通入正弦波驱动电流时,三相交流伺服电动机称为正弦波永磁同步电动机(PMSM)。

## 4.4.2 PMSM 控制框图

通常，PMSM 的电流环包含在驱动装置内部,外部无连接线;而速度环和位置环在驱动装置外部就能表现出来,通过各种接口和连接线得以实现,如图 4-28 所示。

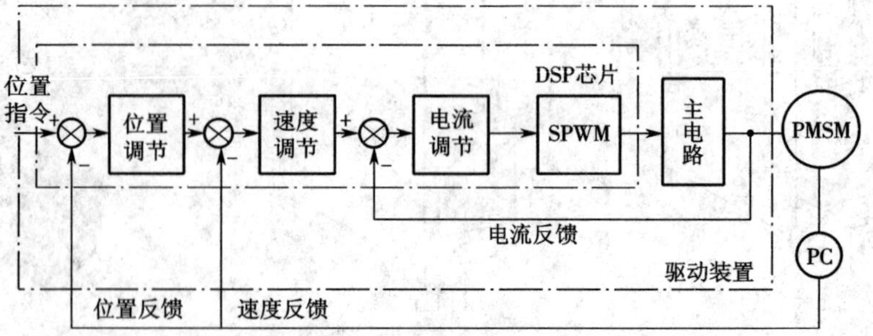


图 4-28 PMSM 控制框图

1.PMSM 控制组成

PMSM 控制组成如图 4-29 所示。

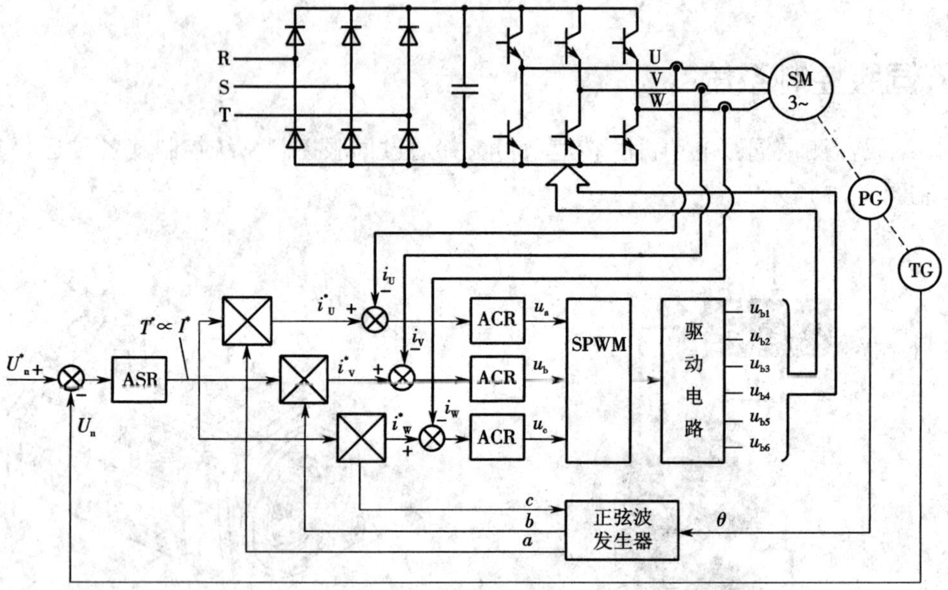


图 4-29 PMSM 控制组成

2. 硬件组成

（1）数字信号处理器（DSP）：一种具有特殊结构的微处理器，通过 DSP 指令可以用于快速实现各种数字信号处理算法。

（2）光电编码器：在全数字式交流伺服驱动中，光电编码器具有以下三个作用。

①丝杠实际角位移测量。当伺服电机与滚珠丝杠连接后，与电机同轴连接的光电编码器可测得丝杠的实际角位移 $\theta$，间接获得工作台的直线位移 $x$（$x=t/360° \times \theta$，$t$ 为丝杠螺距），实际角位移 $\theta$ 构成位置反馈，用于位置控制。

②转子实际位置测量。由于 PMSM 三相电流与转子实际位置值有关，因此通过光电编码器测得实际位置值，经计算获得实际转矩值，与转矩指令值进行比较。

③数字测速。光电编码器用于数字测速有 M 法、T 法和 M/T 法，其中 M 法适用于低速测量，T 法适用于高速测量，而 M/T 法在低速段和高速段均能获得较好精度。

（3）反馈电流的采样：为了构成电流环，必须对三相电流进行检测，经采样转换成数字信号，形成电流反馈。电流检测有霍尔传感器检测和电阻采样检测等，图 4-30 和图 4-31 所示为反馈电流电阻采样检测和霍尔传感器电流检测示意图。

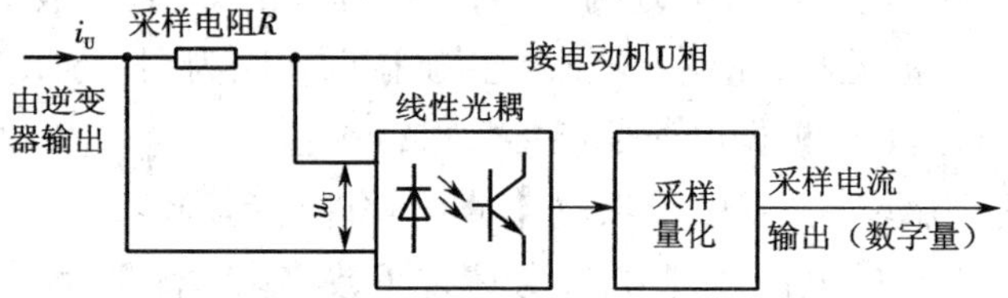


图 4-30 反馈电流电阻采样检测

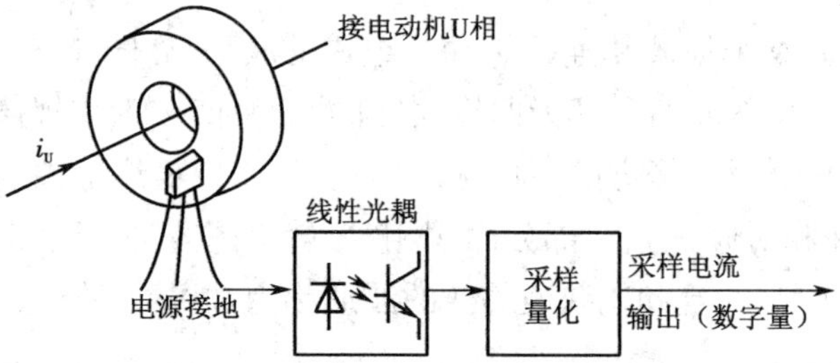


图 4-31 反馈电流霍尔传感器电流检测

以 U 相为例，当 A 相电流 $i_U$ 发生变化时，导线周围的磁场强度也随之发生变化，霍尔传感器受到磁场强度变化的作用，输出相应的电压值，电压值与相电流呈线性关系，经线性光耦送 A/D 转换器，这样将模拟量的相电流转换成数字量，经串行接口送至 DSP 进行电流反馈数字处理。

（4）电源及驱动电路电源包括整流和滤波。在全数字式交流伺服驱动中，电源为开关电源，具有保护功能齐全、输入电压范围宽及可靠性高等特点。功率驱动电路中的大功率晶体管有 GTR、IGBT 等。目前，最新的智能功率模块（IPM）有欠压、过流、过热等自动保护功能，驱动接口只需高速光耦驱动，大大简化了外围电路，提高了系统的可靠性。

3. 软件组成

(1)位置环运算:系统软件中的一个子程序。

①位置指令和位置反馈的读取。位置指令由 DSP 通过数据总线定时向上一级控制器(数控系统)读取数据,数据经数字滤波器由加 / 减计数器进行计数。位置反馈由光电编码器输出至专门的接口电路,由硬件进行四倍频,经辨向、零标志处理,由加 / 减计数器进行计数,再由 DSP 定时读取,经数字滤波得到实际位置值。

②位置数字调节。位置环采用前馈 - 负反馈的控制模式,位置指令和实际位置进行比例调节,输出速度指令。

(2)速度环运算:系统软件中的一个子程序。在位置反馈读取过程中,根据测量时间经微分运算获得电机的实际转速。速度指令和实际转速参与比例积分调节器运算,输出转矩指令。为减少速度超调,在速度子程序中,速度调节采用比例积分调节器,当速度误差超过设置值时,速度调节器由比例积分调节变成积分调节。

(3)电流环运算:系统软件中的一个子程序。在软件初始化阶段且无控制信号的情况下,DSP 先读取 $i_A$、$i_B$、$i_C$ 反馈电流值作为零电流值,即软件调零,在正常运行时,$i_A$、$i_B$、$i_C$ 均以该零电流值为基准。零电流值是一个很关键的数据,为保证基准正确,一般在初始化阶段读取 $i_A$、$i_B$、$i_C$ 值数次,并经数字滤波处理,完成电流值的正确读取。因为同一驱动装置可控制不同转矩的电机,所以 $i_A$、$i_B$、$i_C$ 的读取要根据电流反馈参数进行调整。

在全数字式交流伺服驱动中,由于零电流值由软件自动调整设置,反馈系数也由参数设置,所以省略了模拟电路中的电位器调节,充分体现了数字化的优越性。

### 4.4.3 SPWM 基本原理

将正弦半波看成由 $N$ 个彼此相连的脉冲所组成的波形,如图 4-32 上半部所示,这些脉冲宽度相等,但幅值不等,且脉冲的顶部为曲线,各脉冲的幅值按正弦规律变化。如果将上述脉冲序列用同样数量的等幅而不等宽的矩形脉冲序列代替,使矩形脉冲的中点和相应等分的中心重合,且使矩形脉冲和对应正弦波部分面积相等,就有图 4-32 下半部所示的脉冲序列。这种脉冲宽度按正弦规律变化,且和正弦波等效的波形称为 SPWM 波形,即正弦脉冲宽度调制。

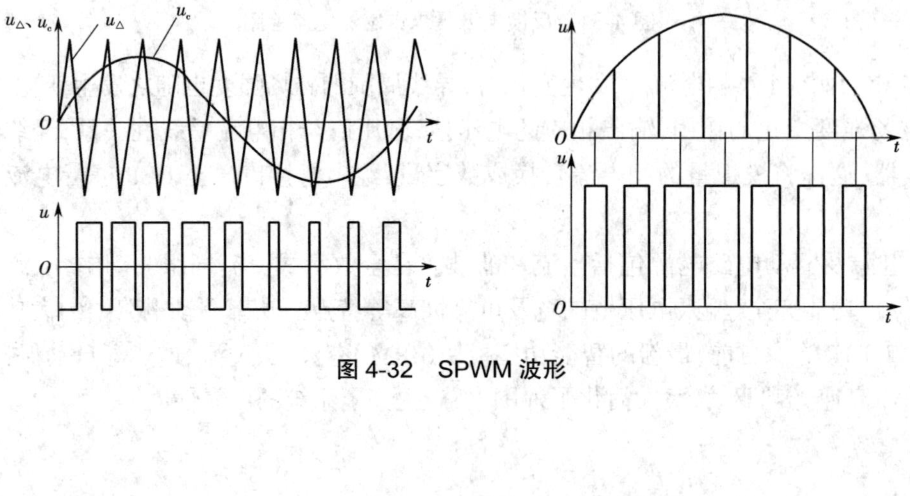


图 4-32 SPWM 波形

根据 SPWM 基本原理，为了得到等效正弦波，需要输出一系列幅值相等而宽度不相等的矩形波。用三角波 $u_{\triangle}$ 作为载波，通过对正弦波控制信号 $u_c$ 进行调制就可以得到 SPWM 波形 $u$，调制后生成的脉冲信号 $u$ 控制大功率晶体管的导通、截止，经功率放大后，最后生成随正弦波控制信号 $u_c$ 变化的等效正弦波来驱动交流电动机。

SPWM 调制波需要经功率放大后才能驱动电动机。左侧是桥式整流电路，将工频交流电变成直流电，中间是滤波环节，A、B 两条线路为直流母线；右侧是逆变器，用 $VT_1$~$VT_6$ 六个大功率晶体管把直流电变成三相（U、V、W）交流电。功率放大后的三相（U、V、W）交流电是脉宽按正弦规律变化的等效正弦交流电，正是这个正弦交流电保证了交流伺服电动机的运行。

改变大功率晶体管的开关频率，可实现电动机的调整；改变大功率晶体管导通、截止的开关逻辑，可改变 U、V、W 三相相序，实现电动机的转向控制。

# 任务五　SPWM 主电路（IPM 智能功率模块）

把一部分控制电路功能和功率开关器件集成在一个模块中，即组成智能功率模块（IPM），如图 4-33 所示。

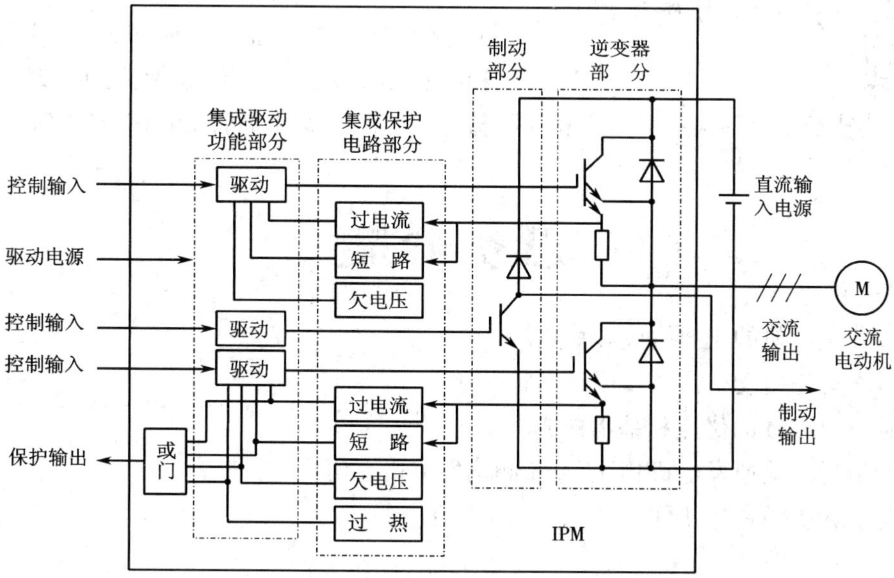


图 4-33　SPWM 主电路（IPM 智能功率模块）

IPM 一般用 IGBT 作为功率开关元件，内藏电流传感器并与驱动电路集成，非常适合作为变频器、逆变电源、伺服进给驱动装置理想的电力电子器件。

日本三菱电机公司的 PM50RHA120 智能功率模块，由 IGBT 功率开关构成三相逆变部分和再生制动部分，保护电路具有包括欠电压、开关过电流、桥臂短路及过热等系统保护功能，提高了系统抗干扰能力和可靠性。该 IPM 耐压 1 200 V，额定工作电流为 50 A，开关时间 $t_{on}$=2 μs、$t_{off}$=3.5 μs，可用于开关频率在 20 kHz 以上、容量 7.5 kV · A（5.5 kW）三相交流伺服电机的控制。SPWM 伺服电机的控制系统如图 4-34 所示。

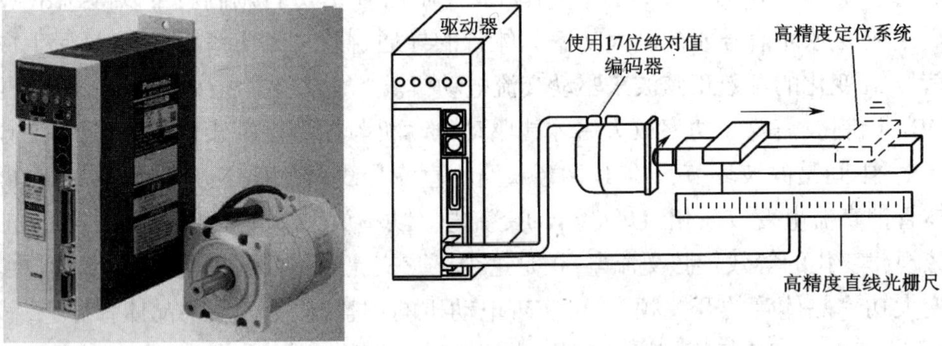


图 4-34 SPWM 伺服电机的控制系统

# 机电讲堂：巧手点亮雷达之眼——顾春燕

扫一扫：机电讲堂

引导学生胸怀理想、坚定信念、锲而不舍、持之以恒，在艰苦奋斗中锤炼意志品质。顾春燕是中国雷达安装事业的国宝级人物，也是我国卫星遥感事业的超级大进步者。她凭借精湛的技术和卓越的判断力，成功装配了我国第一部星载相控阵雷达。她的装配成果居功甚伟，是国家安全的重要装备。

# 思考与习题

1. 简述步进电机的主要构成和特点。
2. 为什么力矩电动机需要做成圆盘状？
3. 简述 BLDCM 的优点和基本构成。
4. 与交流异步测速发电机相比，直流测速发电机有何优点？
5. 简述 PMSM 的主要原理。

# 项目五　机械传动

## 任务一　机械传动概述

### 5.1.1　机电一体化中的机械传动

传统的机械传动是一种把动力机产生的运动和动力传递给执行机构的中间装置，是一种转矩和转速的变换器，其目的是使驱动电动机与负载之间在转矩和转速上得到合理的匹配。

扫一扫：机械传动原理控制

在机电一体化系统中，伺服电机的伺服变速功能在很大程度上代替了机械传动中的变速机构，大大简化了传动链。机电一体化系统中的机械传动装置已成为伺服系统的组成部分。图 5-1 所示为机电一体化设备传动方案。

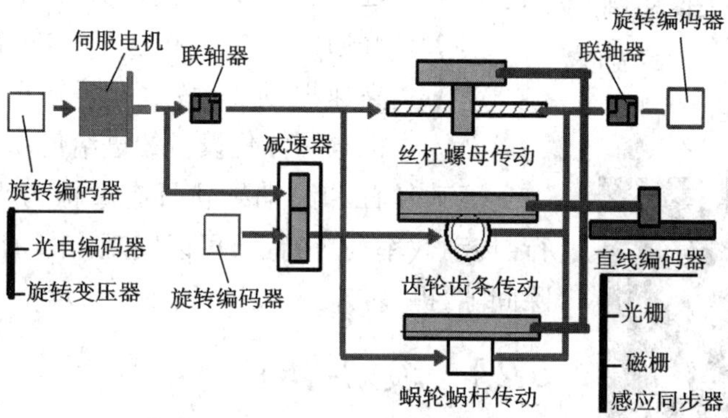


图 5-1　机电一体化设备传动方案

机电一体化机械系统应具有良好的伺服性能，且机械传动部件的转动惯量小、摩擦小、阻尼合理、刚度大、抗振性好、间隙小，并满足小型、轻量、高速、低噪声和高可靠性等要求。

### 5.1.2　导轨

1. 双矩形导轨导向方式

为提高导轨的耐磨性，常采用镶钢导轨，经过处理后，其耐磨性可比灰铸铁提高 5~10 倍。镶钢导轨一般采用螺栓或焊接的方式固定在基础件上。图 5-2 所示为双矩形导轨导向方式。

2. 低速爬行现象

在低速进给运动时，速度有时为 0.05 mm/min，微小位移达 0.001 mm/ 次，这时运动部件的速度曲线如图 5-3 所示。运动部件不是连续的匀速运动，而是时走时停，这种现象称为爬行。

爬行现象主要是由摩擦系数随相对运动速度的变化而变化造成的。为避免爬行现象的出现，可同时采用滚动导轨、静压导轨、卸荷导轨、塑料导轨等措施。

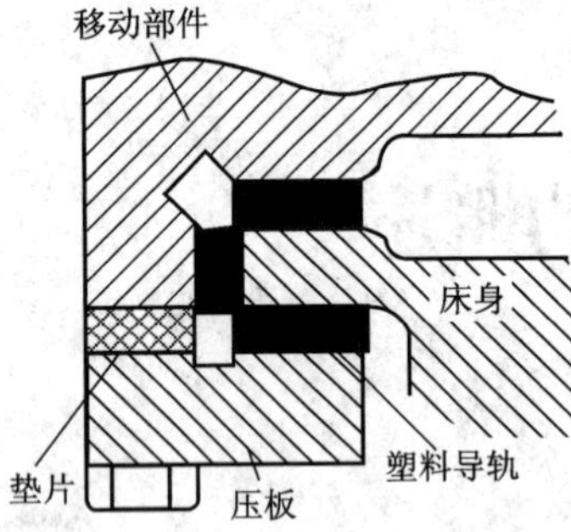


图 5-2　双矩形导轨导向方式

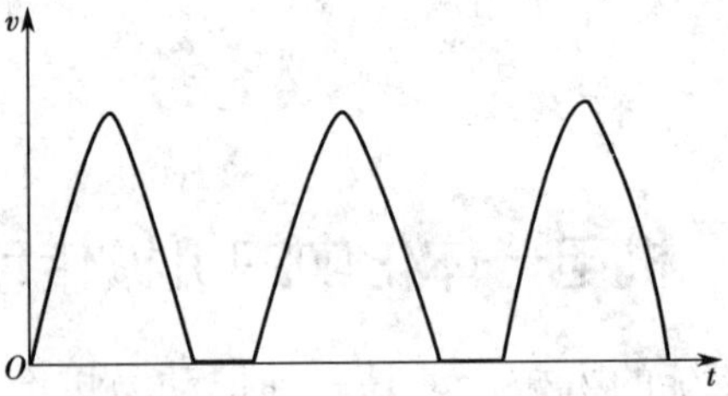


图 5-3　运动部件的速度曲线

常用的塑料导轨由塑料导轨软带、金属塑料复合导轨板和塑料涂层组成。

# 任务二　传动“滚动化”的必要性

扫一扫：机械传动－导轨

机电一体化设备为获得高的加工精度，要求进给传动具有高的传动精度、灵敏度、稳定性。普通滑动导轨和丝杠存在摩擦力大、低速爬行、高速振动、灵敏度低等缺点，因此不适宜应用在机电一体化设备的进给传动中。

滚动丝杠和滚动导轨具有摩擦力小、传动灵活、无爬行、传动效率高等特点，可以实现“滚动化”传动，预紧后可消除间隙，提高传动刚度，如图 5-4 所示。

图 5-4　滚珠丝杠和滚动导轨

## 5.2.1　滚动导轨

1. 直线滚动导轨

直线滚动导轨由专业生产厂家生产，一条导轨上有两个支承滑块，支承滑块固定在运动部件上，导轨整体安装在机床的基础件上。当滑块移动时，滑块内的滚珠在导轨上的圆弧沟槽滚动并形成循环。直线滚动导轨在制造时已消除间隙，因而刚度和精度都较高。

直线滚动导轨由于滑动件与支承件之间是滚动摩擦，因此摩擦系数小，且动、静摩擦系数差别小，低速运动平稳，无爬行，运动灵活，定位精度高，如图 5-5 和图 5-6 所示。

图 5-5　直线滚动导轨

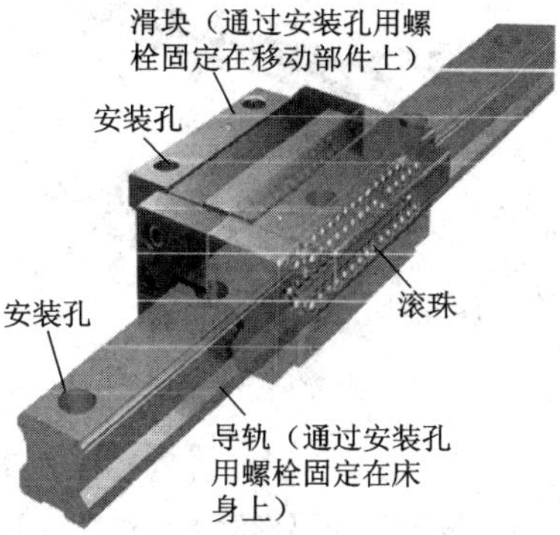


图 5-6　直线滚动导轨结构

直线滚动导轨的安装方式如图 5-7 所示。

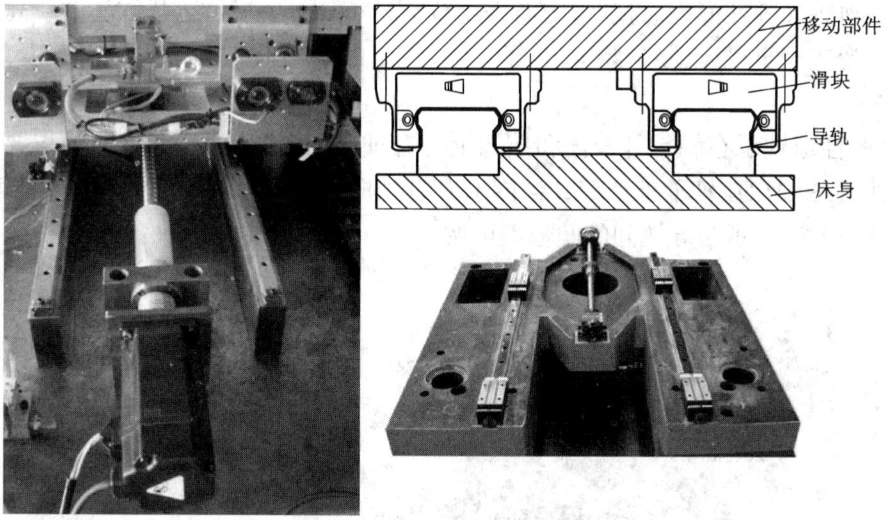


图 5-7　直线滚动导轨的安装方式

直线滚动导轨的形式如图 5-8 和图 5-9 所示。

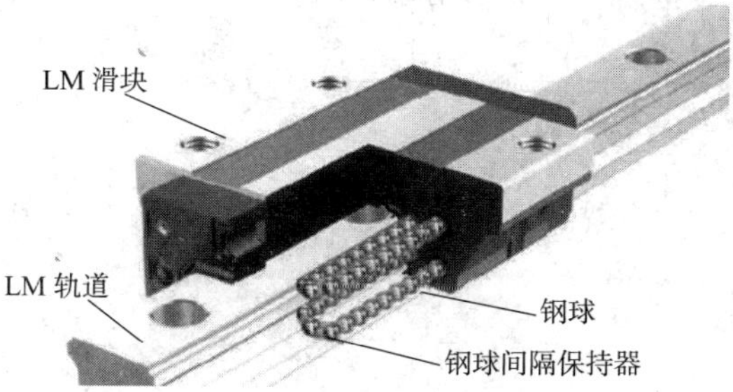


图 5-8　SHS 型直线滚动导轨结构

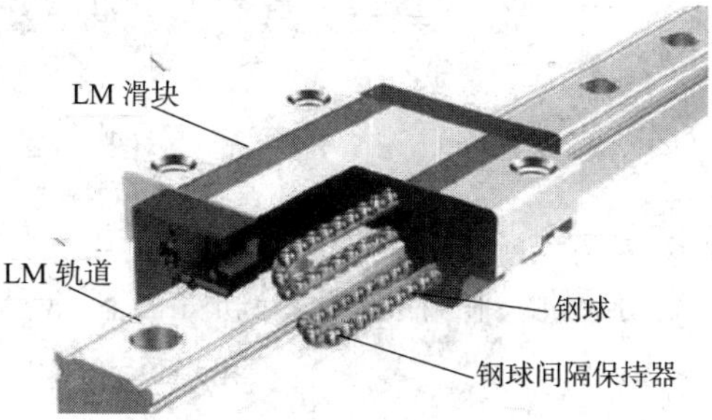


图 5-9　SNS 型直线滚动导轨结构

2. 弧形滚动导轨与 *X-Y* 十字工作台

弧形滚动导轨如图 5-10 所示，*X-Y* 十字工作台如图 5-11 所示。

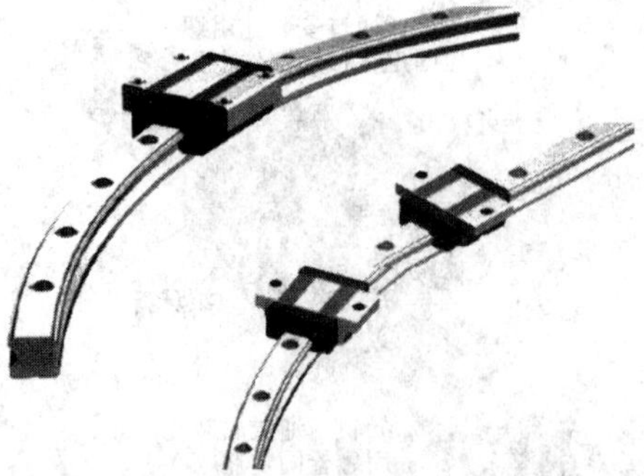

图 5-10 弧形滚动导轨

图 5-11 *X-Y* 十字工作台

3. 圆形导轨

圆形导轨又称直线运动球轴承，这种轴承只能在圆形导轨轴上做直线往复运动，而不能旋转，滚珠与导轨轴外圆柱面为点接触，因而许用载荷较小，但运动轻便灵活、精度较高、价格低、维护方便，广泛应用于机床、测量装置、电子仪器、输送机械、医疗诊断仪器等轻载设备和装置，如图 5-12 所示。

可调式线性球轴承在轴承外套筒和挡圈上开有轴向切口，能任意调整轴承与导轨间的间隙；开放式线性球轴承在轴承外套筒和挡圈上开有轴向扇形切口，轴承与导轨间的间隙可调；封闭式线性球轴承，轴承与导轨间的间隙不可调。

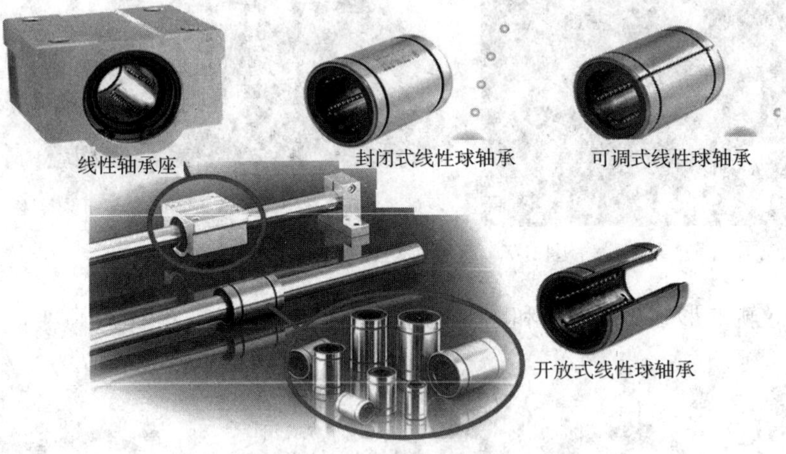


图 5-12 圆形导轨结构

4. 滚动导轨块和直线轴承导轨

滚动导轨块和直线轴承导轨如图 5-13 所示。

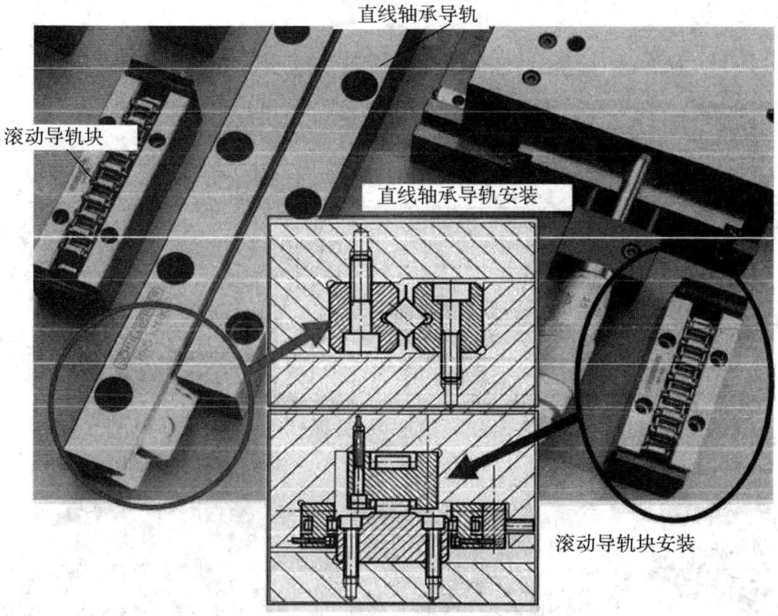


图 5-13　滚动导轨块和直线轴承导轨

## 5.2.2　滚珠丝杠

1. 丝杠螺母副组成

扫一扫：机械传动 - 丝杠

丝杠螺母副将旋转运动转变成直线运动，用较小的驱动力矩就可以获得较大的轴向牵引力。数控机床进给系统采用滚珠丝杠螺母副是由于丝杠和螺母之间有滚珠，因此摩擦系数小，且动、静摩擦系数相差小，低速无爬行，且在施加预紧后，轴向刚度好，定位精度高，如图 5-14 所示。

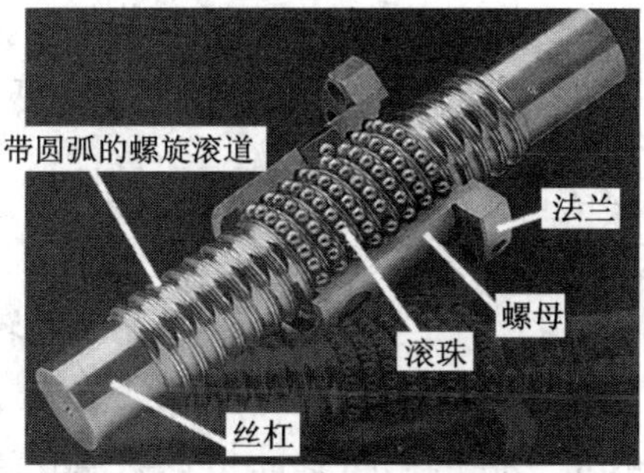


图 5-14　滚珠丝杠螺母副结构

进给电机驱动丝杠旋转时，与运动部件固定在一起的螺母做直线运动，螺母内的滚珠在丝杠表面带圆弧的螺旋滚道内滚动，并在螺母内不断循环。

2. 滚珠循环方式

按照滚珠的循环方式，滚珠丝杠螺母副可分为内循环和外循环两大类，如图 5-15 至图 5-17 所示。

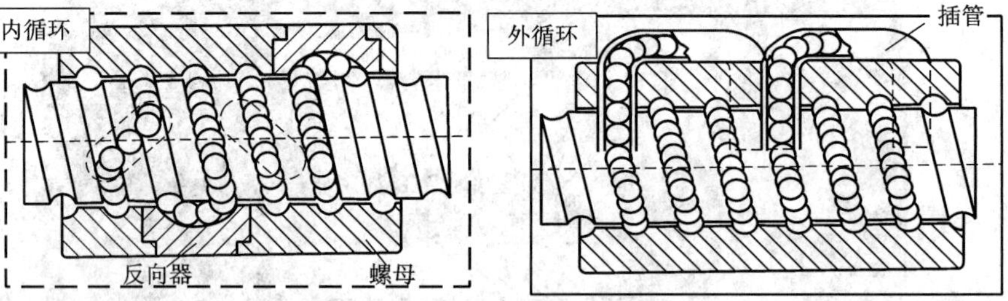


图 5-15 滚珠内、外循环方式

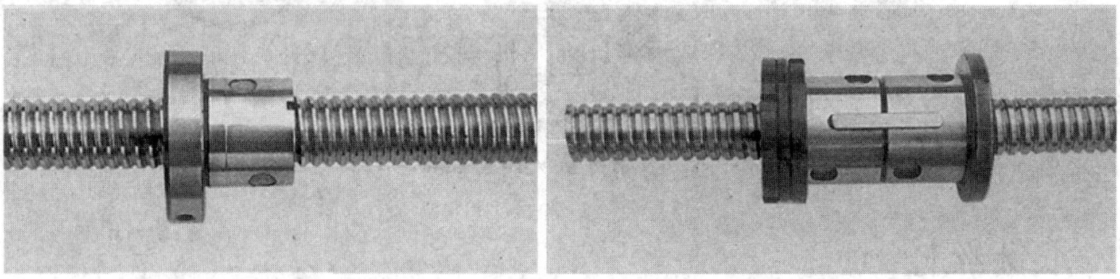

单螺母内循环式　　双螺母消隙内循环式

图 5-16 滚珠丝杠螺母副内循环形式

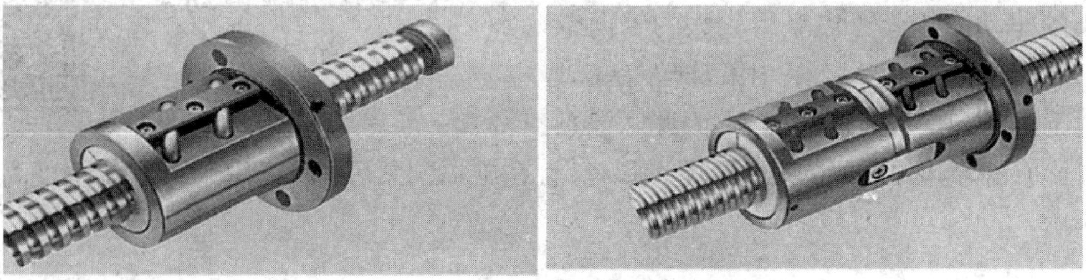

单螺母外循环式　　双螺母外循环垫片消隙式

图 5-17 滚珠丝杠螺母副外循环形式

（1）内循环：滚珠在循环过程中，滚珠始终保持和丝杠接触，结构紧凑。

（2）外循环：滚珠在循环过程中，滚珠在换向时与丝杠脱离接触。

由于丝杠与螺母之间存在间隙，因此当丝杠由正转变为反转的瞬时，螺母必须先克服该间隙才能运动，该间隙称为反向间隙。反向间隙的存在降低了运动精度和丝杠螺母副的刚度，可采用双螺母，并通过调整两个螺母之间的微量轴向位移来消除间隙。通常采用垫法调隙式、螺纹调隙式和齿差调隙式。

3. 滚珠丝杠固定方式

（1）一端固定、一端移动，如图 5-18 所示。

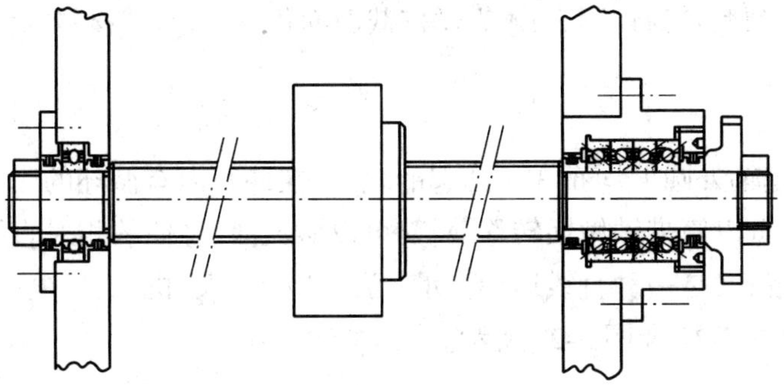

图 5-18 一端固定、一端移动式

(2)两端固定,如图 5-19 所示。

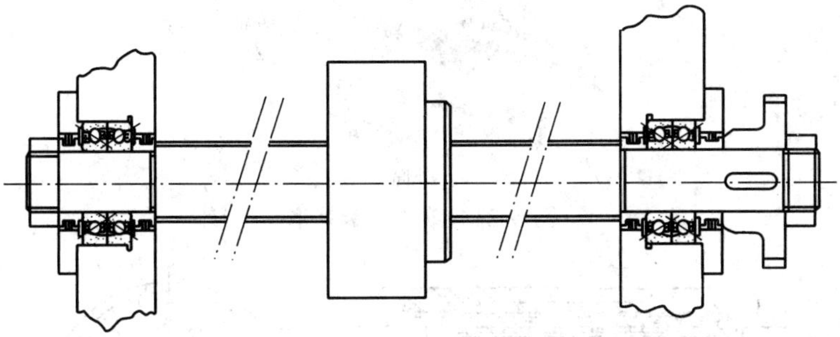

图 5-19 两端固定式

4. 丝杠预紧

预紧就是传动部件在承载前,在装配或调试阶段预先施加载荷使之产生微量变形。预紧能消除传动间隙,减小承载传动时的变形,提高传动刚度;还能抵消传动时的热变形,提高传动精度。预紧的外施力要适当,过大会增加附加摩擦力矩,不利于快速性的提高。丝杠预紧结构如图 5-20 所示。

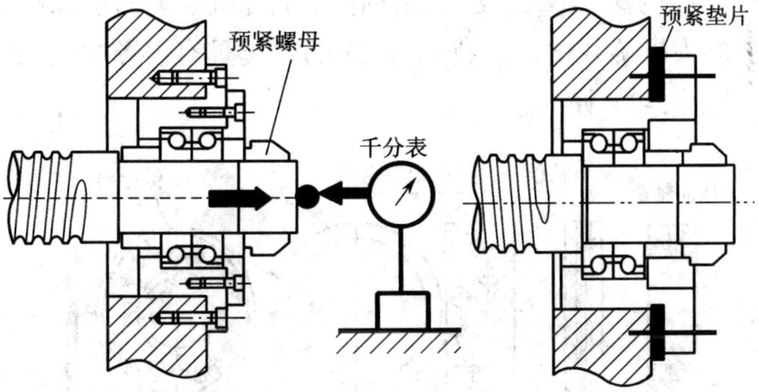


图 5-20 丝杠预紧结构

预紧力的大小可通过测量丝杠的变形量获得,即

$$\delta = \frac{F}{AE}$$

式中:$\delta$ 为丝杠的变形量;$F$ 为预紧力;$A$ 为丝杠截面面积;$E$ 为丝杠材料的弹性模量。

5. 支承部件

1)滚珠花键

滚珠花键的花键轴外圆上均布 3 条凸起的轨道,在外筒内有循环的滚珠,外筒和花键轴之间既可以轴带筒,也可以筒带轴做回转移动,又可以做灵活、轻便的相对直线运动,所以滚珠花键既是一种传动装置,又是一种直线运动支承,可用于机器人、机床、机电一体化设备和自动搬运车等各种机械,如图 5-21 和图 5-22 所示。

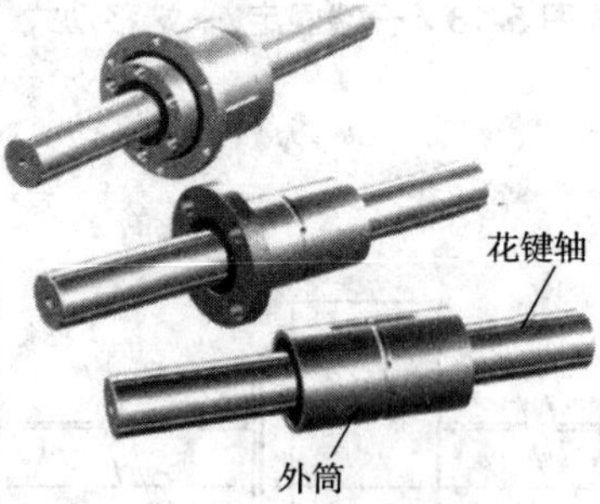


**图 5-21 滚珠花键外形**

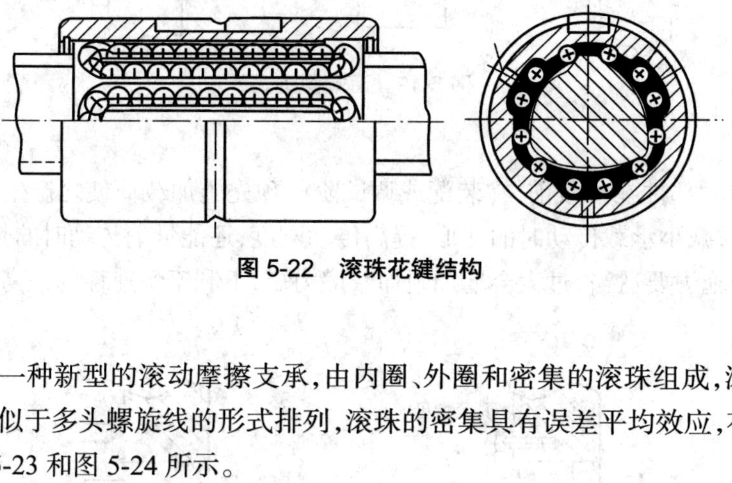

**图 5-22 滚珠花键结构**

2)密珠轴承

密珠轴承是一种新型的滚动摩擦支承,由内圈、外圈和密集的滚珠组成,滚珠在尼龙保持架的空隙中以近似于多头螺旋线的形式排列,滚珠的密集具有误差平均效应,有利于提高回转轴的精度,如图 5-23 和图 5-24 所示。

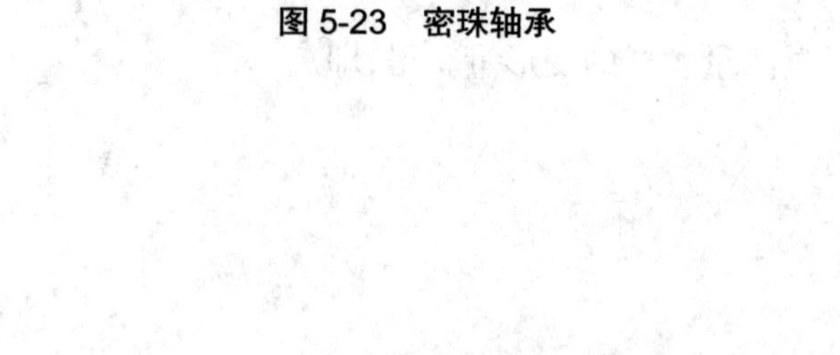


**图 5-23 密珠轴承**

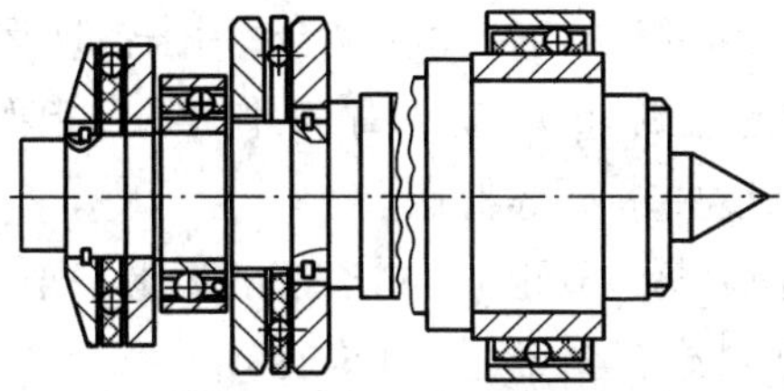

图 5-24　精密分度头主轴系统

3)空气静压轴承

(1)圆柱径向和端面推力空气静压轴承,如图 5-25 所示。径向轴承的轴套为外鼓形,可自动调整定心。其方法是先通气使轴套自动将位置调好后再固定,这样可提高前后轴套的同轴度,从而保证转轴的回转精度。

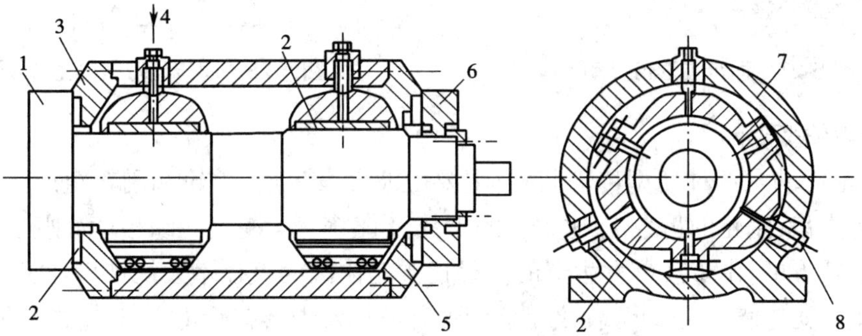


图 5-25　空气静压轴承主轴结构

1—主轴;2—多孔石墨轴衬;3—前止推板;4—进气孔;5—后止推板;6—挠性止推环;7—外壳体;8—调整螺钉

(2)双半球空气轴承主轴,如图 5-26 所示。转轴前后轴承均为半球状,既是径向轴承又是止推力轴承,由于轴承的球形气浮面具有自动调心作用,因此可以提高前后轴承的同轴度,以提高转轴的回转精度。

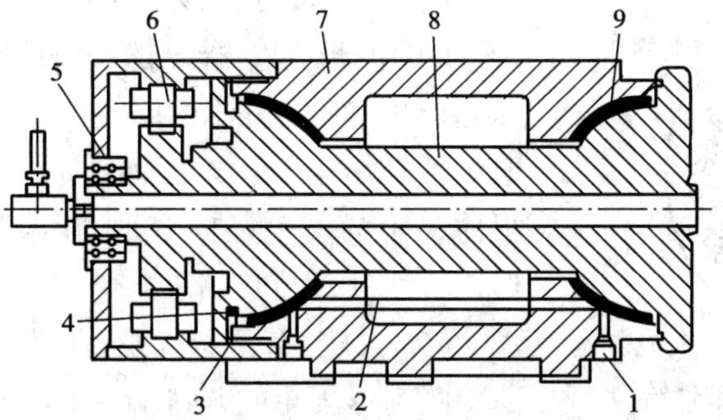


图 5-26　双半球空气轴承主轴

1—前轴承;2—供气孔;3—后轴承;4—定位环;5—旋转变压器;6—无刷电动机;7—外壳;8—主轴;9—多孔石墨

6. 传动部件

1)同步齿形带

同步齿形带传动是综合了带传动、齿轮传动和链传动的一种新型传动,如图 5-27 所示。

带的工作表面制有带齿,与有相应齿形的带轮相啮合,用来传递运动和动力。与一般带传动相比,同步齿形带传动具有传动比准确,传动效率高;工作平稳,能吸收振动;不需润滑,维护保养方便;中心距要求严格,安装精度要求高等特点。

同步齿形带的主要参数是带齿的节距 $p_b$,同步带的齿形一般为梯形,材料为聚氨酯橡胶和氯丁橡胶,带轮一般采用钢、塑料或轻合金,如图 5-28 所示。

图 5-27 同步齿形带传动

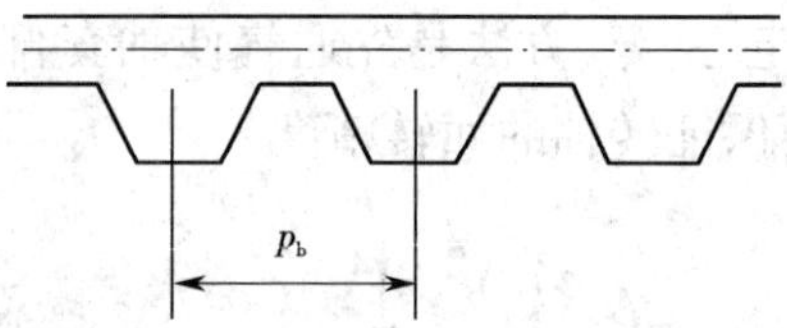


图 5-28 同步齿形带的主要参数

2)谐波齿轮变速器

谐波齿轮传动是一种新型传动装置,主要由波形发生器、柔轮和刚轮组成。柔轮具有外齿,刚轮具有内齿,刚轮的齿数 $Z_g$ 比柔轮的齿数 $Z_r$ 略多。柔轮的轮缘极薄,刚度很小,在未装配前,柔轮是圆形的,由于波形发生器的直径比柔轮内圆的直径略大,所以当波形发生器装入柔轮的内圆时,就迫使柔轮变形,使之呈椭圆形。波形发生器有滚轮式、凸轮式和偏心盘式。

当波形发生器转动时,柔轮和刚轮上的齿依次啮合,柔轮的旋转方向与波形发生器的旋转方向相反。谐波齿轮传动既可以做成减速器,也可以做成加速器。波形发生器、柔轮和刚轮三者任意一个固定,其余两个中的一个为主动、另一个为从动,应用广泛的是刚轮固定,波形发生器主动,柔轮从动的形式。单级减速的减速比 $i$=75~500($i=Z_r/(Z_g-Z_r)$)。

与一般齿轮传动相比,谐波齿轮传动具有传动比大、承载能力大、传动精度高、传动平稳无冲击的特点,如图 5-29 所示。

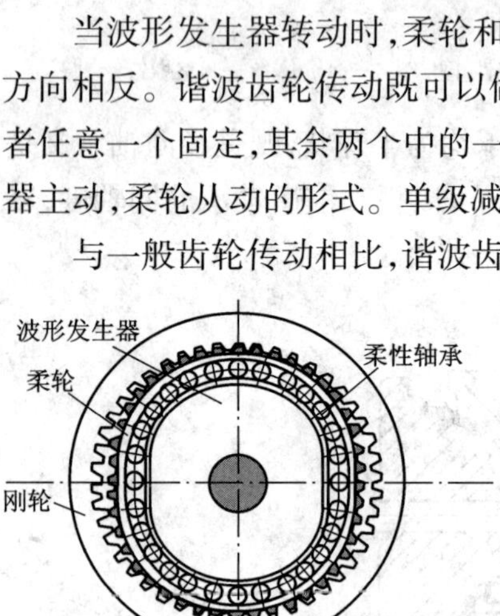


图 5-29 谐波齿轮传动部件结构

(1)波形发生器:与输入轴相连,对柔轮的齿圈的变形起产生和控制的作用。它由一个椭圆形凸轮和一个薄壁柔性轴承组成。柔性轴承不同于普通轴承,它的外环很薄,容易产生径向变形,在未装入凸轮之前外环为圆形,装上之后为椭圆形。

(2)柔轮:有薄壁杯形、薄壁圆筒形或平嵌式等多种。薄壁圆筒形柔轮的开口端部外面有齿圈,它随波形发生器的转动而变形,筒底部分与输出轴连接。

(3)刚轮:一个刚性的内齿轮。双波谐波齿轮传动的刚轮通常比柔轮多 2 齿。谐波齿轮减速器多以刚轮固定,外部与箱体连接。

谐波齿轮传动部件组成与外形如图 5-30 所示。

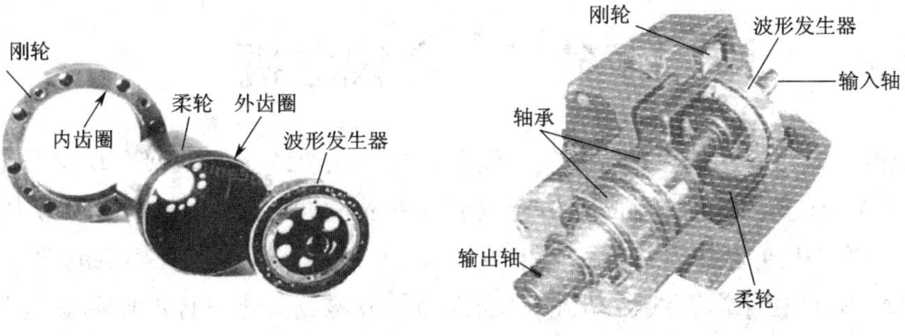


图 5-30　谐波齿轮传动部件组成与外形

谐波齿轮变速器在机器人中的应用如图 5-31 所示。

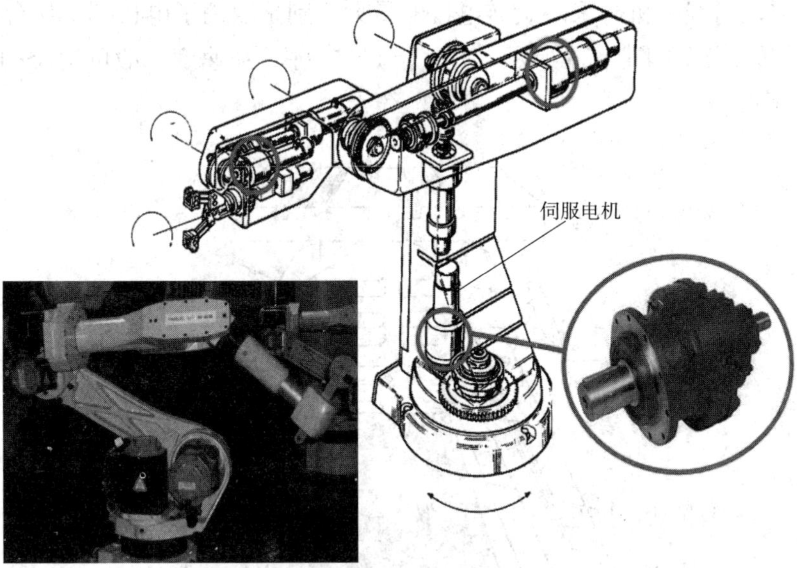


图 5-31　谐波齿轮变速器在机器人中的应用

7. 滚珠丝杠与进给电机的连接

滚珠丝杠与进给电机（如步进电机、伺服电机）的连接如图 5-32 所示。

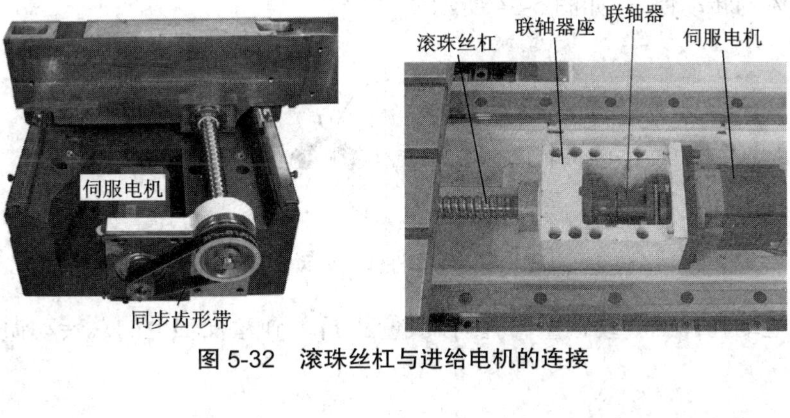


图 5-32　滚珠丝杠与进给电机的连接

# 任务三　直线电机

直线永磁同步电机是在定子侧沿全行程方向的一条直线上一块接一块交替地布置永磁体的N、S极，而转子下方的全长方向上对应安装含铁芯的通电绕组，转子必须带电缆一起运动。当转子的三相绕组中通入三相对称正弦电流后，产生气隙磁场。当三相电流随时间变化时，气隙磁场将按A、B、C相序沿直线运动，该磁场称为行波磁场。永磁体的励磁磁场与行波磁场相互作用便会产生电磁推力。在电磁推力的作用下，由于定子固定不动，转子就会沿行波磁场运动的相反方向做直线运动。

1. 直线电机在进给运动中的应用

进给运动采用直线电机与采用旋转电机的最大区别是取消了电机到工作台之间的一切中间环节，减少了传动链，如图5-33所示。其优点是响应快（加速度一般可达（5~10）$g$）、传动刚度高、定位精度高。

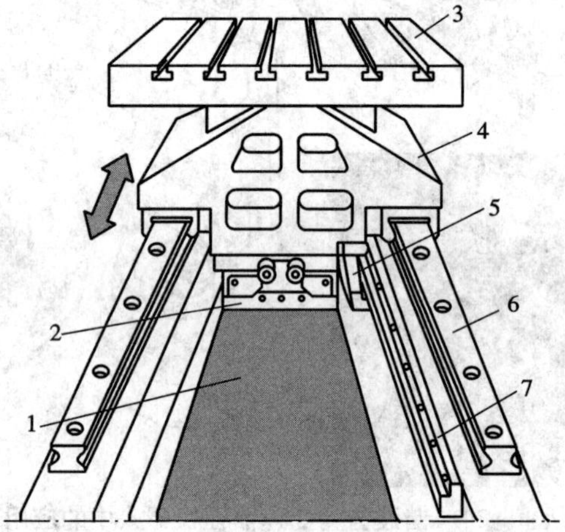


图5-33　直线电机在进给运动中的应用

1—直线电机磁铁组件；2—直线电机滑块组件；3—工作台；4—滑座；5—直线光栅扫描头；6—直线滚动导轨；7—直线光栅

2. 机械传动特性

（1）圆柱体的转动惯量，如图5-34所示。

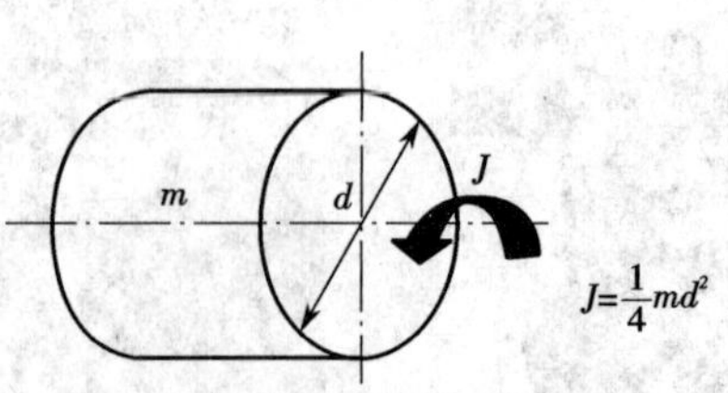


图5-34　圆柱体的转动惯量

（2）直线运动物体的转动惯量，将丝杠惯量$J_s$折算到丝杠轴上的总转动惯量$J$，如图5-35所示。

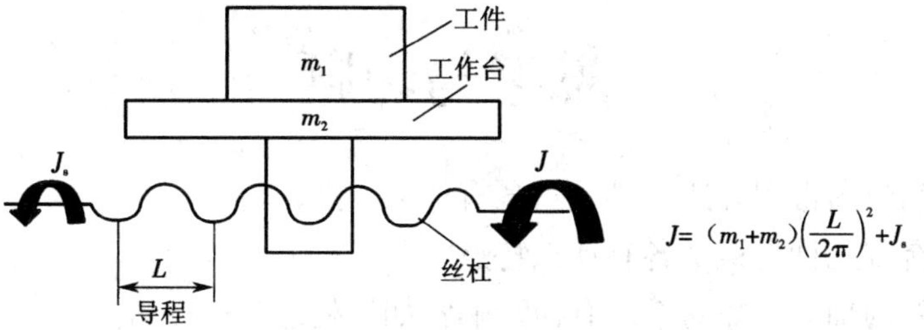


图 5-35　直线运动物体的转动惯量

（3）传动带的转动惯量，将 $m$ 折算到驱动轴上的总转动惯量 $J$，如图 5-36 所示。

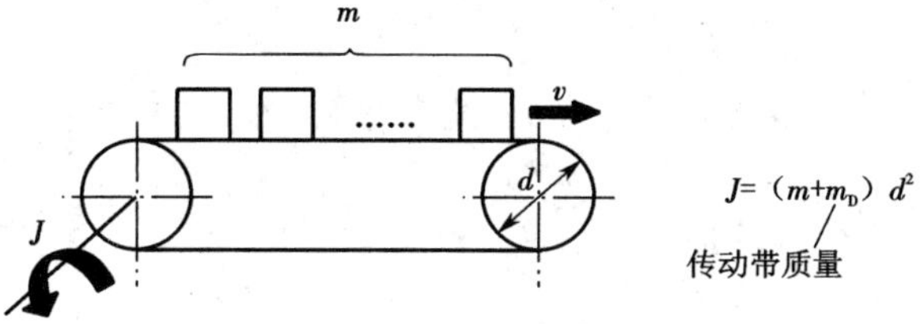


图 5-36　传动带的转动惯量

（4）自驱台车的转动惯量，折算到驱动轴上的总转动惯量 $J$，如图 5-37 所示。

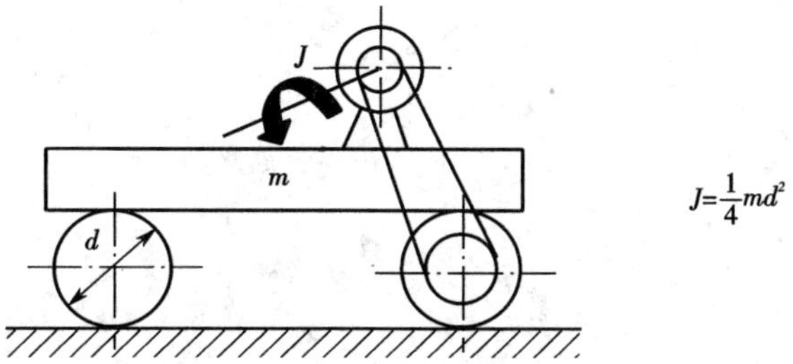


图 5-37　自驱台车的转动惯量

# 机电讲堂：航空“手艺人”——胡双钱

扫一扫：机电课堂

激发学生树立远大的理想和抱负，勇于担当、敢于负责、无私奉献。唯有矢志不渝、笃行不怠，方能不负时代、不负人民。胡双钱是中国商飞上海飞机制造有限公司数控机床机加工车间钳工组组长，是一位本领过人的飞机制造师。在 30 多年的航空技术制造工作中，他经手的零件上千万，没有出过一次质量差错。

# 思考与习题

1. 消除直齿间隙的常用方法有哪些？各有什么特点？
2. 导向机构有哪几种类型？各有什么特点？
3. 滚珠丝杠副的轴向间隙对系统有何影响？如何处理？
4. 常见的螺旋副零件与滑板连接结构主要有哪些类型？各有什么特点和应用？

# 项目六　控制系统

## 任务一　机械传动的数学模型

### 6.1.1　定量描述系统动态性能

定量描述系统动态性能的数学表达式（一般是微分方程）能揭示系统输入、内部结构、参数与输出的关系，如图 6-1 所示。

扫一扫：机电控制中的数学之美

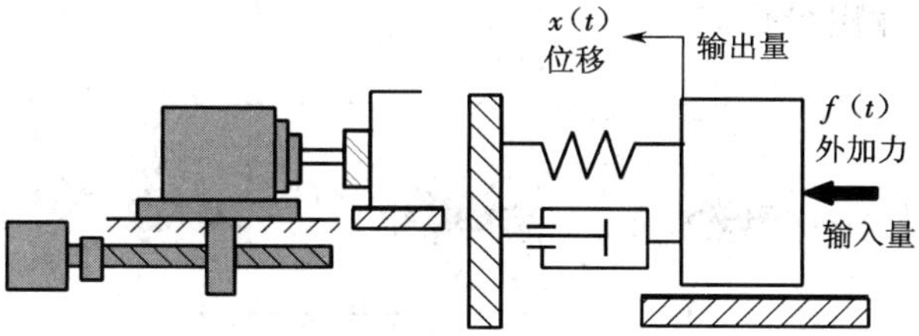


图 6-1　机械传动的数学模型

动力学方程为

$$f-kx-C\frac{\mathrm{d}x}{\mathrm{d}t}=m\frac{\mathrm{d}^2x}{\mathrm{d}t^2} \tag{6-1}$$

微分方程（输出放在左边，输入放在右边）为

$$m\frac{\mathrm{d}^2x}{\mathrm{d}t^2}+C\frac{\mathrm{d}x}{\mathrm{d}t}+kx=f \tag{6-2}$$

1. 电路的数学模型

电路的数学模型如图 6-2 所示。

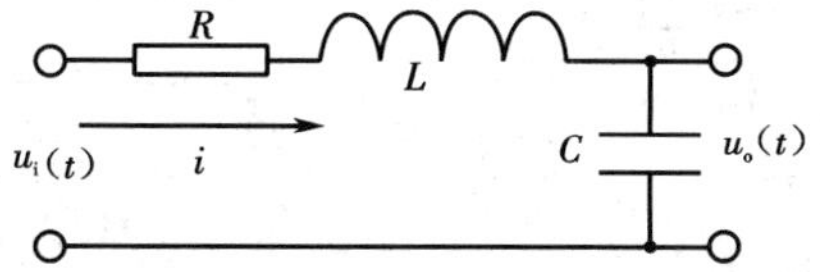


图 6-2　电路的数学模型

电压平衡方程为

$$u_i=iR+L\frac{\mathrm{d}i}{\mathrm{d}t}+\frac{1}{C}\int i\mathrm{d}t \tag{6-3}$$

微分方程为

$$LC\frac{d^2u_o}{dt^2}+RC\frac{du_o}{dt}+u_o=u_i \tag{6-4}$$

2. 拉氏变换

拉氏变换为

$$L[g(t)]=G(s) \tag{6-5}$$

3. 传递函数

对于线性定常系统，当输入及输出的初始条件为零时，系统（或环节）的传递函数定义为输出量 $c(t)$ 的拉氏变换与输入量 $r(t)$ 的拉氏变换之比，即

$$G(s)=\frac{L[c(t)]}{L[r(t)]}=\frac{C(s)}{R(s)} \tag{6-6}$$

如图 6-3 所示传递函数，对环节 1，输入量为 $R(s)$，输出量为 $C_1(s)$，传递函数为 $G_1(s)$；对环节 2，输入量为 $R_2(s)$，也就是环节 1 的输出量 $C_1(s)$，输出量为 $C(s)$，传递函数为 $G_2(s)$。系统是由环节 1 和环节 2 组成的，环节 1 和环节 2 的传递函数构成了系统的传递函数 $G(s)$，输入量是 $R(s)$，输出量是 $C(s)$。

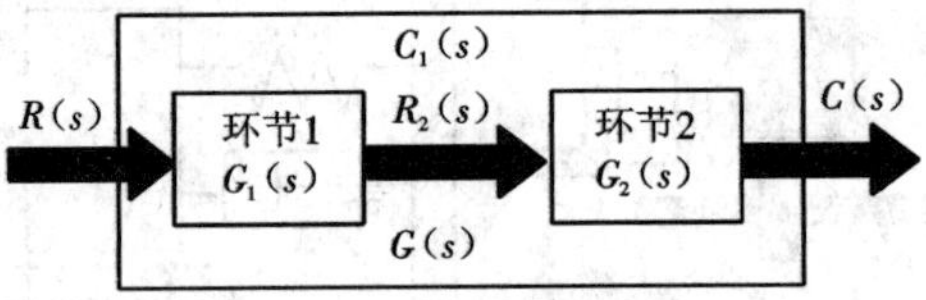

图 6-3 传递函数框图

## 6.1.2 典型环节

扫一扫：控制系统的典型环节

1. 比例环节

比例放大器及比例输出曲线如图 6-4 所示，其中

$$c(t)=K_p r(t) \tag{6-7}$$

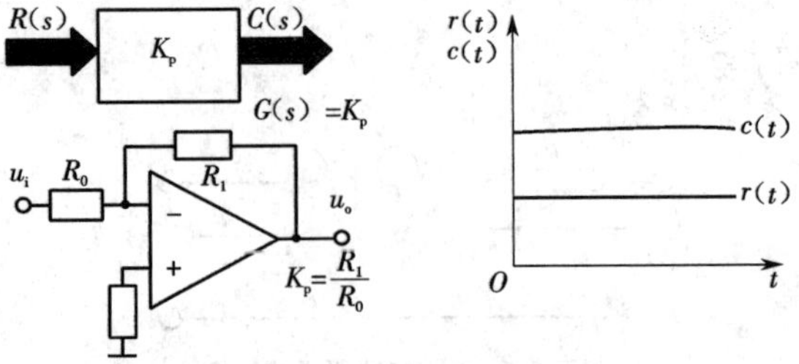

图 6-4 比例放大器及比例输出曲线

比例系数 $K_p$ 的作用是对误差信号进行放大，使控制输出增大，并做出快速反应，控制被控对象快速达到目标值，即使控制量向着减小误差的方向变化。比例系数越大，控制作用越强，反应速度也越快；反之则控制作用越弱，反应速度越慢。但是，比例系数太大，将使误差达到最小值 0 后，因系统并没有稳定而又迅速向相反的方向产生误差，引起多次振荡和超调，甚至使系统不能稳定，因此仅利用比例系数不能消除系统静态误差。

电子放大器、减速器、杠杆机构、弹簧、电位器等都是比例元件。

2. 积分环节

积分放大器及积分输出曲线如图 6-5 所示，其中

$$c(t)=r(t)\mathrm{d}t \tag{6-8}$$

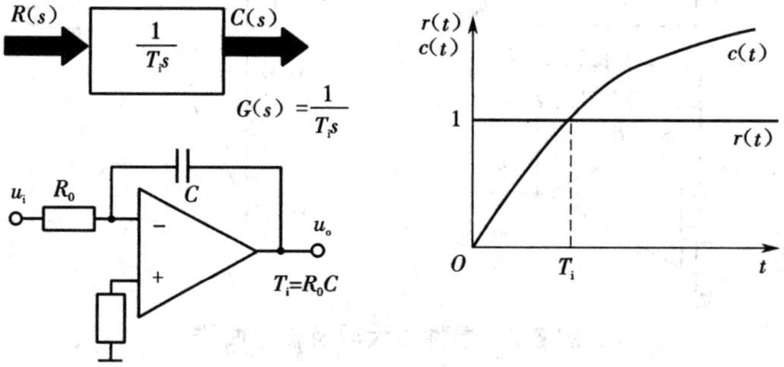


图 6-5　积分放大器及积分输出曲线

积分系数的作用是对误差信号累积放大，使系统消除静态误差，但不能消除误差的振荡现象。积分调节部分是对误差信号做出累积控制和反应，当系统存在静态误差时，这种累积作用会不断增大，使控制量输出也不断增大，以达到消除静态误差的目的。因此，只要误差累积不等于 0，积分系数就对控制量输出有相应的贡献，而且贡献的大小随着累积误差的增大而增大。积分系数越大，积分的累积作用越强，消除静态误差越快，但超调量也会增大，可能导致系统不稳定；反之则累积作用减弱，而且消除静态误差的过程越长，但提高了系统稳定性。

机械运动中的转速与转矩、位移与速度、速度与加速度、烘箱温度与功率、水箱水位与水流等都是积分环节。

3. 微分环节

微分放大器及微分输出曲线如图 6-6 所示，其中

$$c(t)=T\mathrm{d}r(t) \tag{6-9}$$

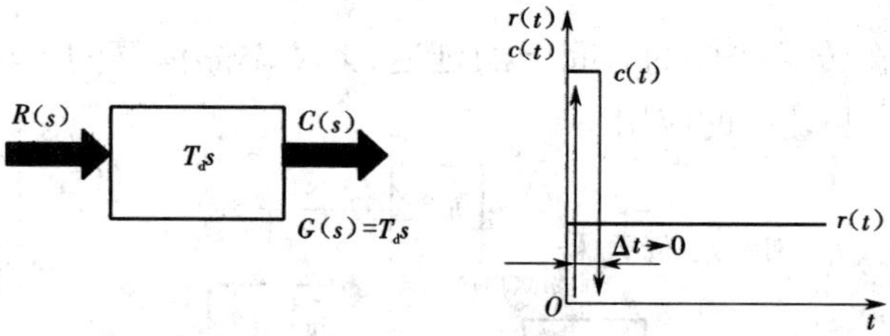


图 6-6　微分放大器及微分输出曲线

微分系数的作用是对误差的变化进行放大，调节控制量以减少实际输出量的振荡，即消除实际输出量在目标值附近的变化。误差变化越快，微分系数产生的作用越强，因此引入微分环节有助于消除振荡，减小超调量，使系统趋于稳定。微分环节不能消除静差，只能在偏差刚刚出现的时候产生一个很大的调节作用，将偏差尽快消除。

4. 惯性环节

惯性放大器及输出曲线如图 6-7 所示，其中

$$c(t)=1-e^{-t/T} \tag{6-10}$$

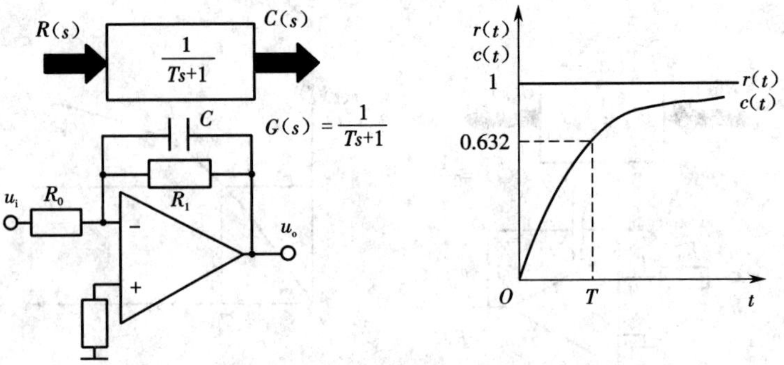


图 6-7 惯性放大器及输出曲线

当输入量发生突变时，输出量不能突变，只能按指数规律逐渐变化，这就反映了该环节具有惯性。一个储能元件（如电感、电容和弹簧等）和一个耗能元件（如电阻、阻尼器等）的组合就能构成惯性环节。

5. 延时环节

延时（纯滞后）放大器及输出曲线如图 6-8 所示，其中

$$c(t)=r(t-\tau) \tag{6-11}$$

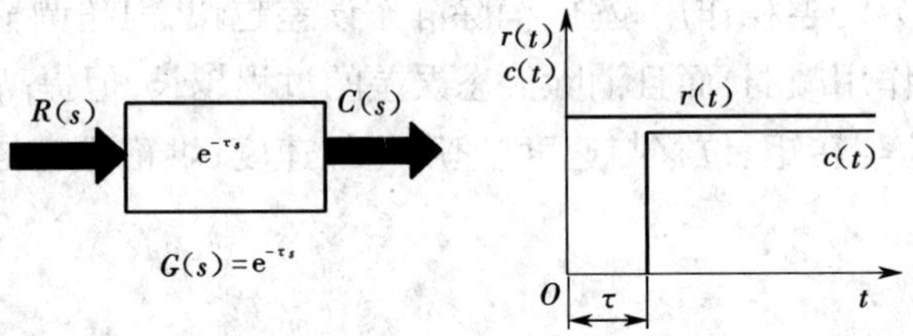


图 6-8 延时放大器及输出曲线

延时环节又称纯滞后环节，其输出量与输入量变化形式相同，但要延迟一段时间 $\tau$，即有

$$G(s)=e^{-\tau s} \tag{6-12}$$

各种传送装置存在传送造成的时间上的延迟，大功率晶体管的导通延迟等。图 6-9 所示为延迟环节在冷压厚度测量中的应用。

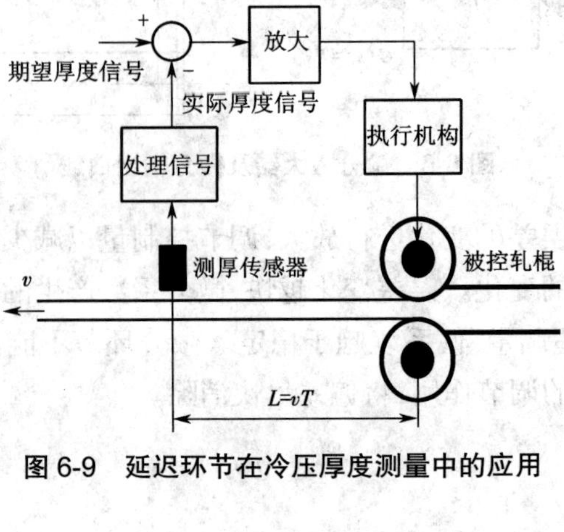


图 6-9 延迟环节在冷压厚度测量中的应用

6. 振荡环节

振荡环节包含两种不同形式的储能单元,两种单元的能量能相互交换,在能量的存储和交换过程中,就可能出现振荡,从而构成振荡环节,如图 6-10 所示。

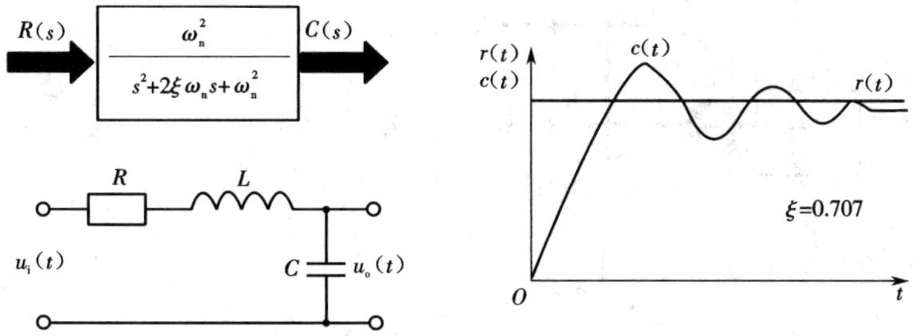


图 6-10　振荡环节及输出曲线

# 任务二　建模应用

## 6.2.1　伺服电动机传递函数

伺服电动机的输入量为电动机电源电压 $U$,输出量为电动机转轴角位移 $\theta$,如图 6-11 所示。

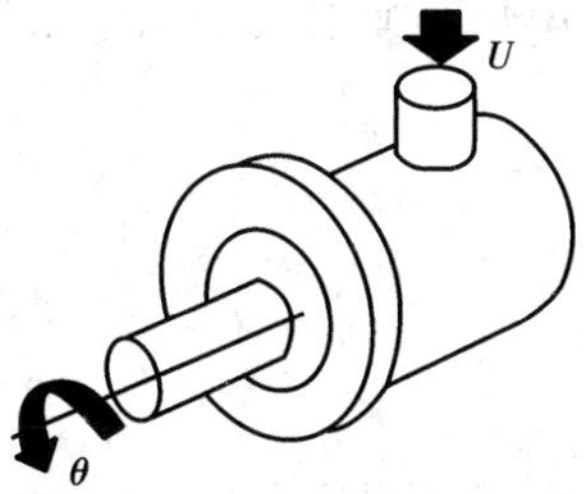


图 6-11　伺服电动机建模

伺服电动机由比例环节、积分环节和惯性环节组成。其中涉及的电动机参数有:电枢绕组电阻 $R_a$,转矩系数 $K_T$,反电势常数 $K_e$,电动机轴上速度阻尼系数 $c$,电动机轴上的转动惯量 $J$。

## 6.2.2　丝杠传动传递函数

丝杠传动的输入量为电动机转轴角位移 $\theta$,输出量为工作台直线位移 $x$,如图 6-12 所示。

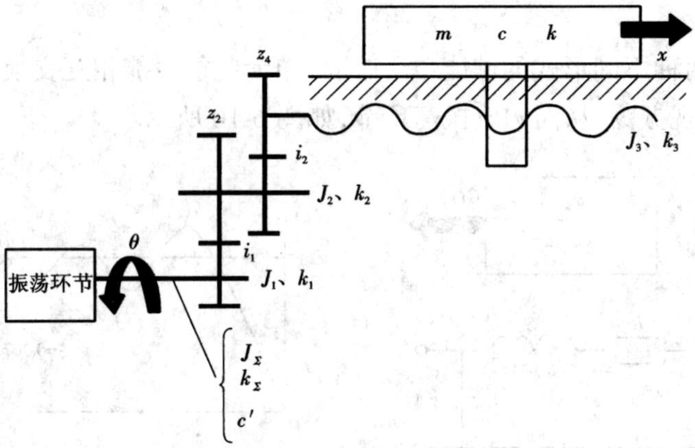


图 6-12 丝杠传动

丝杠传动为振荡环节，其中 $K_p$ 为比例系数，$\omega_n$ 为系统的固有频率，$\xi$ 为系统阻尼比。

# 任务三 控制系统时间响应

系统在输入量的作用下，输出量随时间而变化的全过程，称为时间响应。在对系统进行分析时，时间响应就是微分方程的解。

## 6.3.1 控制系统的时域性能指标

以二阶欠阻尼（$0<\xi<1$）系统在单位阶跃信号作用下的时间响应曲线为基础，取一些指标作为时域性能指标。

1. 二阶系统

$$G(s)=\frac{\omega_n^2}{s^2+2\xi_n s+\omega_n^2} \tag{6-13}$$

（1）欠阻尼：$0<\xi<1$。

（2）临界阻尼：$\xi=1$。

（3）过阻尼：$\xi>1$。

（4）零阻尼：$\xi=0$。

2. 单位阶跃信号

单位阶跃信号如图 6-13 所示。

3. 时间响应曲线

时间响应曲线如图 6-14 所示。

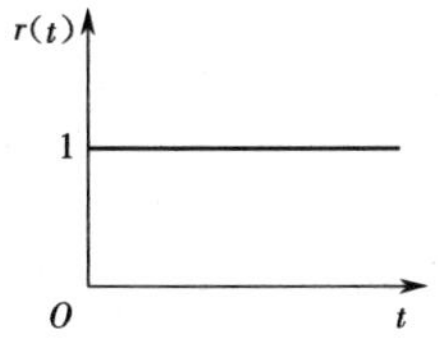


图 6-13　单位阶跃信号

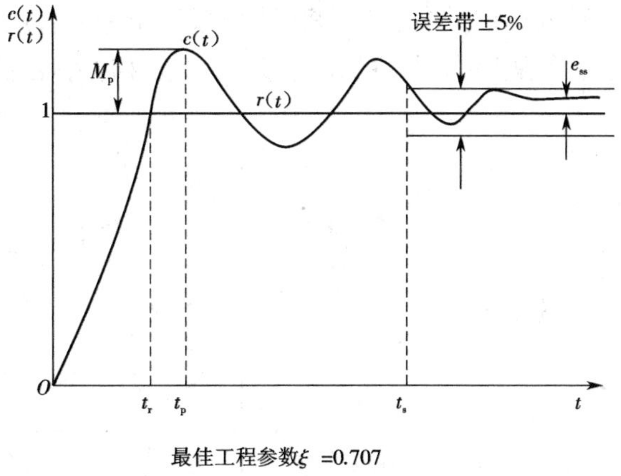


图 6-14　时间响应曲线

图中　$t_r$——上升时间,表示系统在初始阶段时间响应曲线对输入的跟踪能力;

$t_p$——峰值时间,表示系统在初始阶段对输入的跟踪能力;

$t_r$、$t_p$——反映了系统在初始阶段的快速性;

$t_s$——稳定时间,表示输入进入稳定误差范围内的开始时间,从整体上衡量系统的快速性;

$M_p$——超调量,用于衡量系统的相对稳定性(最佳工程参数),且

$$M_p=\frac{c(t_p)-c(\infty)}{c(\infty)}\times 100\% \tag{6-14}$$

$e_{ss}$——稳态误差,$e_{ss}=1-c(\infty)$。

## 6.3.2　频率特性

1. 概念

频率特性又称频率响应,它是系统对不同频率正弦输入信号的响应特性。对线性系统,若其输入信号为正弦量,则其稳态输出信号也将是同频率的正弦量,但是输出信号的幅值和相位一般不同于输入量,若逐次改变输入信号的角频率 $\omega$,则输出信号的幅值与相位都会发生变化,如图 6-15 所示。

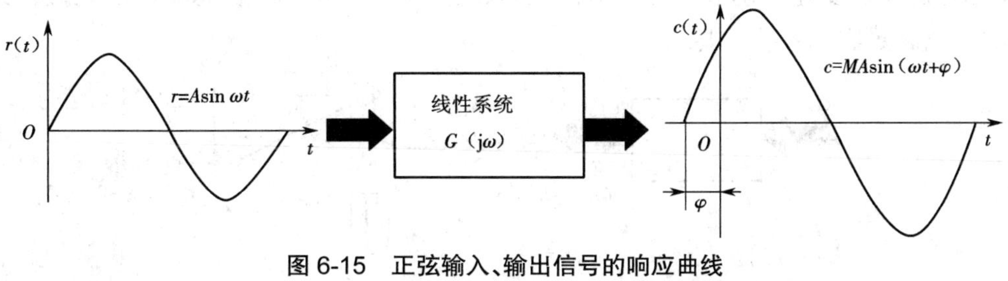


图 6-15　正弦输入、输出信号的响应曲线

如图 6-16 所示系统相位裕量曲线,系统①的相位裕量为 21°,幅值裕量为 8 dB,都是正值;系统②的相位裕量为 -30°,幅值裕量为 -12 dB。系统①稳定,但稳定裕量偏小,为了获得

足够的稳定储备，必须将 $\gamma$ 增大到 30°~60°，这可通过减小放大系数 $K$ 值来达到，如系统③所示。但从稳态误差的角度考虑，不希望减小 $K$ 值，则可通过增加校正环节来满足。

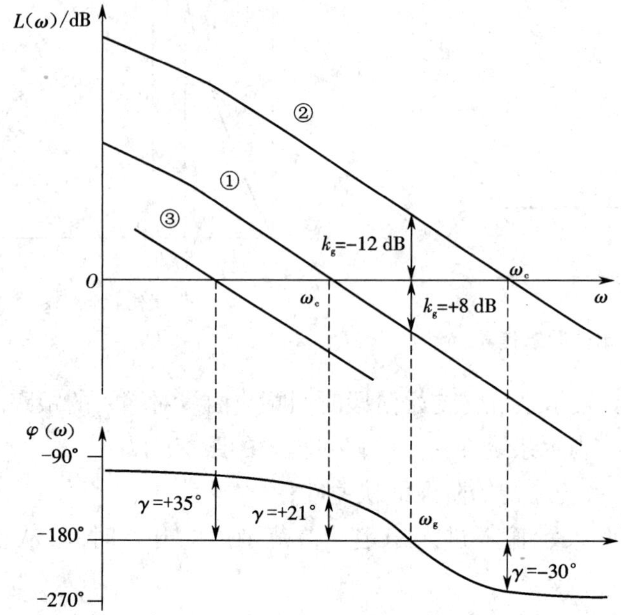


图 6-16 系统相位裕量曲线

2. 校正环节

串联校正是将校正装置串联在系统的前向通路中，以改变系统结构，达到改善系统性能的方法，如图 6-17 所示。

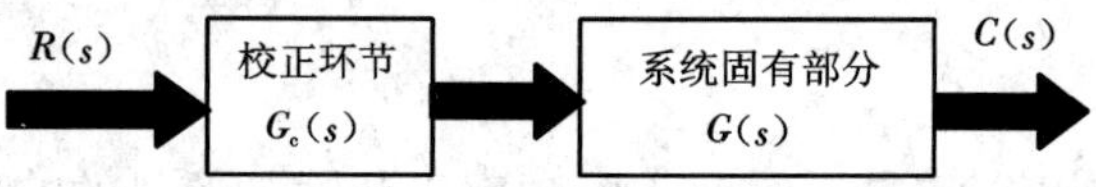


图 6-17 校正环节的串联校正框图

3. 比例调节器

如图 6-18 所示比例（P）调节器，降低增益 $K_p$ 时，比例校正将使系统的稳定性得到改善，但使系统的稳态精度变差。调节系统的增益，在系统的相对稳定性和稳态精度之间做出某种折中的选择，以满足实际系统的要求。

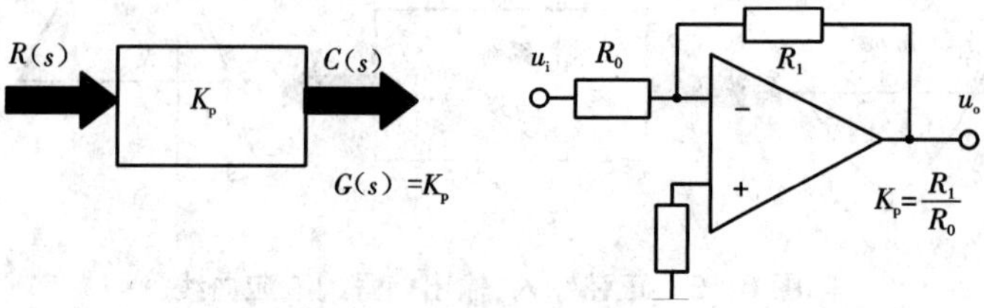


图 6-18 比例调节器构成

比例调节器校正前后曲线比较如图 6-19 所示。

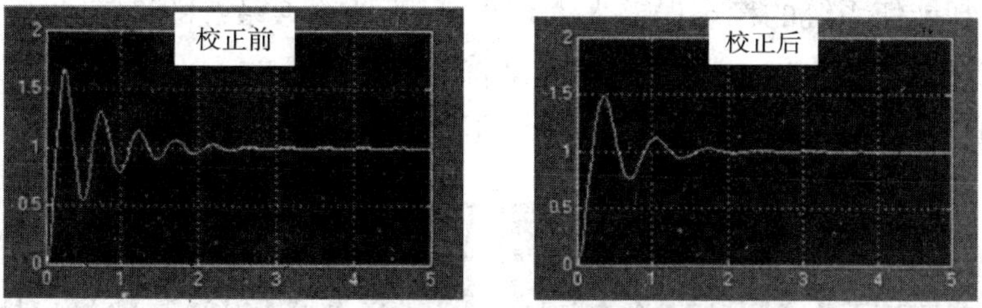


图 6-19　比例调节器校正前后曲线比较

4. 比例 - 微分调节器

如图 6-20 所示比例 - 微分（PD）调节器，比例 - 微分校正可改善系统的稳定性和快速性，但会使抗高频干扰能力明显下降。由于 PD 校正使系统的相位 $\varphi(\omega)$ 前移（相位角变大），所以又称相位超前校正。

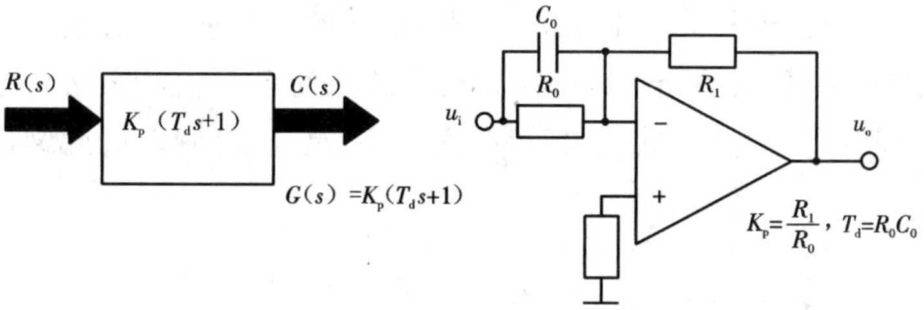


图 6-20　比例 - 微分调节器构成

比例 - 微分环节有相位超前的作用，可以抵消惯性环节滞后的不良后果，使系统的稳定性显著改善。

5. 比例 - 积分调节器

如图 6-21 所示比例 - 积分（PI）调节器，比例 - 积分校正可使系统的稳态误差显著减小，系统的稳态性能得到明显改善，但系统的稳定性变差。由于 PI 校正使系统的相位 $\varphi(\omega)$ 后移（相位角变小），所以又称相位滞后校正。

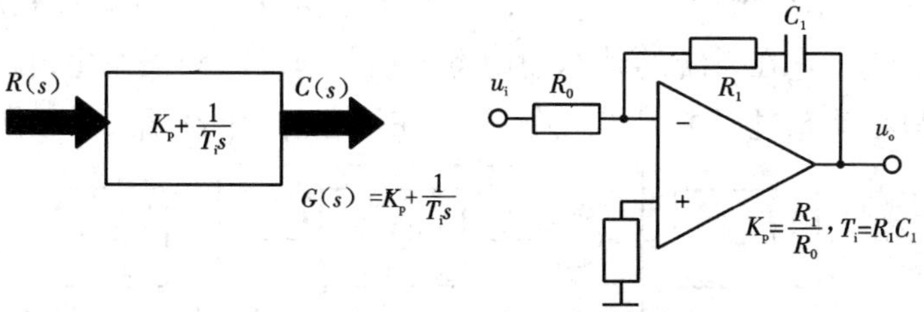


图 6-21　比例 - 积分（PI）调节器构成

比例 - 积分调节器校正前后曲线比较如图 6-22 所示。校正前，增益较小，系统有很大的稳态误差（$e_{ss}>20\%$）。采用 PI 校正后，稳态误差 $e_{ss}\approx 0$，系统稳态性能获得显著改善。由于系统原先的相位裕量（$\gamma=88°$）较大，校正后，即使有所影响（相位由 $88° \to 65°$），对系统稳定性影响也不明显；若系统原先相位裕量不大，则影响是很明显的。PI 校正虽然对系统的动态性能有一定的副作用，但它却能使系统的稳态误差大大减小，显著地改善系统的稳态性能。而稳态性能是系统在运行中长期起作用的性能指标，往往是首先要求保证的。因此，在许多场合，宁愿牺牲一点动态方面的性能，而首先保证系统的稳态精度，这就是 PI 校正获得广泛应用的原因。

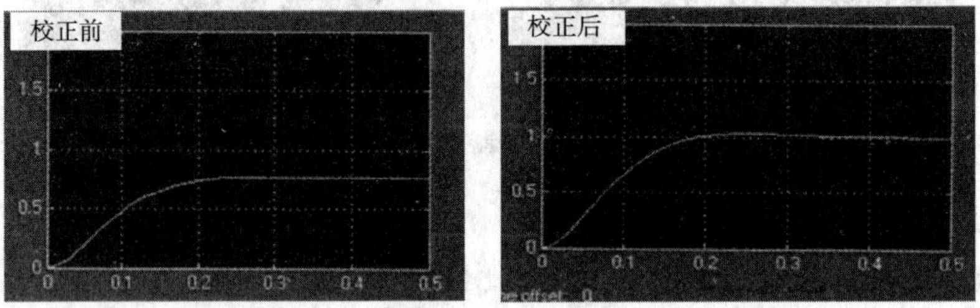


**图 6-22　比例 - 积分调节器校正前后曲线比较**

6. 比例 - 积分 - 微分调节器

如图 6-23 所示比例 - 积分 - 微分( PID )调节器，比例 - 积分 - 微分校正兼顾了系统的稳态性能和动态性能的改善，因此在要求较高的场合( 或系统已含有积分环节 )较多采用 PID 校正。由于 PID 校正使系统相位在低频段后移，而在中、高频段前移，因此又称为相位滞后 - 超前校正。

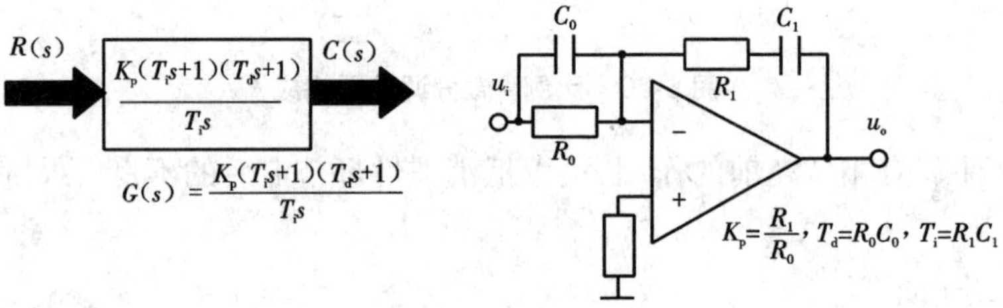


**图 6-23　比例 - 积分 - 微分( PID )调节器构成**

7. 反馈校正

在图 6-24 所示反馈校正中，校正装置 $G_c(s)$包围了系统的部分环节，改变了系统的结构、参数和性能，使系统性能达到所要求的指标。反馈校正可分为硬反馈和软反馈。硬反馈校正装置的主体是比例环节，它在系统的动态和稳态过程中起反馈校正作用；软反馈校正装置的主体是微分环节，它只在动态过程中起校正作用，而在稳态时形同开路，不起作用。

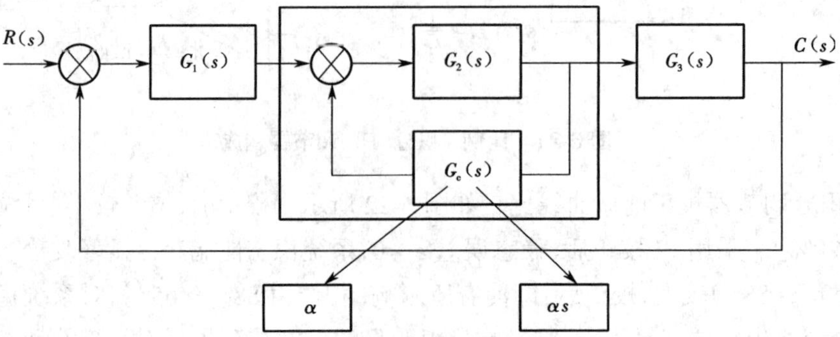


**图 6-24　反馈校正方框图**

反馈校正使系统被包围部分 $G_2(s)$的影响可以忽略，此时该局部反馈回路的特性完全取决于反馈校正装置 $G_c(s)$。因此，当系统中某些元件的特性或参数不稳定时，常采用反馈校正装置将其包围起来，以削弱这些元件对系统性能的影响。

8. 前馈补偿

如图 6-25 所示，前馈补偿和反馈环节相结合的复合控制是减小系统误差（包括稳态误差和动态误差）的有效途径，但要注意前馈补偿量应适当，以免过量而引起振荡。

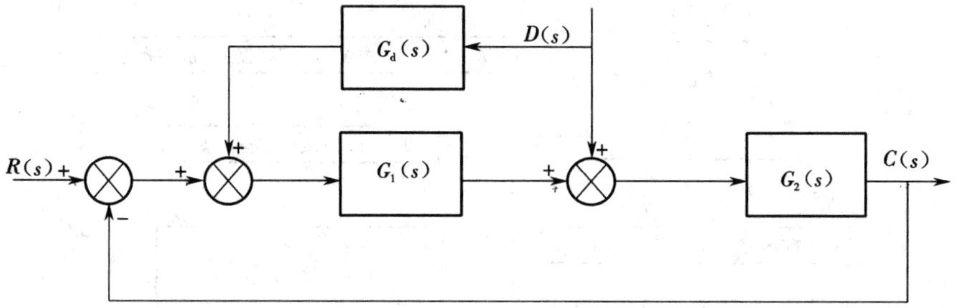


图 6-25 前馈补偿方框图

# 任务四 数字 PID 调节

## 6.4.1 模拟 PID 与数字 PID 比较

扫一扫：数字 PID 调节

数字 PID 调节器如图 6-26 所示，其中

$$U(s)=(K_p+K_i/s+K_d s)E(s)$$

$$u(t)=K_p e(t)+K_i\int_0^t e(t)\mathrm{d}t+K_d\frac{\mathrm{d}e(t)}{\mathrm{d}t} \qquad (6\text{-}15)$$

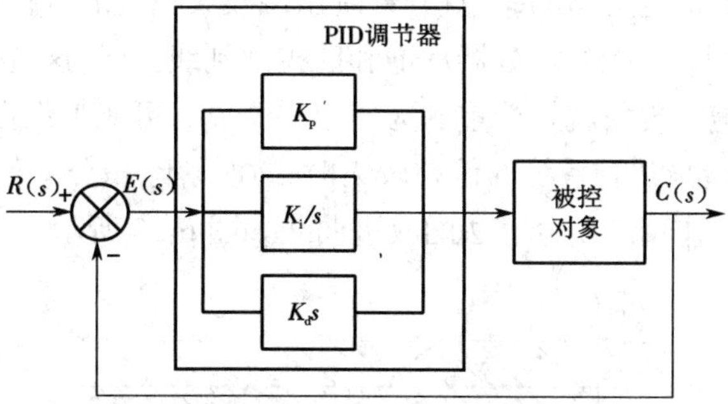


图 6-26 数字 PID 调节器方框图

计算机数字控制是采样控制，它只能根据采样得到的偏差来计算控制量，而采样是一拍一拍进行的，所以在数字控制系统中不能直接采用模拟 PID 控制形式，必须进行离散化处理，求得数字 PID 控制算法。

## 6.4.2 位置式数字 PID 调节算法流程图

数字 PID 调节器的设计是采用位置式算法还是增量式算法,应根据被控对象的要求确定。当被控对象要求调节器输出位置时,就采用位置式算法;当被控对象要求调节器输出位置的增量时,应采用增量式算法。数字 PID 调节器算法流程图如图 6-27 所示。

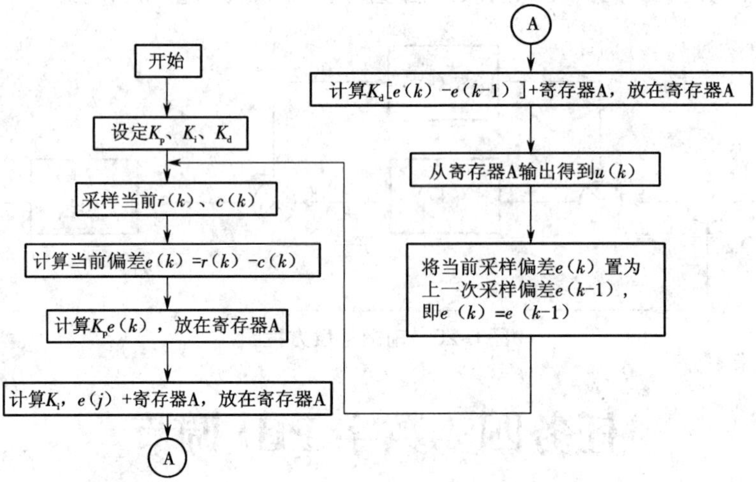


图 6-27 数字 PID 调节器算法流程图

1. 积分算法的改进

在基本 PID 算法中,积分运算是通过对系统偏差的不断累加而实现的。由于计算机输出接口(D/A 转换器)的字长是有限的,当系统在刚启动的一段时间内,系统的偏差较大,积分器经过若干个采样周期的积分运算以后,其积分结果就会超过计算机输出接口所能表示的最大值,从而使调节器从线性工作区进入饱和区,调节器便失去了调节能力。系统在调节器饱和输出值的作用下,以最大的加速度运动,一直到系统出现较大幅度的、持续时间较长的超调以后,在较大的负偏差的作用下,才能将积分器从饱和区拉回到线性区,这就是积分饱和问题。被控对象的惯性越大,积分饱和现象就越严重。为使数字调节尽可能工作在饱和区,可以采用积分分离的方法。在系统启动初期,系统的偏差较大时,暂时解除积分的作用;当系统的输出接近给定值时,再投入积分的作用。积分算法的改进曲线如图 6-28 所示。

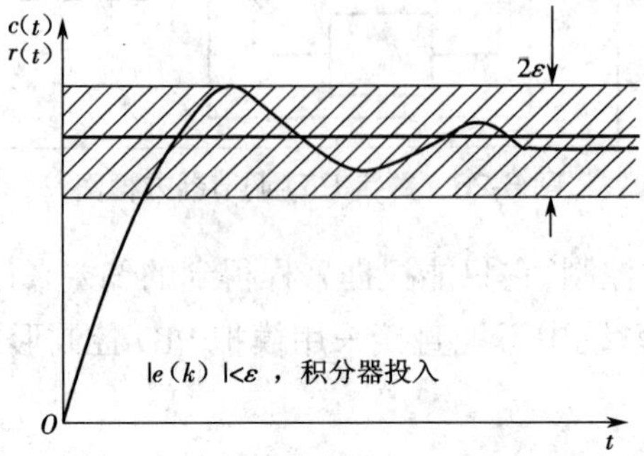


图 6-28 积分算法的改进曲线

2. 微分算法的改进

PID 调节器的微分部分对于克服系统的惯性、减少超调、抑制振荡具有重要的作用。但是在数字 PID 调节器中，微分部分的调节作用并不是很明显，这是因为微分控制作用的持续时间只有一个采样周期。一个采样周期相对于控制系统的过渡过程时间来说是很短的，并且由于输出装置受到驱动能力的限制，输出的幅度不会无限大，所以微分作用往往是很小的，不足以克服系统的惯性，对系统的控制作用也很不明显。改进微分作用常采用不完全微分 PID 的方法，即在一般的 PID 调节器中串入一个一阶惯性环节。

## 6.4.3 数字控制器的实现

1. 数字控制特点

模拟控制属于连续控制方式，即控制作用每时每刻都在进行，而数字控制属于离散控制方式，即控制量在一个采样周期内是不变化的。由于计算机的数值运算和输入输出需要一定时间，所以控制作用在时间上存在延迟。数字控制系统一旦受到噪声的严重影响，控制作用可能导致失败。

为了改善 PID 数字控制器的控制质量，目前已在 PID 数字控制算法中引进了许多改进措施，形成了多种形式的改进 PID 算法。

在数字控制系统中，输入信号总是存在干扰和噪声，这种干扰和噪声来自被测信号本身的形成和传送过程中受到的各种环境因素的影响，如电磁耦合中的寄生电感和寄生电容、传感器本身的测量精度、A/D 转换的量化误差及基准参考波形干扰等。对于周期性的工频及更高频率的干扰和噪声信号，可以利用模拟 *RC* 电路构成的低通滤波器在信号输入通道加以抑制或消除；而对于低频的周期性干扰和噪声，则难以用这样的 *RC* 低通滤波器来抑制，必须用数字滤波器进行削弱或消除。当然，模拟 *RC* 低通滤波器也可以用数字滤波器来实现。

数字滤波器采用软件技术（算法）对采样信号进行处理，达到与硬件滤波器相同的效果。由于数字滤波器是采用软件实现的，因此与硬件滤波器相比，数字滤波器具有明显的优点，如设计灵活、适应性强，无论低频信号的频率有多低，都能达到很好的滤波效果，且可靠性和稳定性得到提高。但数字滤波器需要对信号进行采样，当采样频率达不到采样定理所要求的采样频率时，采样信号中存在高频信号的混叠现象；即使采样频率满足采样定理的要求，由于采样需要时间，采样点数太多不仅占用处理器的处理时间，还会占用较多的存储器空间。

2. 滑动平均滤波器

算术平均值滤波器在控制周期内对信号进行多次采样，但是当需要滤波的信号变化较快，或者控制过程要求动态响应较快时，每次只能采样和保存一个新数据。滑动平均滤波器是对连续 $N$ 个控制周期采样数据进行算术平均值计算，并将计算的结果作为滤波器的输出。

滑动平均滤波器与算术平均值滤波器的最大区别是滑动平均滤波器每次只采样一个数据，并用新采样数据取代原来数据中最早采样的数据，这样数据长度仍然保持恒定，然后计算这些两头更新后的数据的算术平均值，并将结果作为滑动平均滤波器的输出。

3. 防脉冲干扰平均值滤波器

算术平均值滤波器虽然不适用于脉冲性干扰的场合滤波，但是当出现脉冲干扰时，可以采用改进的防脉冲干扰平均值滤波器。防脉冲干扰平均值滤波器的滤波方法是先对 $N$ 个采样数据排队，舍弃其中最大和最小的采样数据，然后对剩下的（$N-2$）个数据进行算术平均值计算，并将结果作为滤波器的输出。

4. 数字低通滤波器

模拟低通滤波器应用十分广泛，$RC$ 低通滤波器常用来抑制 A/D 通道输入干扰，但是模拟滤波器采用元器件数值和精度有时不可能达到设计值，同时干扰信号频率降低时，模拟 $RC$ 低通滤波器难以实现。因为低频时 $RC$ 电路时间常数大，如果增大电阻则信号衰减严重，如果增大电容则体积非常庞大且成本高。出现采样数字滤波技术后，低通滤波也可以用数字滤波器来实现，如图 6-29 所示，且有

$$Y(s)=\frac{1}{1+RCs}X(s) \tag{6-16}$$

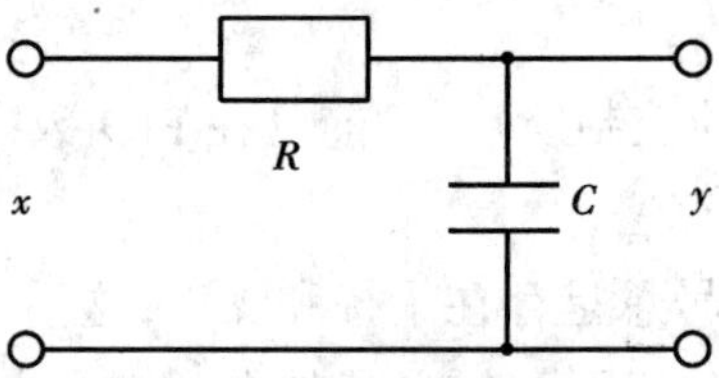


图 6-29 $RC$ 低通滤波器

## 6.4.4 数字 PID 调节

1.I-PD 控制系统

在 PID 控制器中，比例控制将误差信号的控制作用立即反映出来。在有些场合，为减少冲击作用，人们并不希望这样，而是对控制作用加以适当的修正，希望控制作用尽量快，但又不要造成冲击。因此，提出了 I-PD 控制系统，如图 6-30 所示。

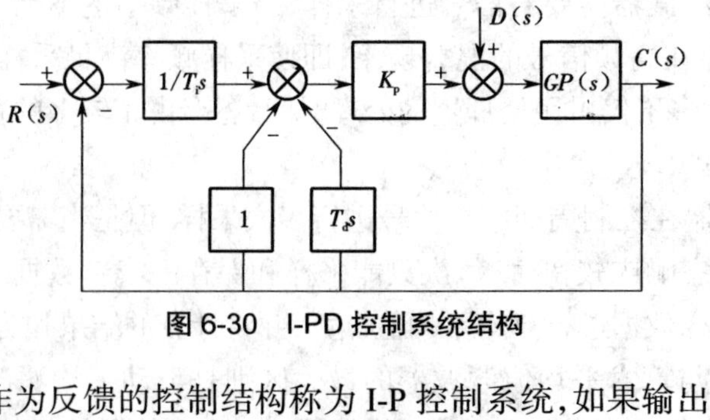


图 6-30 I-PD 控制系统结构

把常数倍的输出作为反馈的控制结构称为 I-P 控制系统，如果输出信号的微分也参与反馈控制，则称为 I-PD 控制系统。

在 PI 控制器中，其输出的控制信号在启动初期主要是靠比例控制作用提高系统的快速性，而积分作用较弱，如果加入微分作用，则可加强启动初期的快速性。

I-PD 控制器主要是靠增大积分增益来提高输出响应的快速性。

2. 前馈控制

在进给伺服系统中，对跟踪性能和抗扰性能的要求很高，需要达到最佳效果。对跟踪性能为最佳的 PID 参数和抑制扰动特性为最佳的 PID 参数的整定，要求能分别独立进行。此时，可采用前馈控制系统，如图 6-31 所示。

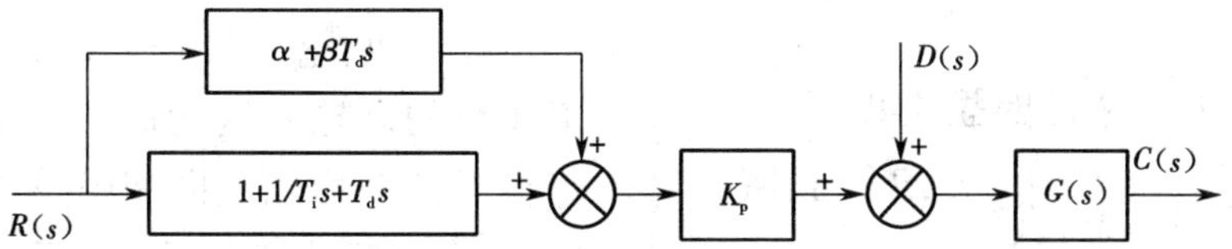


图 6-31　前馈控制系统结构

采用正前馈的目的是为了提高系统跟踪参考信号的能力，其强度可由调节 $\alpha$ 和 $\beta$ 值的大小来确定。如果出于减小输出量超调的目的，也可采用负前馈。

3.Smith 预估控制

Smith 预估控制方法是预先估计被控系统在基本扰动下的动态特性，然后用预估器进行补偿，力图使被延迟的被控制量超前反馈到控制器中，使控制器提前动作，从而显著减小系统的超调量，同时加速系统的调节过程。Smith 预估控制的实质相当于在闭环控制系统的反馈回路中加入一个预测单元，与被控对象并联，将其输出与实际对象的输出之差反馈到控制器的输入端，从而抑制参数变化、模型失配与外部干扰信号，以提高系统的鲁棒性和抗干扰能力。鲁棒性是指系统在一定范围内能经受住所有不稳定性的影响，而始终保持系统的稳定性。Smith 预估控制系统结构如图 6-32 所示。

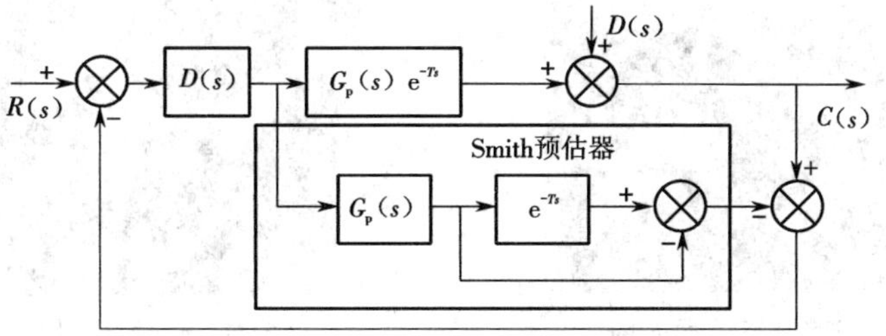


图 6-32　Smith 预估控制系统结构

4. 内模控制

内模控制（IMC）可以看作 Smith 预估器的一种自然扩展，其对于大时滞对象的控制效果十分明显，而且对系统具有较强的鲁棒性和抗干扰性。IMC 在慢响应过程控制和快速响应的电动机运动控制中获得了良好的控制效果。

内模控制和 Smith 预估器的基本思想都是设置一个控制器，并与被控对象并联，将其输出与实际对象的输出之差反馈到控制器的输入端，从而抑制参数变化、模型失配及外部干扰信号，以提高系统的鲁棒性和抗干扰能力。内模控制的主要出发点是提高系统的鲁棒性和抗干扰能力，在应用上具有更普遍的意义。

# 任务五　控制应用

## 6.5.1　基于机械速度反馈的全闭环位置伺服系统振荡现象的消除

扫一扫：典型 PID 系统的应用与调试

对于机械传动链较长的坐标轴，如回转工作台的齿轮和蜗轮蜗杆传动，不可避免地存在弹性变形和反向间隙，从而形成延迟环节，转台实际速度滞后于伺服电机速度反馈，位置环响应大大滞后于速度环响应，系统的稳定性变差，易产生振荡。机械速度反馈的全闭环位置伺服系统如图 6-33 所示，机械速度反馈加入前后分别如图 6-34 和图 6-35 所示，位置环响应大大滞后于速度环响应情况如图 6-36 所示。

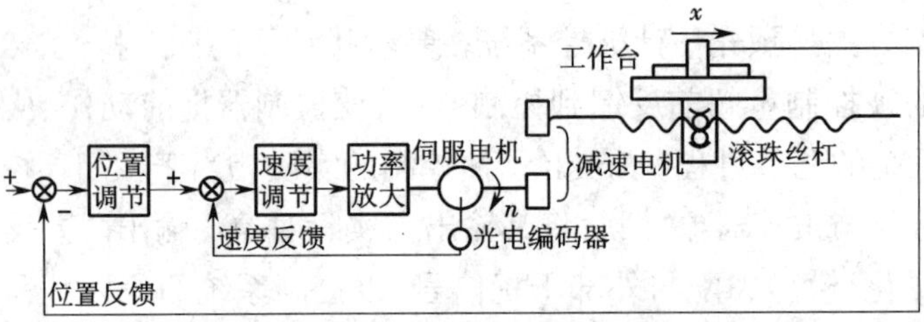


图 6-33　机械速度反馈的全闭环位置伺服系统

图 6-34　机械速度反馈加入前

图 6-35　机械速度反馈加入后

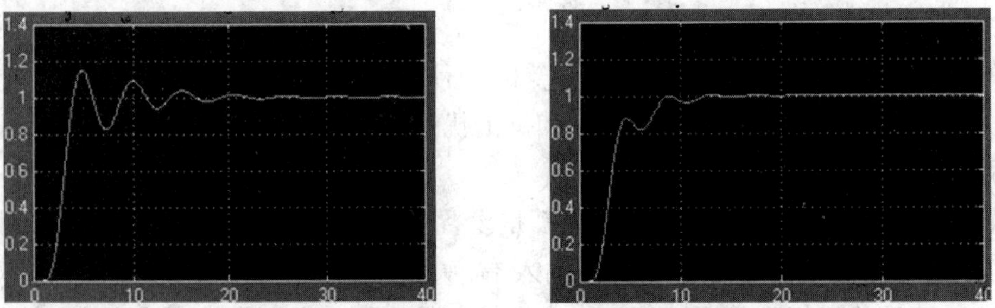


图 6-36　位置环响应大大滞后于速度环响应

基于前馈控制的数控机床轮廓误差消除如图 6-37 所示。

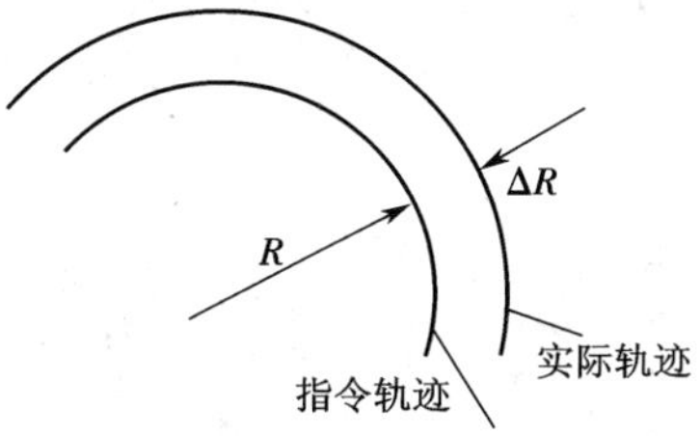


图 6-37　数控机床轮廓误差消除

数控机床位置伺服控制采用传统反馈控制时，由于时滞现象的存在，在加工圆弧时造成轮廓误差 $\Delta R$，轮廓误差与进给速度 $v$、位置增益 $K_p$ 和圆弧半径 $R$ 有关，即

$$\Delta R = \frac{v^2}{2K_p^2 R}$$

若加工圆弧半径 $R$=10 mm，进给速度 $v$=1 mm/min，位置增益 $K_p$=0.025/s，则

$$\Delta R = \frac{(1/60)^2}{2\times(1/40)^2\times 10} = 0.022\ \text{mm}$$

## 6.5.2　FANUC 0–Mate 数控系统组成

FANUC 0-Mate 是 FANUC 0 系列的衍生产品，如图 6-38 所示。与 FANUC 0-C 和 FANUC 0-D 系列相比，其是功能简单、结构紧凑的经济型 CNC 产品。FANUC 0-Mate 系列控制单元由电源单元 A16B-1313-0100、二轴 B 型接口伺服板 AXE-B2、I/O-C6 输入 / 输出板、存储器 MEM-A4 等组成。电网输入电压经强电柜中的变压器输出交流 200~240 V 电压至电源单元，获得直流 +24 V 稳压电源，供显示终端（CRT）/ 手动数据输入（MDI）和 I/O 控制使用。主印制线路板上有主 CPU、RAM、ROM 及外设接口。

**扫一扫：数控系统的连接**

1. 电源单元

CP15：CRT/MDI 单元的 +24 V 电源输出。

CP14：I/O 开关的 +24 V 电源输出。

2.GR 槽

GR 槽是图形板插槽，可实现 CRT 图形显示功能及第 2、3 个手摇脉冲发生器（MPG）控制。

3.PMC-M 槽

PMC-M 槽是机床顺序控制板插槽，通过 I/O 扩展模块实现机床外部输入 / 输出开关、机床操作面板开关量的控制及梯形图编辑。

4.AXE 板

AXE 板是轴伺服板，其中 JS1A、JS2A 将第 1、2 轴伺服指令输出至伺服驱动单元。

M186、M189：当组成位置闭环控制时，分离式编码器或光栅位置测量信号反馈输入口。

CPA9：使用绝对式编码器时，电池单元的连接座。

5.I/O 板

M1、M18：开关量输入 DI 接口。

M2、M19：开关量输出 DO 接口。

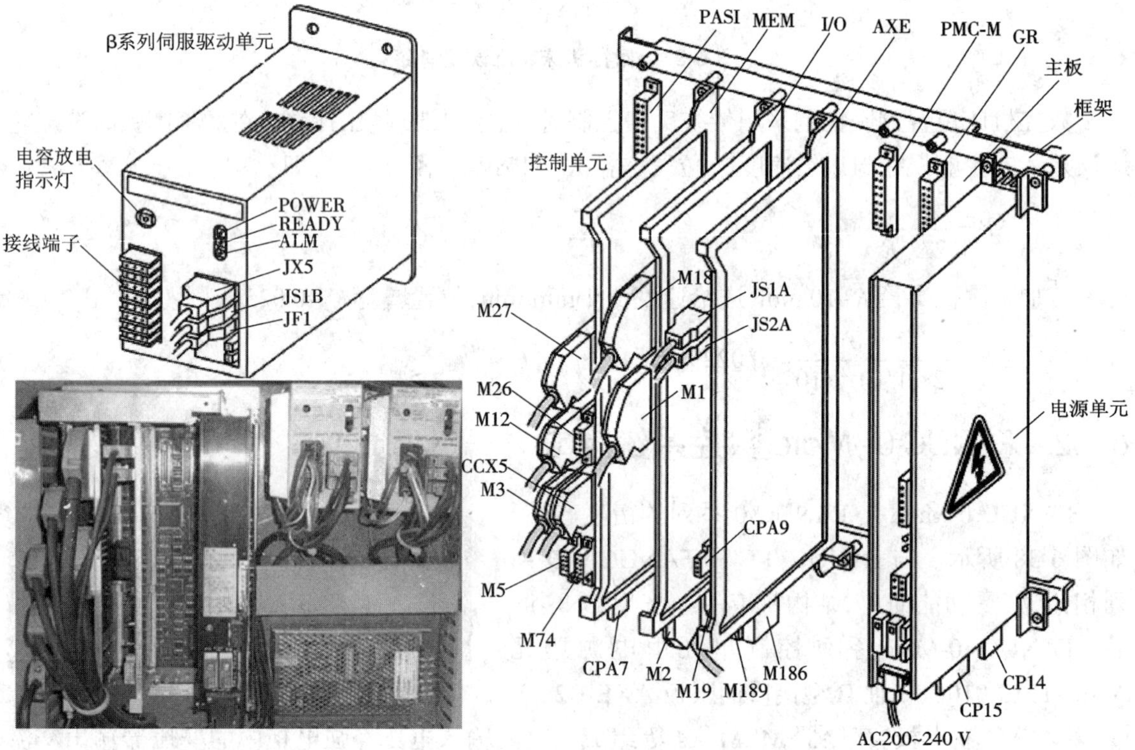


图 6-38 FANUC 0-Mate 数控系统

6.MEM 板

M27：主轴位置编码器信号输入接口。

M26：主轴速度模拟量控制信号输出接口，输出控制信号至主轴驱动装置。

M12：手摇脉冲发生器（MPG）接口及主轴速度模拟量控制信号输出接口。

主轴速度控制信号的输出还有另一种形式，就是通过 MEM 板上的主轴串行接口 COP5 输出数字脉冲信号至数字式主轴驱动装置，主轴位置编码器的检测信号直接反馈至主轴驱动装置。

M3：手动数据输入（MDI）单元接口。

CCX5：显示终端（CRT）显卡接口。

M5：RS232C 通信接口。

CPA7：存储器备用电池连接座。

## 6.5.3 FANUC 0–Mate 数控系统连接

轴伺服板 AXE 和 β 系列伺服驱动单元组成的半闭环控制系统，如图 6-39 所示。

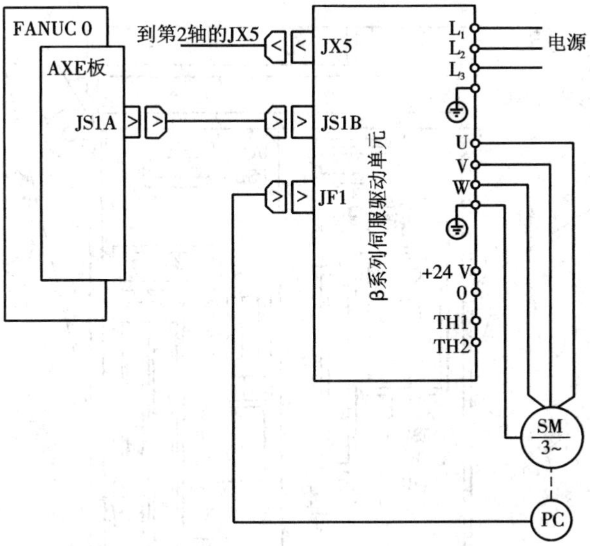


图 6-39　FANUC 0-Mate 数控系统连接

## 6.5.4 FANUC 0i 数控系统组成和连接

FANUC 0i MODEL A 数控系统与 FANUC 16/18/21 数控系统的结构相似，均为模块化结构，系统的界面、操作、参数等也基本相同，如图 6-40 所示。其主板上除了主 CPU 及外围电路外，还集成了 FROM & SRAM 模块、PMC 控制模块、存储器模块、主轴模块和伺服模块等。其集成度较 FANUC 0 系统高，因此 FANUC 0i 数控系统的控制单元的体积更小，便于安装。FANUC 0i 数控系统主板连接如图 6-41 所示

FANUC 0i 数控系统结合预估控制和前馈控制等功能，可减少轮廓加工误差，小线段高速加工的效率和效果优于 FANUC 0-Mate 数控系统，对模具三维加工特别有利。

FANUC 0i 数控系统除了通过 RS232C 进行信号传输外，还可以通过 HSSB（高速串行总线）与 PC 相连，使用存储卡实现数据的输入 / 输出。

FANUC 0i 数控系统 I/O 板连接如图 6-42 所示。

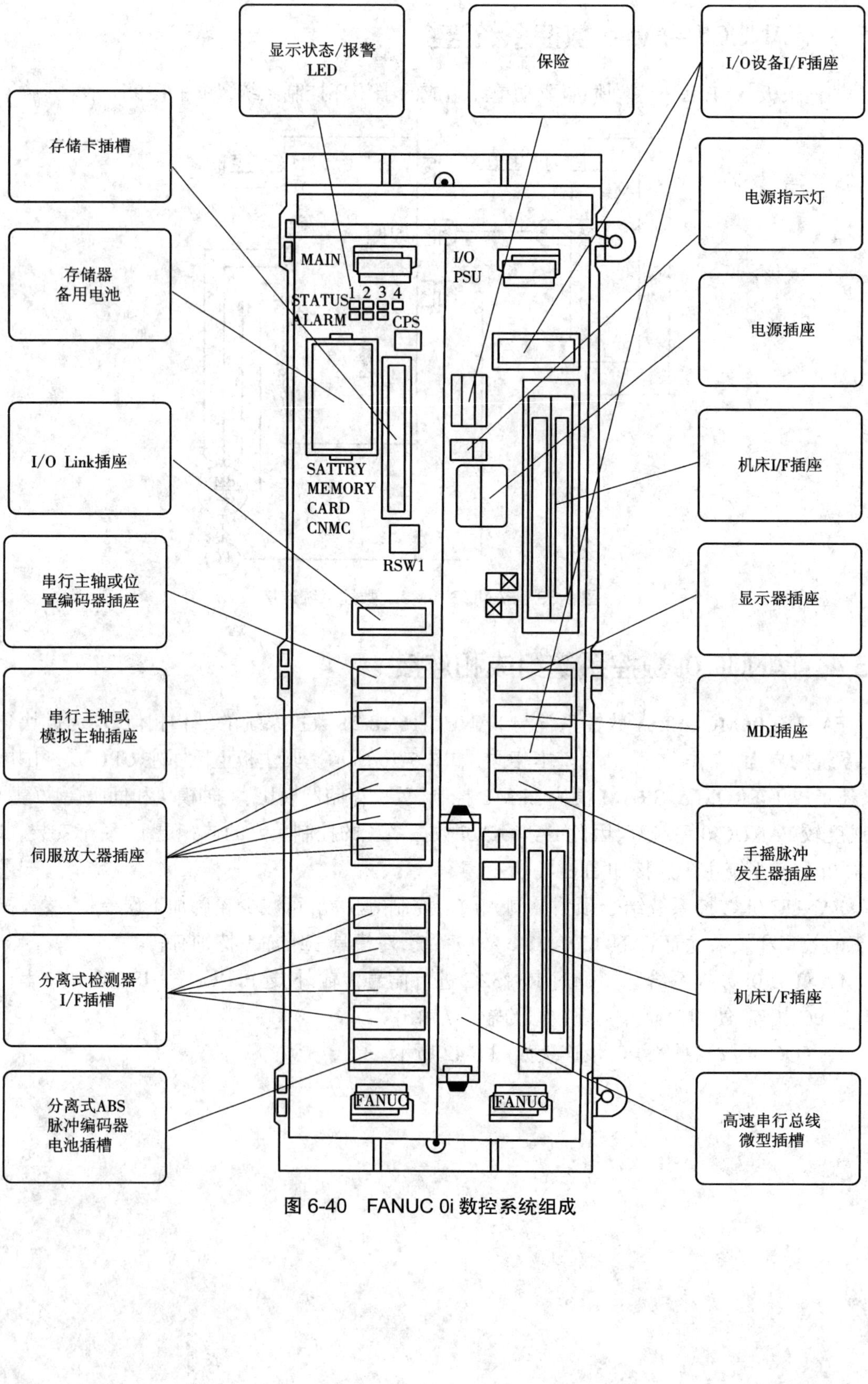


图 6-40 FANUC 0i 数控系统组成

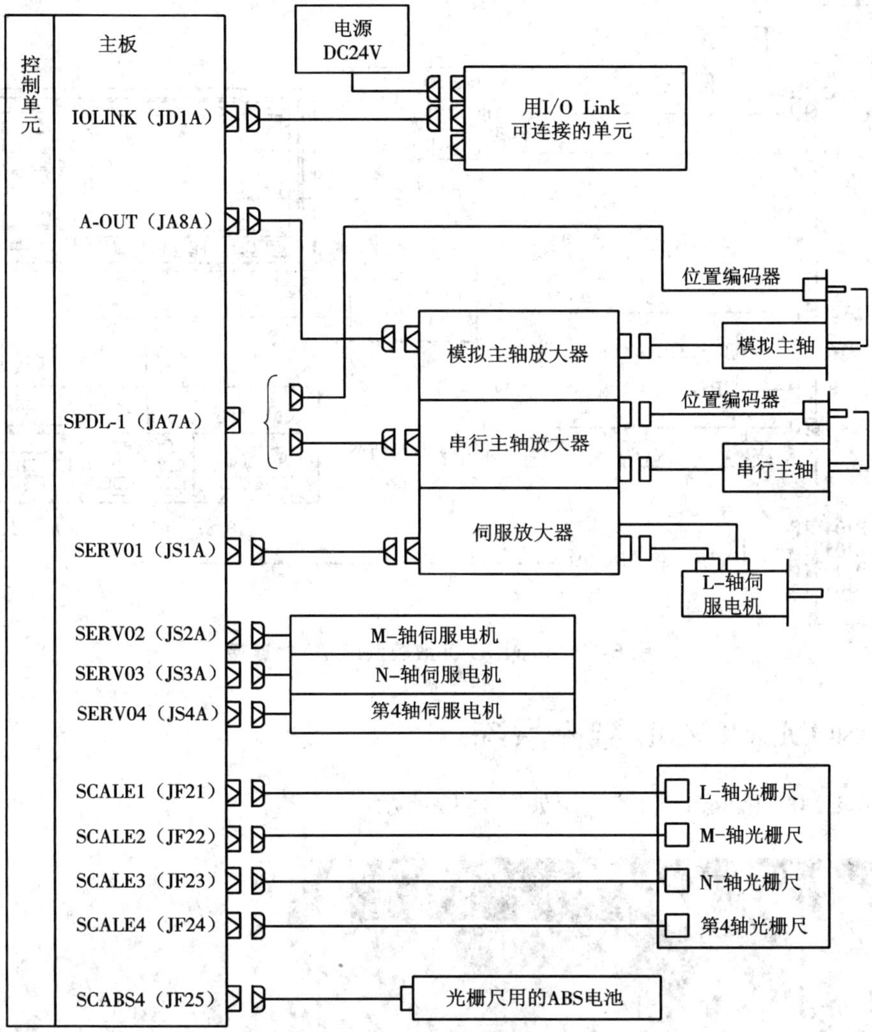


图 6-41　FANUC 0i 数控系统主板连接

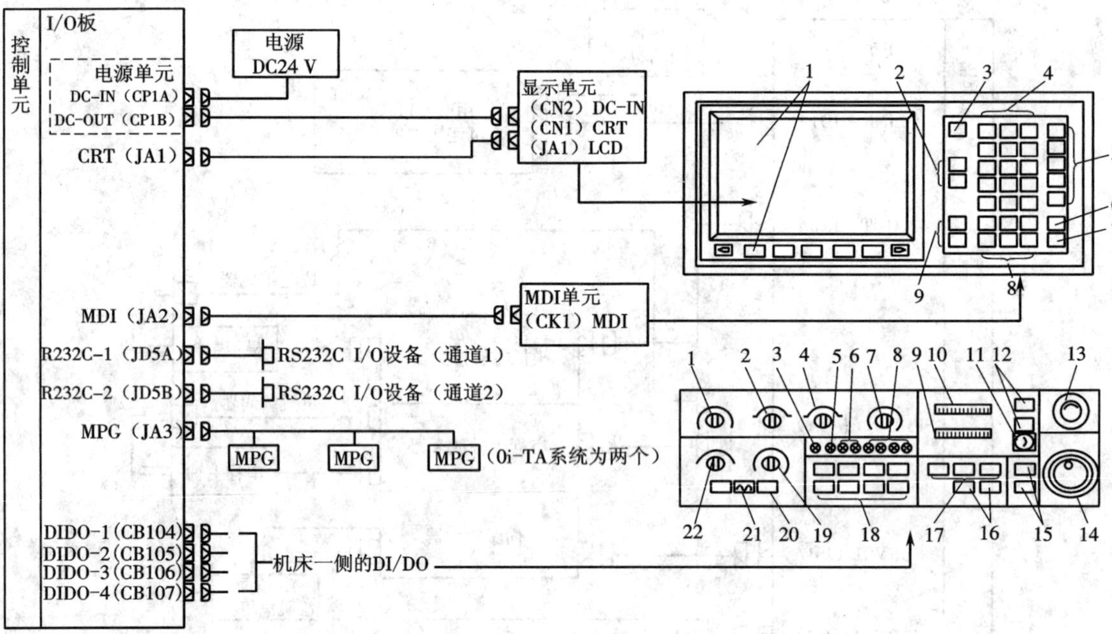


图 6-42 FANUC 0i 数控系统 I/O 板连接

## 6.5.5 SINUMERIK840D 数控系统

SINUMERIK840D 数控系统如图 6-43 所示。

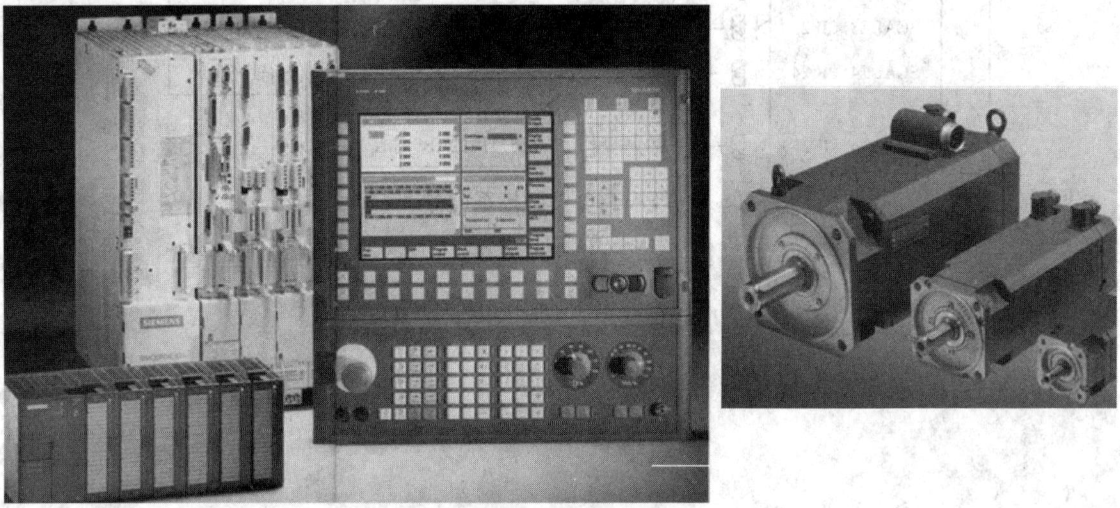

图 6-43 SINUMERIK840D 数控系统

1.SINUMERIK840D 数控系统连接结构

SINUMERIK840D 数控系统连接结构如图 6-44 所示。

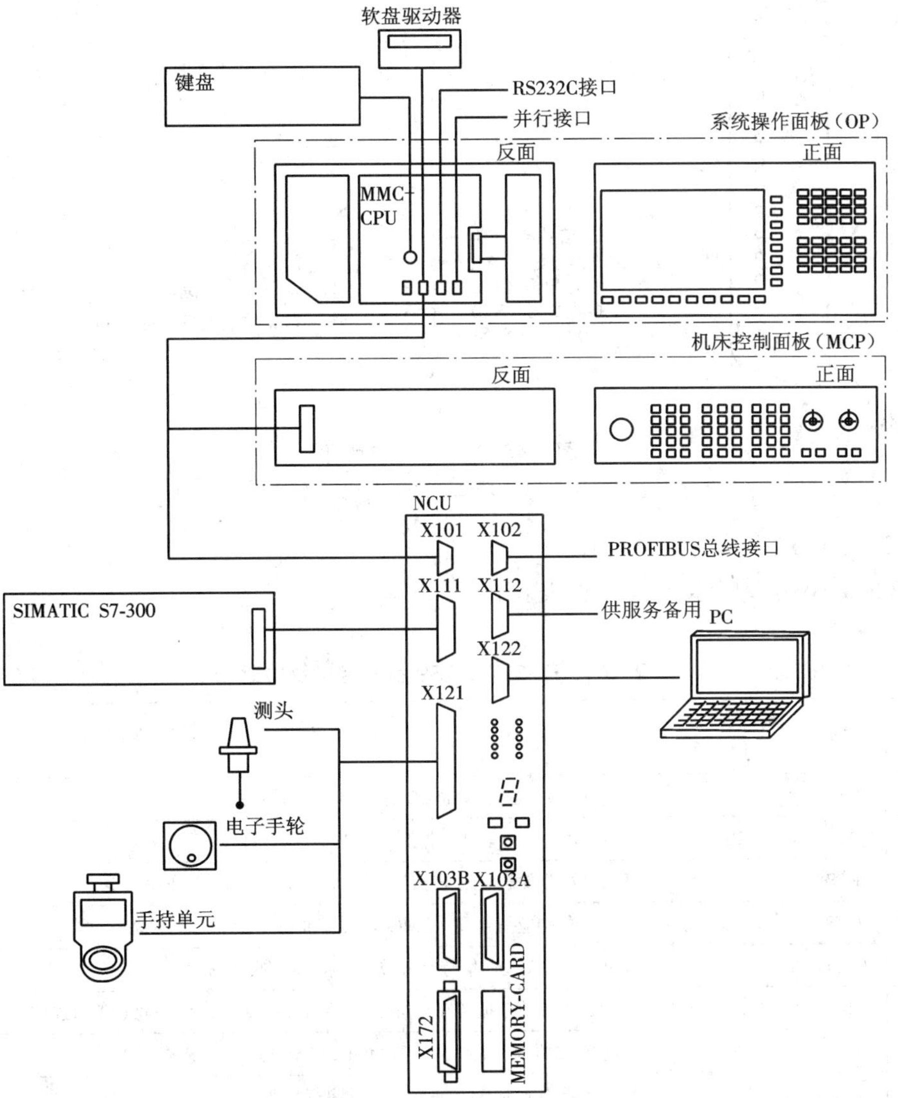


图 6-44　SINUMERIK840D 数控系统连接结构

2.RS232C 针脚定义

RS232C 标准接口有 25 根线，在机械特性上使用 25 针 D 型连接器 DB25。其中有 4 根数据线、11 根控制线、3 根定时线、7 根备用和未定义线，但常用的只有 9 根线。除 DB25 外，RS232C 串行端口大多使用 9 针 D 型连接器 DB9。RS232C 针脚如图 6-45 所示。

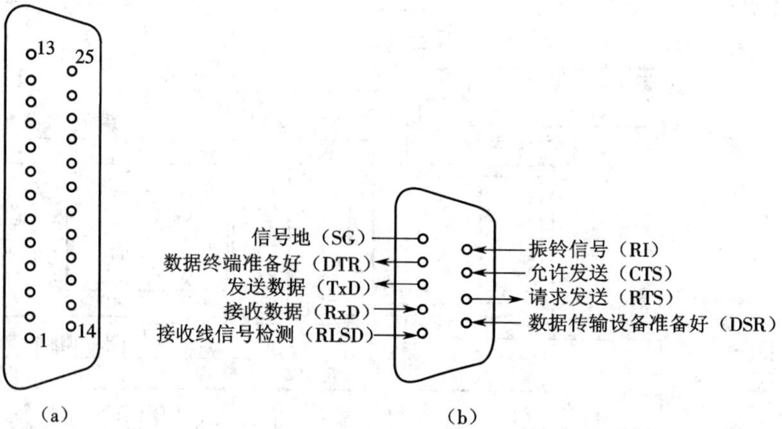


图 6-45 RS232C 针脚图

(a)DB25 (b)DB9

3.RS232C DB9 引脚定义及功能

RS232C DB9 引脚定义及功能见表 6-1。

表 6-1 RS232C DB9 引脚定义及功能

| DB9 引脚 | 定义 | 对应 DB25 引脚 | 功能 |
|---|---|---|---|
| 6 | DSR | 6 | 有效(ON)状态,表明 MODEM 处于可以使用的状态 |
| 4 | DTR | 20 | 有效(ON)状态,表明数据终端可以使用 |
| 7 | RTS | 4 | 终端要发送数据时,使该信号有效(ON),向 MODEM 请求发送 |
| 8 | CTS | 5 | 对 RTS 的响应信号,表明 MODEM 已准备好接收终端传来的数据 |
| 1 | RLSD | 8 | MODEM 已接通通信链路,告知终端准备接收数据 |
| 9 | RI | 22 | 当 MODEM 收到振铃呼叫信号时,该信号有效(ON),通知终端已被呼叫 |
| 3 | TxD | 2 | 通过终端,将串行数据发送到 MODEM |
| 2 | RxD | 3 | 通过终端,接收从 MODEM 发来的串行数据 |
| 5 | SG | 7 | 信号地,无方向 |

4.RS232C 连接

RS232C 连接方式如图 6-46 所示。在控制设备中,一般不用调制解调器(MODEM),而采用终端—终端的空 MODEM 连接方式。

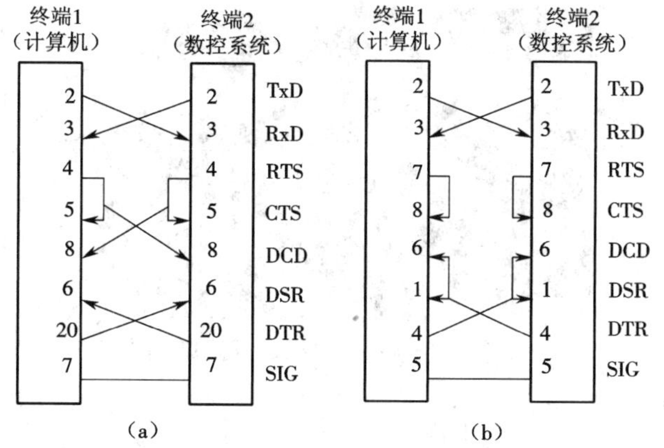


图 6-46　空 MODEM 连接方式

（a）DB25 串行口中 8 根线直接用电缆连接起来的空 MODEM 连接方式　（b）DB9 串行口的空 MODEM 连接方式

# 任务六　PCI 和 ISA

## 6.6.1　PCI 总线

外设组件互连标准（PCI）目前广泛采用的是 32 bit、33 MHz（传输带宽达到 133 MB/s）的 PCI 总线，64 bit 的 PCI 插槽更多地应用于服务器产品。PCI 控制器可以与 CPU 一次交换 32 bit 或 64 bit 数据，PCI 允许一个以上的电子信号同时存在于总线之上。PCI 总线数据采集卡如图 6-47 所示。

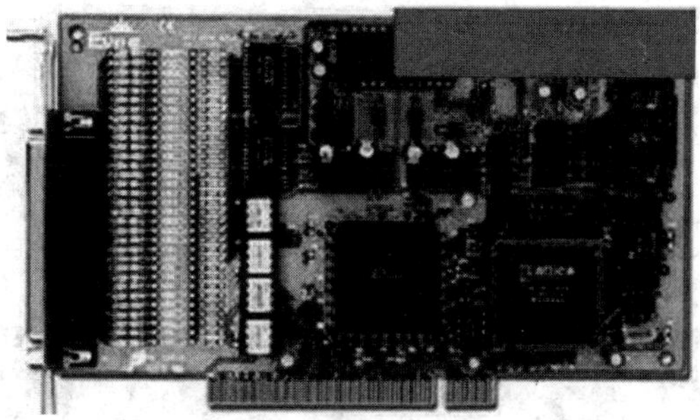

图 6-47　PCI 总线数据采集卡

## 6.6.2　ISA 总线

工业标准架构（ISA）扩展插槽的颜色一般为黑色，比 PCI 插槽要长些。ISA 是 8/16 bit 的系统总线，最大传输速率仅为 8 MB/s，但允许多个 CPU 共享系统资源。ISA 的缺点是传输速率过低、CPU 占用率高、占用硬件、中断资源等。ISA 总线数据采集卡如图 6-48 所示。

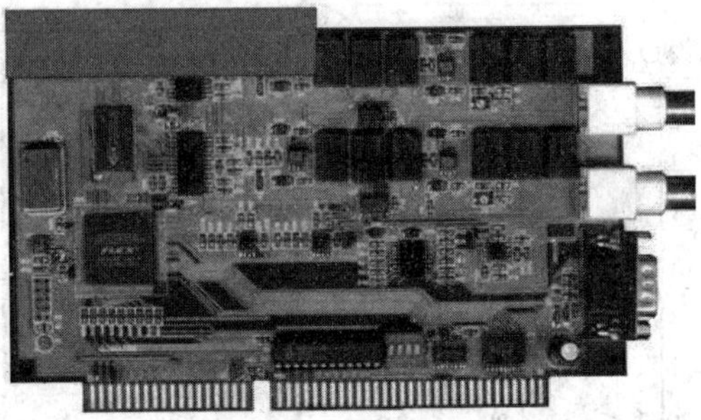

图 6-48 ISA 总线数据采集卡

## 6.6.3 USB 接口

USB 接口采用菊花链形式，通过一个 4 针标准插头，可外接多达 127 个外设，如图 6-49 所示。

图 6-49 USB 接口

2.0 版本的高速 USB 接口传输速率可达 480 Mb/s（相当于 60 MB/s）。USB 接口包含 +5 V 的电源线与地线，外设可从集线器获得 500 mA 以下的电流。USB 支持热插拔和即插即用。USB 主机通过集线器与 USB 设备连接，如图 6-50 所示。

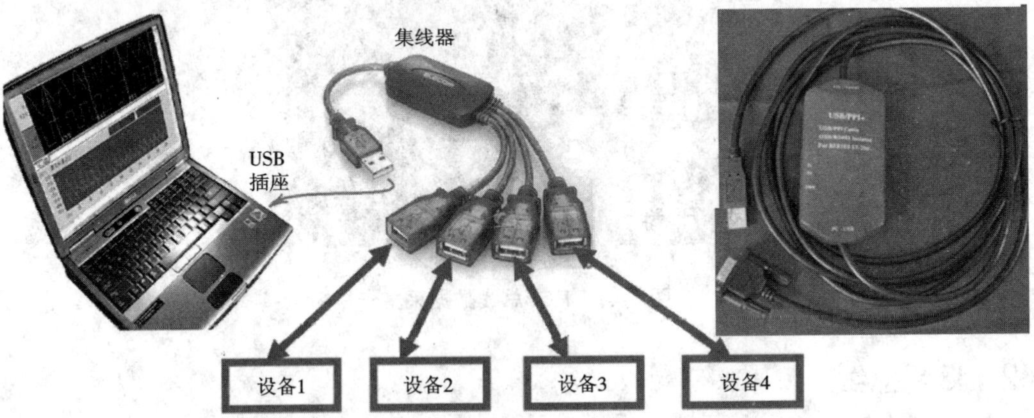


图 6-50 USB 主机通过集线器与 USB 设备连接

# 机电讲堂:匠心铸战鹰——洪家光

扫一扫:机电讲堂

指导学生踏实肯干,干一行、爱一行、钻一行,培养学生养成一丝不苟、精益求精、追求卓越的工匠精神。洪家光是航空发动机工装制造的高级技师,他不屈不挠、精益求精,突破了当时航空发动机的难关,制造出了误差不超过 0.003 mm 的航空发动机。洪家光与团队先后完成了 200 多项工装工具技术革新,解决了 500 多个生产制造中的难题,研发出了航空发动机叶片滚轮精密磨削制造技术,提升了国产航空发动机叶片的加工质量和安全性能。

# 思考与习题

1. 控制系统接地通常需要注意哪些事项?
2. 什么是自动化制造系统?
3. 什么是刚性自动化单机及刚性自动化生产线?
4. 什么是计算机集成制造系统?
5. 什么是柔性制造系统及其基本组成部分?
6. 比例 - 积分 - 微分( PID )调节器参数如何校正?

# 项目七　接口技术

## 任务一　接口技术概述

### 7.1.1　计算机控制系统的典型结构

扫一扫：接口技术的发展

在采用计算机进行信号处理的控制系统中，计算机处理的信号是以数码的形式存在的，也称为数字信号，它在时间上是离散的。离散控制理论是研究计算机控制系统的理论基础。

在计算机控制系统的典型结构中，包括工作于离散状态下的计算机和具有连续工作状态的被控对象两大部分。被控量一般为连续变化的物理量（位移、速度、压力、流量、温度等），称为模拟量，经过传感器检测转换成相应的电信号，再经过模/数（A/D）转换器将电信号转换成计算机能够处理的数字量送入计算机，从而完成信号的输入过程。计算机控制系统的典型结构如图 7-1 所示。

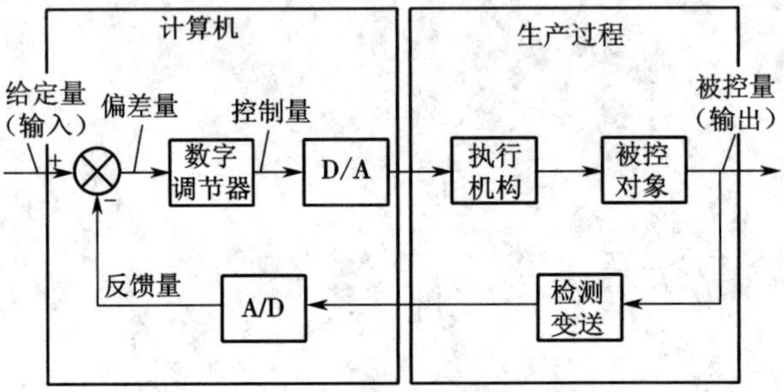


图 7-1　计算机控制系统的典型结构

经计算机数字运算和处理后的数字信号还需要经过 D/A 转换和保持转换成连续信号，再经过执行机构施加到被控对象上，从而实现信息输出。

### 7.1.2　采样定理

模拟信号经过 A/D 变换转换为数字信号的过程称为采样，当采样频率 $f_s$ 大于信号中最高频率 $f_{max}$ 的 2 倍时，即 $f_s > 2f_{max}$，则采样之后的数字信号可完整地保留原始信号中的信息，一般取 2.56~4 倍的信号最高频率。采样定理又称奈奎斯特定理。

在信号处理和信息理论的相关领域中，通过研究信号在经过一段距离后如何衰减以及一个给定信号能加载多少数据后得到一个著名的公式，称为香农（Shannon）定理，它以比特每秒

（bit/s）的形式给出一个链路速度的上限，并表示为链路信噪比的一个函数，链路信噪比用分贝（dB）衡量。香农定理的公式为

$$C=B\log_2(1+S/N)$$

式中 $C$——可得到的链路速度；

$B$——链路的带宽；

$S$——平均信号功率；

$N$——平均噪声功率。

## 7.1.3 多路选择开关

自动检测系统常采用多路 CMOS 模拟开关集成电路，如多路选择开关 CD4051、CD4052 等，前者是八选一开关，后者是双四选一开关。

多路选择开关在多通道数据切换中的应用如图 7-2 所示。该电路的优点是使用的元件数量少，缺点是所有传感器的零信号线均需并联起来，若各传感器的地电位不相同，这样的接法会引起较大的环流。较好的方法是采用“双 $n$ 选一”开关来切换每个传感器的一对信号线。但是当各传感器对地电位相差较大时，会引起各通道间漏电甚至击穿，所以当共模电压较大时，可改用体积较大、动作较慢的干簧继电器。

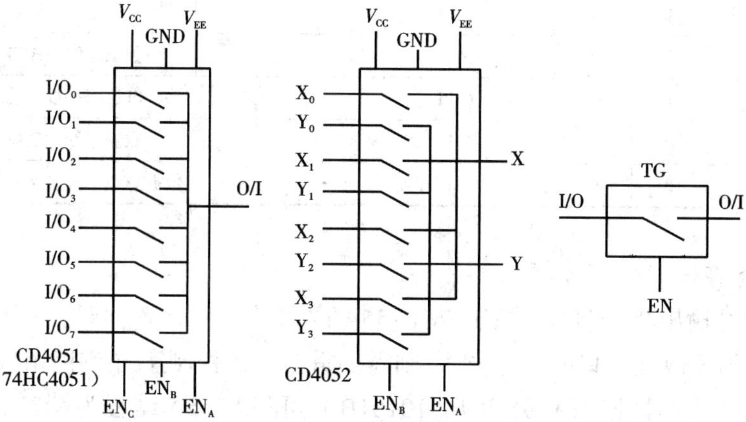


图 7-2 多路选择开关在多通道数据切换中的应用

## 7.1.4 8255A 可编程并行接口芯片

1.8255A 芯片

8255A 是 Intel 公司生产的可编程并行输入 / 输出接口芯片，它具有 3 个 8 位的并行 I/O 端口，通过程序可设定三种工作方式，使用灵活方便、通用性强，可作为计算机系统总线与外围设备连接的接口电路，如图 7-3 所示。8255A 端口操作状态见表 7-1。

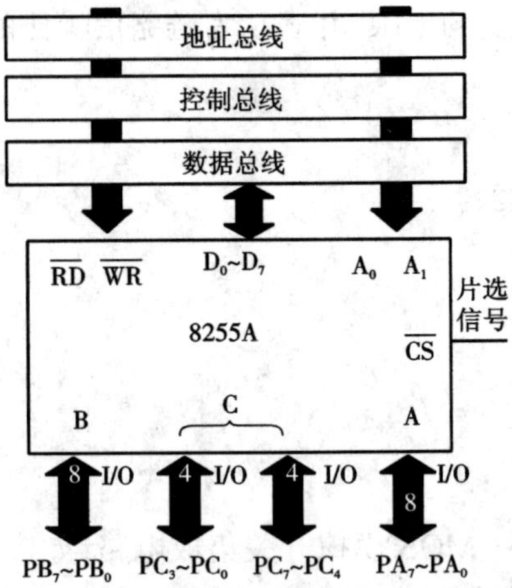


图 7-3 8255A 可编程并行输入 / 输出接口芯片

表 7-1 8255 A 端口操作状态

| $A_1$ | $A_2$ | RD | WR | CS | 所选端口 | 操作状态 |
|---|---|---|---|---|---|---|
| 0 | 0 | 0 | 1 | 0 | A 口 | A 口数据—数据总线 |
| 0 | 0 | 1 | 0 | 0 | A 口 | 数据总线—A 口 |
| 0 | 1 | 0 | 1 | 0 | B 口 | B 口数据—数据总线 |
| 0 | 1 | 1 | 0 | 0 | B 口 | 数据总线—B 口 |
| 1 | 0 | 0 | 1 | 0 | C 口 | C 口数据—数据总线 |
| 1 | 0 | 1 | 0 | 0 | C 口 | 数据总线—C 口 |
| 1 | 1 | 1 | 0 | 0 | 控制字寄存器 | 数据总线—控制字寄存器 |

2. 控制字寄存器

当 CPU 通过输出指令将控制字送入 8255A 内部的控制寄存器时，各个端口的工作方式也就确定了，如需要改变端口的工作方式，则需要重新送入控制字，控制字由 8 位组成。

例如，送入方式选择控制字 95H（10010101B），可将 8255A 编程为端口 A 方式 0 输入，端口 B 方式 1 输出，端口 C 高 4 位（$PC_7$~$PC_4$）输出，端口 C 低 4 位（$PC_3$~$PC_0$）输入。

控制字 AAH（10101010B）表示 8255A 编程为端口 A 方式 1 输出，端口 B 方式 0 输入，端口 C 高 4 位（$PC_7$-$PC_4$）输入，端口 C 低 4 位（$PC_3$~$PC_0$）输出。

（1）方式 0：A、B、C 三个口中的任何一个都可提供简单的输入和输出操作，不需要应答或联络信号，数据只是简单地写入指定的端口，或从端口读出。当数据输出时，可被锁存；当数据输入时，不能锁存。

（2）方式 1：借助于选通或应答式联络信号，把 I/O 数据发送给指定的端口或从该端口接收 I/O 数据的工作方式。在这种方式中，端口 A 和端口 B 的输入数据和输出数据都被锁存。

# 任务二　数/模(D/A)转换

## 7.2.1　接口技术

将数字量(二进制)转换为模拟量(电压、电流)的框图如图7-4所示。其由两个8位寄存器和一个8位D/A转换器组成,使用两个寄存器的优点是可以进行两次缓存操作。

扫一扫:接口技术

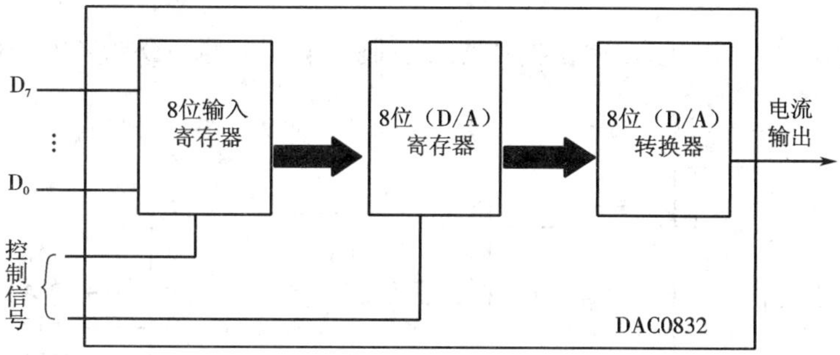


图7-4　数/模(D/A)转换框图

## 7.2.2　DAC0832与CPU的连接

DAC0832与CPU的连接如图7-5所示。

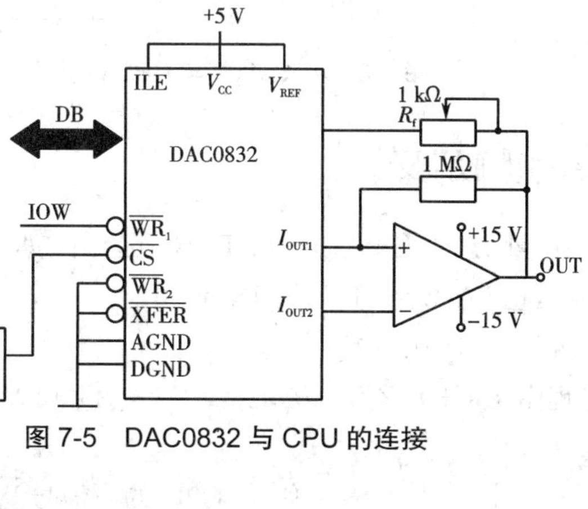


图7-5　DAC0832与CPU的连接

## 7.2.3　DAC0832引脚定义

$\overline{CS}$:片选信号。

ILE:输入寄存器锁存允许信号。

$\overline{CS}$、$\overline{WR}_1$为低电平有效，ILE为高电平

扫一扫:数/模(D/A)转换

时，才能将 CPU 送来的数字量 $D_0$~$D_7$ 锁存到 8 位寄存器中。

$\overline{XFER}$：转换控制信号。

当 $\overline{WR_2}$、$\overline{XFER}$ 为低电平时，将输入寄存器数字量再传送到 8 位 DAC 寄存器中，同时 D/A 转换器开始转换。

$I_{OUT1}$、$I_{OUT2}$：输出电流。

AGND、DGND：模拟地和数字地。

$V_{REF}$：参考电压，-10~+10 V。

$V_{CC}$：电源，+5~+15 V。

## 7.2.4 ADC0809 与 CPU 的连接

ADC0809 实现模拟量（电压）到数字量（二进制码）的转换，ADC0809 与 CPU 的连接如图 7-6 所示。

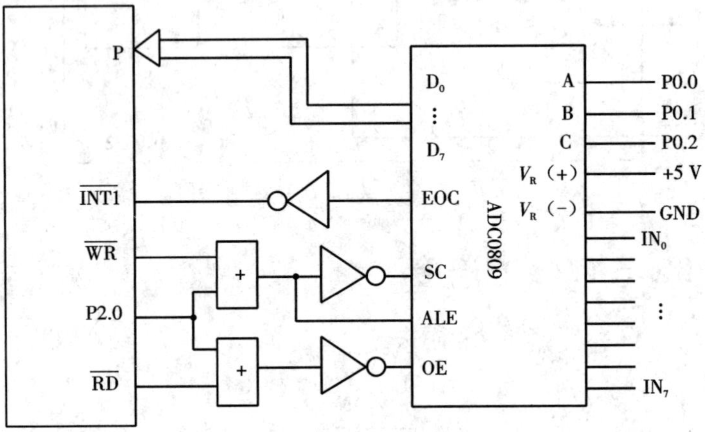


图 7-6 ADC0809 与 CPU 的连接

## 7.2.5 ADC0809 引脚定义

$IN_0$~$IN_7$：8 路模拟量分时输入，由 A、B、C 选通。如 ABC=000，选通 $IN_0$ 通道；如 ABC=101，选通 $IN_5$ 通道；如 ABC=111，选通 $IN_7$ 通道。

$V_R(+)$、$V_R(-)$：基准参考电压。

输入模拟量的量程由 $V_R(+)$、$V_R(-)$ 决定，若 $V_R(+)$ 接 +5 V，$V_R(-)$ 接 GND，则 $IN_0$~$IN_7$ 各通道模拟量的量程为 0~5 V。

SC：启动转换信号，控制启动 A/D 转换，与 CPU 的写信号 $\overline{WR}$ 相连。

EOC：转换结束信号，表示一次 A/D 转换已完成，可作为中断请求信号，也可用查询方法检测转换是否结束。图 7-6 中，EOC 作为外部中断请求信号，用中断方式读取 A/D 转换结果。

OE：输出允许信号，与 CPU 的读信号 RD 相连。

## 7.2.6　中断和查询

1. 中断请求

当外设任务完成后，产生准备好或完成等信息作为中断请求信号，计算机响应后，立即接收外设输出的数据。

2. 查询

计算机查询输入 / 输出设备的某种标志，如准备好、完成等信息，以便决定是否进行数据传输。

# 任务三　采样 / 保持器原理

在模拟量输入通道，对模拟信号进行模 / 数变换时，从启动变换到变换结束的数字量输出需要一定的时间，必须在 A/D 转换开始时将电平信号保持住，而在 A/D 转换后又能跟踪输入信号的变化。能完成这种功能的器件称为采样 / 保持器。

在模拟量输出通道，为使输出得到一个平滑的模拟信号，也采用采样 / 保持器。

采样 / 保持器由存储电容 $C$、模拟开关 S 等组成。当 S 接通时，输出信号跟踪输入信号，称为采样阶段；当 S 断开时，电容 $C$ 两端一直保持断开的电压，称为保持阶段。由此构成一个简单的采样 / 保持器，如图 7-7 所示。

集成采样 / 保持器，用于一般目的的有 AD582、AD583、LF198、LF298、LF398 系列，用于高速场合的有 HTS-0025、HTS-0010、HTC-0300，用于高分辨场合的有 SHA1141 等，如图 7-8 所示。

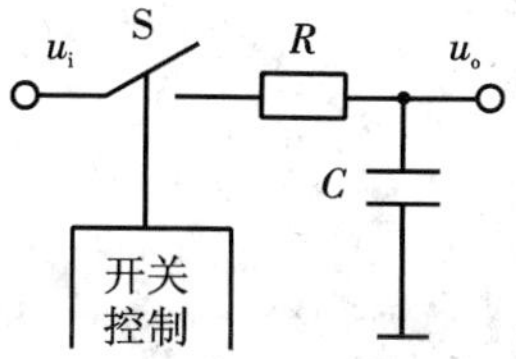


图 7-7　采样 / 保持器

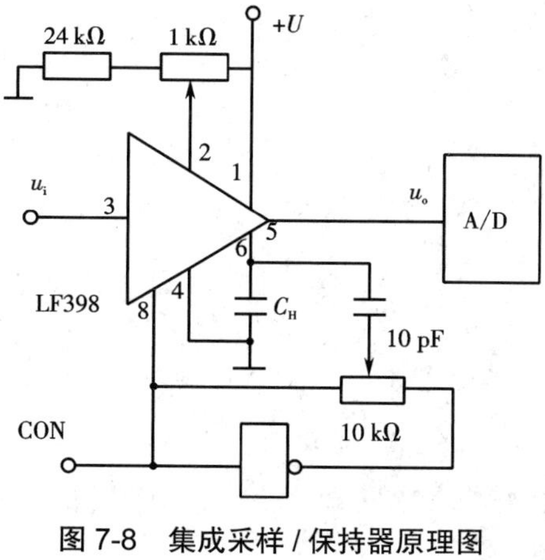


图 7-8　集成采样 / 保持器原理图

# 机电讲堂:高端阀门引领者——马玉山

扫一扫:机电讲堂

激励学生树立孜孜以求、刻苦磨炼、永争一流的精神。马玉山带领团队主持攻关,经过 8000 多次反复试验,终于设计制造出了我国第一台深水 1500 m 高端控制阀。目前,这台设备已经完成安装和海试,正在投入使用。30 多年来,作为一名党员,马玉山始终将国家需要作为自己的奋斗目标。在国产泵阀行业技术人员大量流失、中高端市场几乎被国外产品垄断的低谷时期,他毅然选择了坚守,带领团队取得了 440 多项发明和实用新型专利,攻克了多个“卡脖子”难关。马玉山作为一名科技工作者,不提条件、不讲理由,在工作中不忘初心、牢记使命,为工业强基、制造强国贡献力量。

# 思考与习题

1. 何为 I/O 接口? 计算机控制过程中为什么需要 I/O 接口?
2. 计算机的输入 / 输出通道中通常设置有缓冲器,该通道中的缓冲器通常起到哪些作用?
3. 中断和查询是计算机控制中的主要 I/O 方式,试简述其优缺点。
4. 计算机的 I/O 过程中的编址方式有哪些? 各有什么特点?
5. 试说明几种工业控制计算机的应用领域。

# 项目八　伺服系统

## 任务一　伺服系统组成

### 8.1.1　伺服系统的定义

伺服系统是以移动部件的位置和速度作为控制量的自动控制系统，如图 8-1 所示。

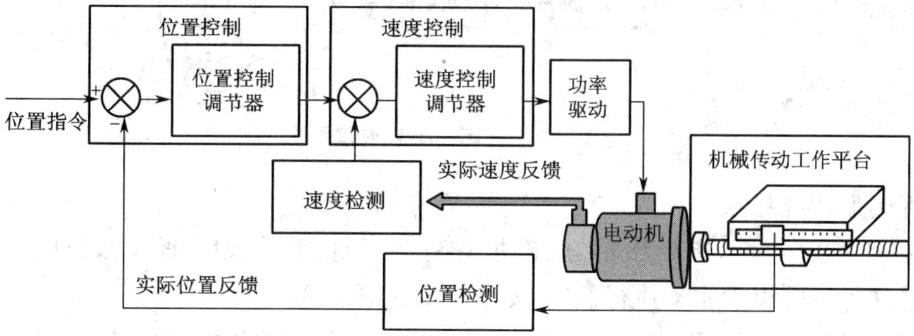


图 8-1　伺服系统框图

### 8.1.2　交直流伺服电动机的区别

扫一扫：伺服系统的应用 - 课程思政

直流伺服电动机，电刷和换向器易磨损，换向时产生火花，限制转速；且结构复杂，制造困难，成本高。

交流伺服电动机，结构简单，成本低廉，转子惯量较直流电动机小，且交流电动机的容量大于直流电动机。

### 8.1.3　伺服系统基本工作原理

位置检测装置对检测到的移动部件的实际位移量进行位置反馈，与位置指令信号进行比较，将两者的差值进行调节，变换成速度控制信号，控制驱动装置驱动伺服电动机以给定的速度向消除偏差的方向运动，直到指令位置与反馈的实际位置的差值等于零为止。

（1）调速范围要宽，且要有良好的稳定性（在调速范围内）。调速范围 $RN=F_{max}/F_{min}$，一般要求 $RN>1000$，且 0.1 mm/min ≤ $F_{min}$<1 mm/min。稳定性指输出速度的波动要少，尤其是在低速时的平稳性显得特别重要。

（2）位置精度高，实际位移与指令位移的差值要小。位置精度一般为 0.001~0.01 mm，甚至可高达 0.1 μm。

（3）稳定性好，即负载特性要硬。当负载发生变化或承受外界干扰的情况下，输出速度应基本不变，而且保持平稳均匀。

（4）动态响应快，即灵敏度高，达到最大稳态速度的时间要短，一般要求在100~200 ms，甚至小于几十毫秒。动态响应的快慢反映了系统跟踪精度的高低，直接影响轮廓加工精度的高低和加工表面质量的好坏。

## 8.1.4 伺服系统分类

1. 开环伺服系统组成

开环伺服系统组成如图8-2所示。

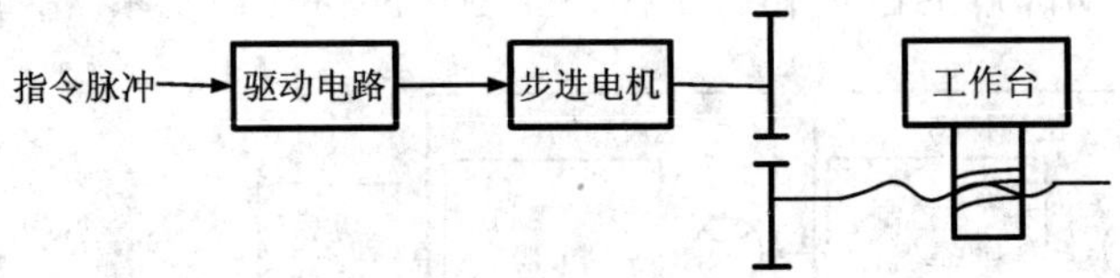


图8-2 开环伺服系统框图

2. 开环伺服系统特点

由控制器送出的进给指令脉冲，经驱动电路控制和功率放大后，驱动步进电机转动，通过齿轮副与滚珠丝杠螺母副驱动执行部件，无须位置检测装置。

系统的位置精度主要取决于步进电机的角位移精度、齿轮丝杠等传动元件的导程或节距精度以及系统的摩擦阻尼特性。

开环伺服系统位置精度较低，定位精度一般可达 ±0.02 mm。如果采取螺距误差补偿和传动间隙补偿等措施，定位精度可提高到 ±0.01 mm。此外，由于步进电机性能的限制，开环伺服系统的进给速度也受到限制，在脉冲当量为0.01 mm时，一般不超过5 m/min。

3. 半闭环伺服系统组成

半闭环伺服系统组成如图8-3所示。

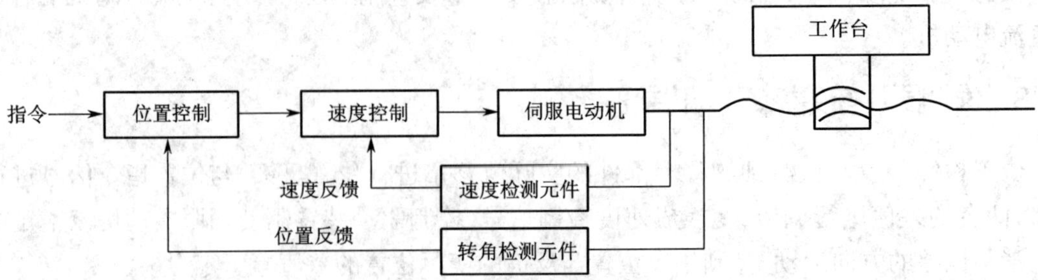


图8-3 半闭环伺服系统框图

4. 半闭环伺服系统特点

将检测装置装在伺服电动机轴或传动装置末端，通过间接测量移动部件位移来进行位置反馈的进给系统，称为半闭环伺服系统。

在半闭环伺服系统中，将编码器和伺服电动机作为一个整体，编码器完成角位移检测和速度检测，用户无须考虑位置检测装置的安装问题。这种形式的半闭环伺服系统在机电一体化设备上得到广泛采用。

5. 闭环伺服系统组成

闭环伺服系统组成如图 8-4 所示。

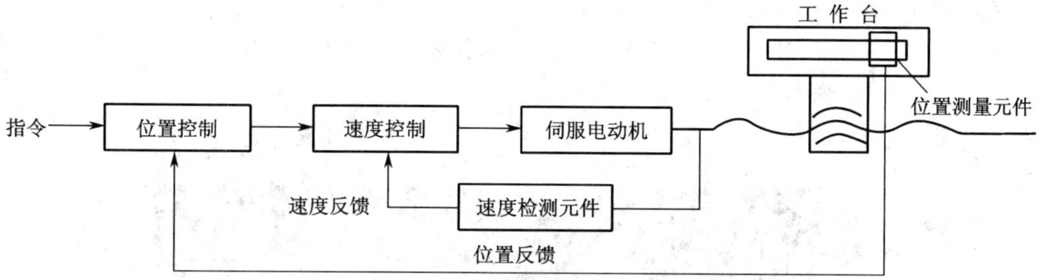


图 8-4　闭环伺服系统框图

6. 闭环伺服系统特点

将检测装置装在移动部件上，通过直接测量移动部件的实际位移来进行位置反馈的进给系统，称为闭环伺服系统。

闭环伺服系统可以消除机械传动机构的全部误差，而半闭环伺服系统只能补偿部分误差，因此半闭环伺服系统的精度比闭环伺服系统的精度要低一些。由于采用了位置检测装置，所以闭环伺服系统的位置精度在其他因素确定之后，主要取决于检测装置的分辨率和精度。

闭环和半闭环伺服系统因为采用了位置检测装置，所以在结构上较开环伺服系统复杂。另外，由于机械传动机构部分或全部包含在系统之内，机械传动机构的固有频率、阻尼、间隙等将成为导致系统不稳定的因素，因此闭环和半闭环伺服系统的设计和调试都较开环伺服系统困难。

# 任务二　全数字式伺服系统

在全数字式伺服系统中，控制器直接将位置指令以数字信号的形式传送给伺服驱动装置，伺服驱动装置本身具有位置和速度控制功能。

## 8.2.1　全数字式伺服系统组成

全数字式伺服系统组成和结构如图 8-5 和图 8-6 所示。

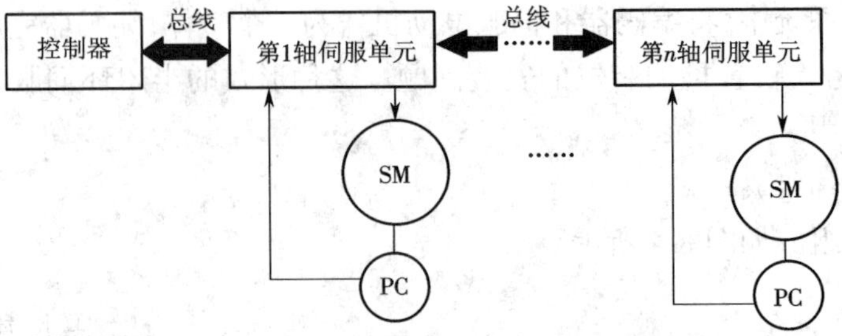


图 8-5　全数字式伺服系统框图

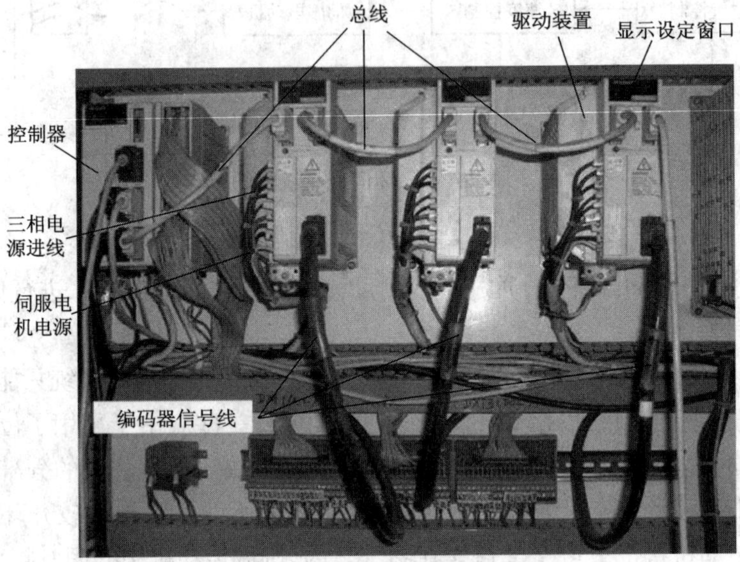


图 8-6　全数字式伺服系统结构

## 8.2.2　控制器与伺服驱动装置之间传递的信息

(1)位置指令和实际位置。

(2)速度指令和实际速度。

(3)转矩指令和实际转矩。

(4)伺服系统及伺服电动机参数。

(5)伺服状态和报警。

## 8.2.3　全数字式伺服系统特点

全数字式伺服系统具有以下特点：

(1)系统的位置、速度和电流环节的调整由软件实现；

(2)具有较高的动、静态特性，在检测灵敏度、温度漂移、噪声及抗干扰等方面都优于模拟式伺服系统；

(3)引入前馈控制，可构成具有反馈和前馈复合控制的系统结构；

（4）由于全数字式伺服系统采用总线通信方式，极大地减少了连接电缆，便于设备安装和维护，提高了系统可靠性，同时通过显示终端实时显示伺服状态。

当前，全数字式交流伺服系统在机电一体化设备驱动中得到了广泛应用。全数字式交流伺服系统可做速度、转矩和位置控制，接收指令脉冲或模拟电压指令信号，并自带位置环，具有丰富的自诊断、报警功能。各控制参数通过以下方法用数字方式设定：

（1）通过驱动装置上的显示器和按键进行设定；

（2）通过驱动装置上的通信接口与上位机通信进行设定；

（3）通过可分离式编程器和驱动装置上的接口进行设定。

# 任务三　全数字式伺服系统中的现场总线

## 8.3.1 PROFIBUS 现场总线

PROFIBUS（Process Fieldbus）是一种国际性的、开放式的现场总线标准。目前，世界上许多自动化设备生产厂家都为其生产的设备提供 PROFIBUS 接口。PROFIBUS 可使分散式数字控制器实现从现场底层到车间级的网络化，整个网络系统分为主站和从站。主站组成令牌环网，发送权以令牌形式在主站之间循环，得到令牌的主站再将令牌沿环网传递给下一个主站，在这一确定的时间内，可以任意发送或接收其他总线设备的信息。主站决定总线的数据通信，当主站得到总线控制权时，没有外界请求也可以主动发送信息；从站为外围设备，包括输入/输出装置、驱动装置和测量变送器等，从站没有总线控制权，仅对接收到的信息给予确认，或当主站发出请求时向主站发送信息。全数字式伺服系统中的现场总线结构如图 8-7 所示。

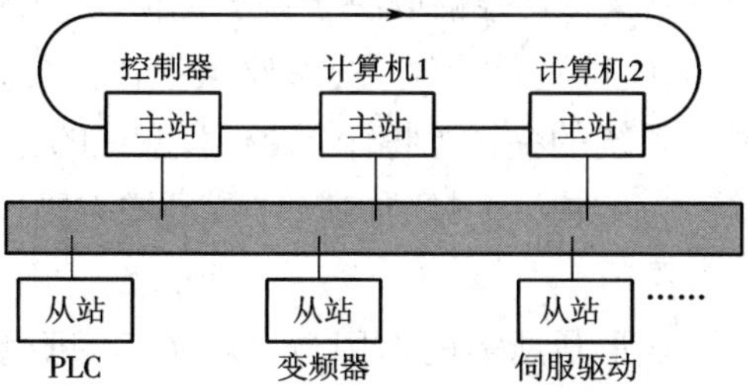


图 8-7　全数字式伺服系统中的现场总线结构

## 8.3.2 SERCOS 接口

SERCOS 采用光纤传输数据，如图 8-8 所示。

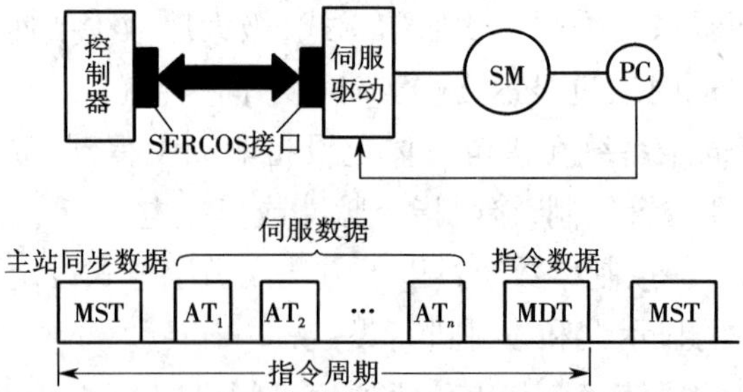


图 8-8 SERCOS 采用光纤传输数据

### 8.3.3 伺服系统参数

1. 增益调整

增益是伺服系统的重要指标之一，它对稳态精度和动态性能都有很大的影响，若增益大，则系统响应快，稳态误差小。但并非系统的增益越大越好，当速度突变时，高增益可能导致输出变化剧烈，机械装置会受到较大的冲击，影响系统的稳定性。

2. 加减速时间设定

加减速用加减速时间的长短来设定，加减速时间越短，速度变化越快，越易引起系统振荡；反之，系统的响应变慢。加减速可分为线性加减速和指数加减速。在线性加减速中，加速度有突变，应根据负载惯量核算最大可达到的加速度，从而确定加速到最大速度所需要的时间；在指数加减速中，加速度变化无突变，速度变化平稳，必须设定加减速总时间和加减速升降速时间。

3. 阻尼

运动中的机械部件易产生振动，其振幅取决于系统的阻尼和固有频率，系统的阻尼越大，振幅越小，且衰减越快。运动副（特别是导轨）的摩擦阻尼占主导地位，实际应用中一般将摩擦阻尼简化为黏性摩擦阻尼。系统的黏性摩擦阻尼越大，系统的稳态误差越大，精度越低。对于质量大、刚度低的机械系统，为了减小振幅、加速衰减，可增大黏性摩擦阻尼。

4. 刚度

刚度是使弹性体产生单位变形量所需的作用力。对闭环伺服系统而言，刚度越大，稳定性越好。广义来讲，传动机构的间隙也是影响刚度的重要因素。间隙的主要形式有齿轮传动的齿侧间隙、丝杠螺母的传动间隙、丝杠轴承的轴向间隙以及联轴器的扭转间隙等，必须采取消隙措施，以提高传动刚度。

5. 谐振

对于质量为 $m$、抗压刚度系数为 $k$ 的单自由度直线运动系统，其固有频率 $\omega$ 为

$$\omega = \frac{1}{2\pi}\frac{k}{m} \tag{8-1}$$

对于转动惯量为 $J$、扭转刚度系数为 $k$ 的单自由度旋转运动系统，其固有频率 $\omega$ 为

$$\omega = \frac{1}{2\pi}\frac{k}{J} \tag{8-2}$$

当外界的激振频率接近或等于系统的固有频率时，系统将产生谐振而不能正常工作。机械部件的谐振频率必须大于电气驱动部件的谐振频率。

## 8.3.4　机电匹配技术

1. 电动机的输出功率

电动机的输出功率在产品样本或铭牌上都有明确标注。在一般情况下，设计者在选用电动机时，只从电动机的输出功率、转速、保护方式三方面考虑选择电动机即可。但在伺服驱动中，还必须考虑伺服驱动机械负载特性。伺服驱动所带的负载大多为恒转矩负载，在转速改变时，负载转矩基本不变。也就是说，在使用中只要转矩为额定值，即使转速不同，温升变化也不大，说明电动机处于额定运行状态，此时的输出功率即为额定功率。即伺服电动机在出厂时给出额定转矩后，其额定功率都是由用户决定的，这一点与选用普通的电动机有很大区别。

伺服电动机很少工作在恒速运行状态，多数工作在频繁的启动 - 停止状态，在加速和减速时必须输出 3~5 倍的额定转矩，电流也成比例上升，电动机的发热近似与电流的平方成比例。

在产品样本或铭牌上给出的输出功率是指电动机在额定转速下连续运行时，温升不超过规定时的输出功率。这一功率是按可以稳定运行的最大转速和额定转矩计算出来的。在选择伺服电动机时，不能单纯从电动机负载所需的功率出发，还必须充分考虑负载机械所要求的运动模式和转矩模式，用不同的控制方式可以实现不同的运动模式。

2. 计算机械系统的等效惯量

从伺服电动机的运动模式和转矩模式来看，大多数情况处于过渡过程状态，除了要考虑增大电流和功率外，还必须充分考虑过渡过程的快速性问题，则应该考虑计算负载的转动惯量及电动机转子的转动惯量（转子惯量）。从转子惯量大小来看，伺服电动机一般可分为超低惯量、低惯量、中惯量等几个档次。在负载机械启动、制动频繁的场合，可选惯量小一些的伺服电动机；在要求低速平稳运行而又不频繁启动、制动的场合，则宜选择惯量较大的伺服电动机。另外，电动机转子惯量与折算到电动机轴上的负载等效惯量之比通常要控制在大于 2.5，使系统既保证过渡过程的快速性，又不产生显著的振荡且保持平稳，这也是选择电动机时要考虑的一个因素。产品说明书中一般会有转动惯量的推荐值。

## 8.3.5　机电匹配实例

如图 8-9 所示，根据所给参数进行电动机额定转矩、转动惯量等的计算，并为电动机选择提供依据。

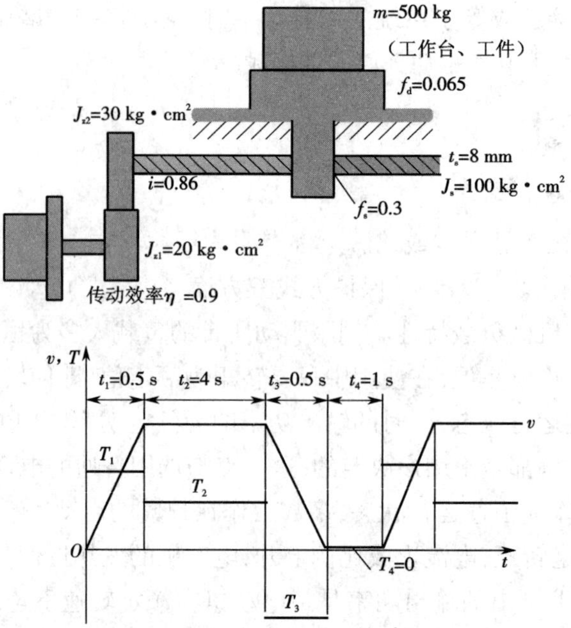


图 8-9 机电一体化设备及曲线

1. 额定转矩计算

工作台运动所需的转矩为

$$T_p=67.5\ \text{N}\cdot\text{cm}$$

丝杠预紧后的附加转矩为

$$T_s=4.1\ \text{N}\cdot\text{cm}$$

总负载转矩为

$$T_L=T_p+T_s=71.6\ \text{N}\cdot\text{cm}$$

2. 惯量计算

运动部件折算到电动机轴上的等效惯量为

$$J_{pD}=23.6\ \text{kg}\cdot\text{cm}^2$$

丝杠和齿轮折算到电动机轴上的等效惯量为

$$J_{sD}=96.1\ \text{kg}\cdot\text{cm}^2$$

电动机轴上总等效惯量为

$$J_D=J_{pD}+J_{sD}+J_{z2}=139.7\ \text{kg}\cdot\text{cm}^2$$

3. 电动机选择

电动机转子惯量为

$$J_M=356.7\ \text{kg}\cdot\text{cm}^2$$

$$J_M/J_D=356.7/139.7=2.55>2.5\text{（符合要求）}$$

负载和电动机总惯量为

$$\sum J=J_D+J_M=496.4\ \text{kg}\cdot\text{cm}^2$$

电动机额定输出转矩为

$$T_N=3\ \text{N}\cdot\text{m}$$

电动机转速为

$$n_N=750\ \text{r/min}$$

# 任务四　SANYO BL Super P Series AC Servo System 应用实例

## 8.4.1　系统组成及连接

系统组成及连接如图 8-10 所示。

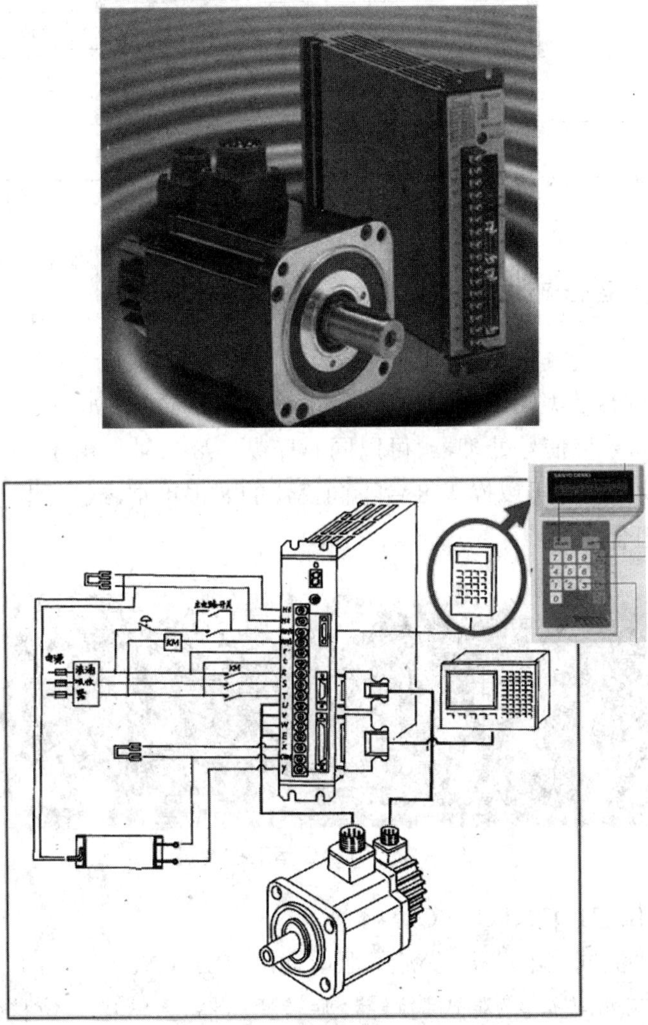

图 8-10　系统组成及连接

## 8.4.2 伺服系统组成

伺服系统组成如图 8-11 所示。

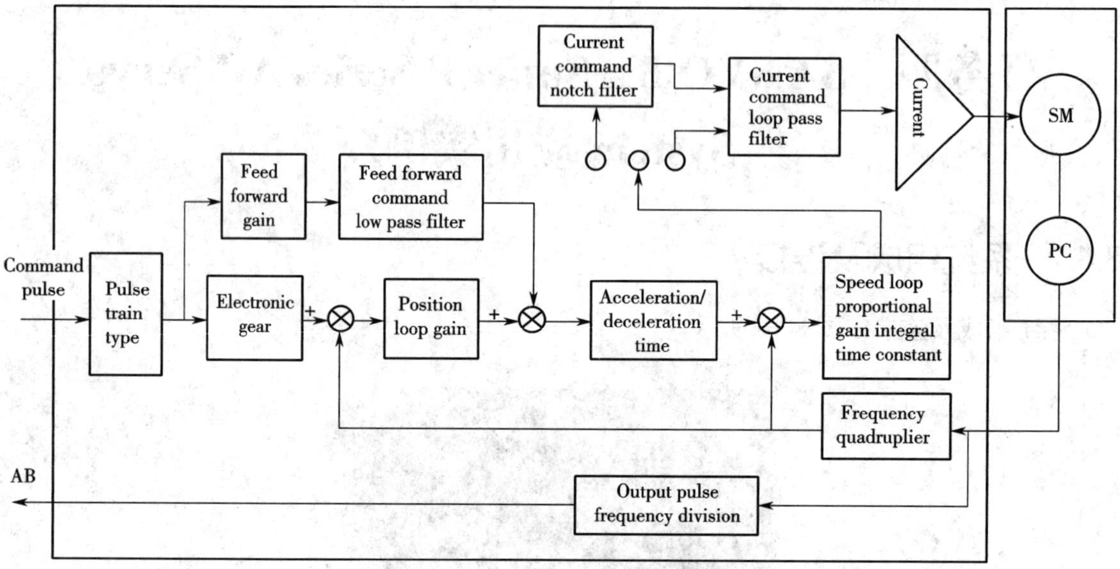


图 8-11 伺服系统组成框图

## 8.4.3 PMAC 运动控制器

1. 简介

PMAC 运动控制器是美国 Delta Tau 数字系统公司的产品,如图 8-12 所示。其借助 Motorola 的 DSP 56 系列数字信号处理器,可以同时操纵 1~8 根轴。由于每一根轴都是完全独立的,一个 PMAC 运动控制器可以操纵 8 台不同机器的 8 根单轴,或者同一台机器的 8 根轴,或者两者之间的任意组合。

图 8-12 PMAC 运动控制器

2. 总线(PC、VME、STD32、PCI、PC104)

(1)电机类型:直流伺服电动机、交流伺服电动机(BLDCM、PMSM)、步进电机。

(2)反馈:增量式编码器、绝对式编码器、旋转变压器、直线电压位移传感器或电位计、激光干涉仪、磁致伸缩位移传感器。

(3)控制码:PMAC(类似于 BASIC ASIC Ⅱ命令)、G 代码。

3. 伺服组成

速度和加速度前馈可以减小伺服系统的轨迹误差。速度前馈的作用是减少微分增益或测速环路阻尼所引起的跟踪误差;惯性所带来的跟踪误差与加速度成正比,因此可以由加速度前馈来补偿。数字滤波器可以解决机械谐振的问题。伺服组成如图 8-13 所示。

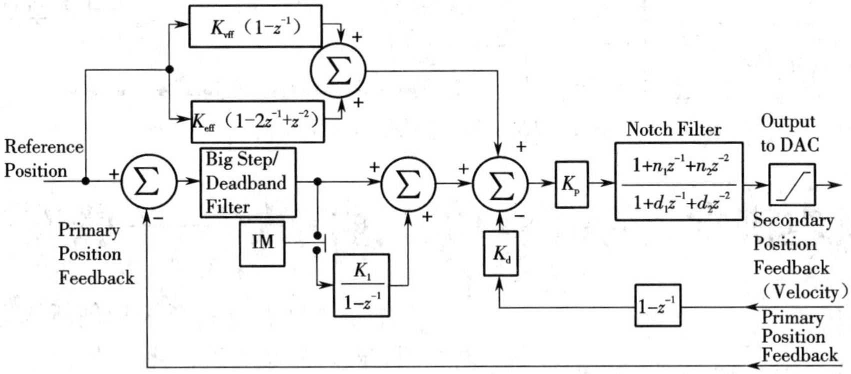


图 8-13 伺服组成框图

4. 从动控制

在车床上加工多线螺纹, PMAC 将 $Z$ 轴从动于主轴编码器,使刀具速度跟踪主轴速度,从而得到恒定的螺距,这可以在时基模式下完成。为主轴定义一个“实时”速度,并以此设置时基常数。在主轴运行于实时速度的前提下,为从动轴编写程序,时基控制将会自动补偿主轴速度的变化。从动控制如图 8-14 所示。

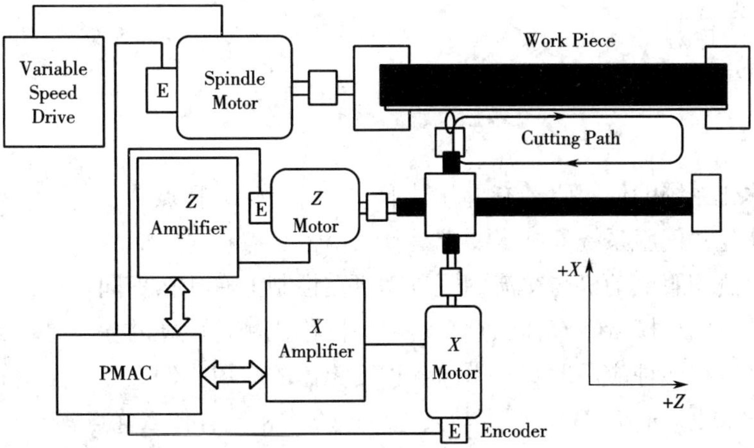


图 8-14 从动控制框图

5. 运动中的位置匹配

对于在一个传送带上以不均匀间隔传送物品,而在另一个传送带上将它们用等间隔的挡板隔开,可以利用 PMAC 中的位置捕捉寄存器实现,一旦接收到外部触发信号,精确的位置就被保存起来,在时基模式下运行,以便实现速度匹配。运动中的位置匹配如图 8-15 所示。

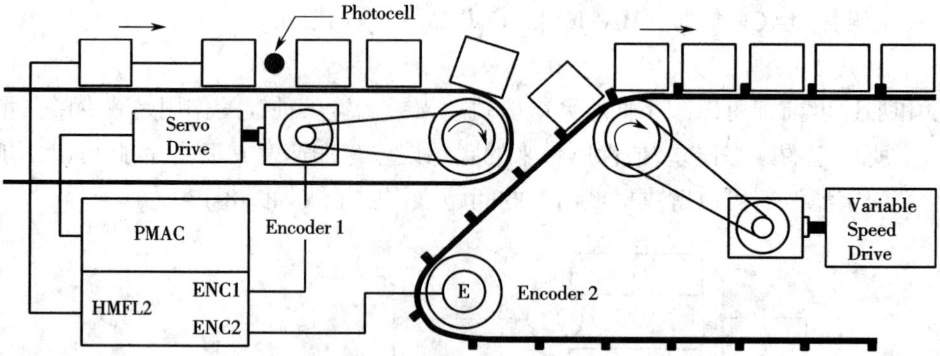


图 8-15 运动中的位置匹配结构

# 机电讲堂：智慧港口的“推门人”——张连钢

扫一扫：机电讲堂

鼓励学生拥有创新意识和创新能力，勇做改革创新的实践者和主力军。张连钢是山东省港口集团有限公司高级别专家，他带领平均年龄 34 岁的团队，破解了十几项世界级难题，建成了世界上自动化程度最高、作业效率最快的全自动化集装箱码头，并先后 9 次刷新世界纪录。3 000 多次技术研讨会，几十万字分析报告，建设世界一流的自动化码头的执着信念，激励着他和团队成员们闯过了一个又一个难关。张连钢和团队用 15 个月时间完成了国外用时 3 年的设计周期，用三年半时间完成了国外常规需 8~10 年的全自动化码头的建设周期，向世界展示了“中国速度”。一次又一次攻坚，一轮又一轮超越，执着而坚定的张连钢仍在忙碌，他用拼搏和智慧将一个个“不可能”变成“可能”！

# 思考与习题

1. 机电一体化系统的伺服驱动有哪几种形式？各有什么特点？
2. 机电一体化对伺服系统的技术要求是什么？
3. 试分析直流伺服电动机与交流伺服电动机在控制上有什么不同。
4. 伺服电动机的机械特性有什么意义？习惯性称机械特性硬的含义是什么？
5. 变流技术有哪几种应用形式？举出各种变流器的应用实例。
6. 什么是 PWM？直流 PWM 调压与其他调压方式相比有什么优点？

# 项目九 MCGS组态软件

MCGS(Monitor and Control Generated System,通用监控系统)是一套用于快速构造和生成计算机监控系统的组态软件。它能够在Microsoft的各种32位Windows平台上运行,通过对现场数据的采集处理,以动画显示、报警处理、流程控制和报表输出等多种方式向用户提供解决实际工程问题的方案,在自动化领域有着广泛的应用。其主要特征和功能:具有简单灵活的可视化操作界面、实时性强;具有良好的并行处理性能、丰富生动的多媒体画面、开放式的结构、广泛的数据获取、强大的数据处理、完善的安全机制、强大的网络功能和多样化的报警功能;支持多种硬件设备,方便控制复杂的运行流程,良好的可维护性和可扩充性,设立对象元件库组态工作简单方便;能实现对工控系统的分布式控制和管理等。

## 任务一 MCGS组态软件概述

MCGS组态软件系统包括组态环境和运行环境两部分。组态环境相当于一套完整的工具软件,用来帮助用户设计和构造自己的应用系统。运行环境则按照组态环境中构造的组态工程,以用户制定的方式运行,并进行各种处理,完成用户组态、用户设计的目标和功能。组态环境和运行环境的关系如图9-1所示。

**扫一扫:组态概述**

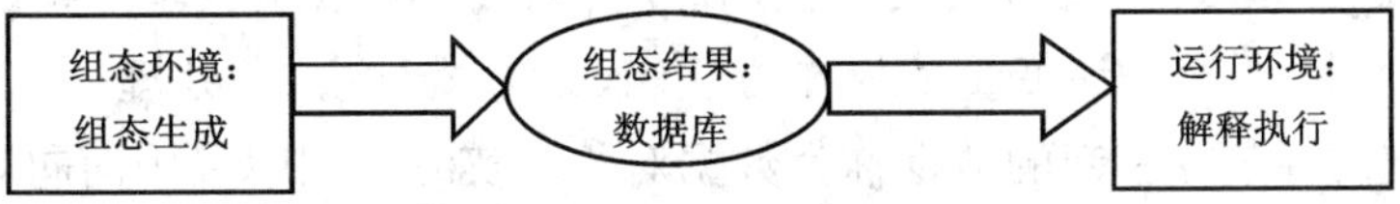


图9-1 组态环境和运行环境的关系

MCGS组态软件建立的工程由主控窗口、设备窗口、用户窗口、实时数据库和运行策略五部分构成,每一部分分别进行组态操作,可以完成不同的工作,且具有不同的特性,如图9-2所示。

图9-2 组态控制窗口

1. 主控窗口

主控窗口确定了工业控制中工程作业的总体轮廓、运行流程、菜单命令、特性参数和启动特性等内容,是应用系统的主框架。在主控窗口中可以放置一个设备窗口和多个用户窗口,主控窗口负责调度和管理这些窗口的打开或关闭。其主要的组态操作包括:定义工程名称,编制工程菜单,设计封面图形,确定启动的窗口,设定动画刷新周期,指定数据库存盘文件名称及存盘时间等。

2. 设备窗口

设备窗口是连接和驱动外部设备的工作环境。设备窗口专门用来放置不同类型和功能的设备构件,实现对外部设备的操作和控制。设备窗口通过设备构件采集外部设备的数据,并将送入实时数据库中的数据输出到外部设备。一个应用系统只有一个设备窗口,运行时系统自动打开设备窗口来管理和调度所有设备构件正常工作,并在后台独立运行。

3. 用户窗口

用户窗口主要用于设置工程中人机交互的界面。其中可以放置三种不同类型的图形对象:图元、图符和动画构件。图元和图符对象为用户提供了一套完善的设计制作图形画面和定义动画显示与操作的模块,用户可以直接使用。通过在用户窗口内放置不同的图形对象来搭建多个窗口,用户可以构建各种复杂的图形界面,以便用不同的方式实现数据和流程可视化。

组态工程中的用户窗口,最多可以定义 512 个;所有的用户窗口均位于窗口内,其打开时窗口可见,关闭时窗口不可见;允许多个用户窗口同时处于打开状态,其位置、大小和边界等属性可以随意改变或设置。

4. 实时数据库

实时数据库是工程各个部分的数据交换与处理中心,是 MCGS 系统的核心,它将 MCGS 工程各个部分连接成有机的整体。实时数据库窗口内定义的不同类型和名称的变量,将作为数据采集、处理、输出控制、动画连接及设备驱动的对象。

MCGS 用实时数据库来管理所有的实时数据。从外部设备采集的实时数据送入实时数据库进行报警处理和存盘处理。因此,实时数据库所存储的单元,不只是变量的数值,还包括变量的特征参数(属性)以及对该变量的操作方法(设置报警性、报警处理、存盘处理等)。这种将数值、属性和方法封装在一起的数据称为数据对象。实时数据库采用面向对象的技术,不仅为其他部分提供服务,还为系统各个功能部件提供数据共享。

5. 运行策略

运行策略是对系统运行的流程实现有效控制的手段。运行策略窗口主要完成对工程运行流程的控制,包括编写控制程序(if…then 脚本程序)和选用各种功能构件,例如数据提取、定时器、配方操作和多媒体输出等。

运行策略本身是系统提供的一个框架,里面放置有策略条件构件和由策略构件组成的策略的定义,使系统能够按照设定的顺序和条件操作实时数据库,控制用户窗口的打开、关闭,并确定设备构件的工作状态等,从而实现对外部设备工作过程的精确控制。

一个应用系统有三个固定的运行策略,即启动策略、循环策略和退出策略,用户也可以根据具体需要创建新的用户策略、循环策略、报警策略、事件策略、热键策略,并且用户最多可创建 521 个用户策略。启动策略在应用系统开始运行时调用,退出策略在应用系统退出运行时调用,循环策略由系统在运行过程中定时循环调用,用户策略供系统中的其他部件调用。

# 任务二　MCGS 组态软件功能及特点

1. 简单的可视化操作界面

MCGS 采用全中文、可视化、面向窗口的开发界面，以窗口为单位，构造用户运行系统的图形界面，使得 MCGS 的组态工作既简单直观又灵活多变，符合中国人的使用习惯和要求。用户可以使用系统的默认构架，也可以根据自己的需要，自己配置图形界面，生成各种类型和风格的图形界面，包括 DOS 风格和标准 Windows 风格的图形界面，并且带有动画效果的工具条和状态条等。

2. 实时性强、良好的并行处理性能

MCGS 是真正的 32 位系统，充分利用了 32 位 Windows 操作平台的多任务、按优先级分时操作的功能，以线程为单位对在工程作业中实时性强的关键任务和实时性不强的非关键任务进行分时并行处理，使 PC 广泛应用于工程测控领域成为可能。

3. 丰富、生动的多媒体画面

MCGS 以图像、图符报表和曲线等多种形式，为用户及时提供系统运行中的状态、品质及异常报警等有关信息；通过图形大小的变化、颜色的改变、明暗的闪烁、图形的移动反转等多种手段，增强画面的动态显示效果；在图元、图符对象上定义相应的状态属性，实现动画效果。MCGS 还为用户提供了丰富的动画构件，每个动画构件都应有一个特定的动画功能。MCGS 还支持多媒体功能，以便能够开发出集图像、声音、动画为一体的漂亮、生动的工程画面。

4. 开放式结构，广泛的数据获取和强大的数据处理功能

MCGS 采用开放式结构，可以与广泛的数据源交换数据，并提供了多种高性能的 I/O 驱动；支持 Microsoft 开放式数据库互连（ODBC），有强大的数据库连接能力；全面支持 OPC（OLE for Process Control）标准，既可作为 OPL 客户端，也可作为 OPC 服务器，可以与更多的自动化设备连接；通过 DDE（Dynamic Data Exchange，动态数据交换）与其他应用程序交换数据，充分利用计算机丰富的软件资源；全面支持 ActiveX 控制，提供极其灵活的面向对象的动态图形功能，并且包含丰富的图形库。

5. 完善的安全机制

MCGS 提供了良好的安全机制，为多个不同级别的用户设定了不同的权限。此外，MCGS 还提供了工程密码、锁定软件狗、工程运行期限等功能，大大加强了保护组态开发者劳动成果的力度。

6. 强大的网络功能

MCGS 支持 TCP/IP、MODEM、RS-458/RS-422/RS-232 等多种网络体系结构；使用 MCGS 网络版组态软件，可以在整个企业范围内用 IE 浏览器方便地浏览到实时和历史的监控信息，实现设备管理和企业管理的集成。

7. 多样化的报警功能

MCGS 提供了多种不同的警报方式，具有丰富的警报类型和灵活多样的警报处理函数，不

仅方便用户进行警报设置,并且实现了系统实时显示、打印警报信息的功能。警报信息的存储与应答功能,为工业现场安全可靠地生产运行提供了有力的保障。

8. 实时数据库为用户分步组态提供极大方便

MCGS 由主控窗口、设备窗口、用户窗口、实时数据库和运行策略五部分构成,其中实时数据库是一个数据处理中心,是系统各个部分及各种功能性构件的功用数据区,是整个系统的核心。各个部件独立地向实时数据库输入和输出数据,并完成自己的差错控制。在生成用户应用系统时,每个部分均可分别进行组态配置,独立创建,互不干扰;而在系统运行过程中,各个部分都通过实时数据库交换数据,形成互相关联的整体。

9. 支持多种硬件设备,实现"设备无关"

MCGS 针对外部设备的特征和设备工具箱,定义多种设备构件,建立系统与外部设备的连接关系,赋予相关的属性,实现对外部设备的驱动和控制。用户在设备工具箱中可方便地选择各种设备。不同的设备对应不同的构件,所有的设备构件均可通过实时数据库建立联系;而建立时又是相互独立的,即对某一构件的操作或改动,不影响其他构件和整个系统的结构。

10. 控制方便、复杂的运行流程

MCGS 开辟了"运行策略"窗口,用户可以选用系统提供的各种条件和功能的策略构件,用图形化的方法和简单的类 Basic 语言构造多分支的应用程序,按照设定的条件和顺序,操作外部设备,控制窗口的打开或关闭,与实时数据库进行数据交换,实现自由、准确地控制运行流程,同时也可以由用户创建新的策略构件,扩展系统的功能。

11. 良好的可维护性和可扩充性

MCGS 系统由五大功能模块组成,主要的功能模块以构件的形式来构造,不同的构件有不同的功能,且各自独立。三种基本类型的构件(设备构件、动画构件、策略构件)完成了 MCGS 系统三大部分(设备驱动、动画构件和流程控制)的所有工作。除此之外, MCGS 还提供了一套开放的可扩充接口,用户可以根据自己的要求用 VB、VC 等高级开发语言编制特定的构件来扩充系统的功能。

12. 用数据库来管理数据存储,系统可靠性高

MCGS 中数据的存储不再使用普通的文件,而是用数据库来管理。组态时,系统生成的组态结构是一个数据库;运行时,系统自动生成一个数据库,保存和处理数据对象及报警信息的数据。利用数据库来保存数据和处理数据,提高了系统的可靠性和运行效率;同时,也使其他应用软件系统能直接处理数据库中的存盘数据。

13. 设立对象元件库,组态工作简单方便

对象元件库实际上是分类储存的各种组态对象的图库。组态时,可把制作好的数据对象(包括图形对象、窗口对象、策略对象以及位图文件等)以元件的形式存入图库中,同样也可把元件库的各种对象取出,直接为当前的工程所用。随着工作的积累,对象元件库将日益扩大和丰富,解决对象元件库的元件积累和元件重复利用问题,组态工作将变得更加简单、方便。

14. 实现对工控系统的分布式控制和管理

考虑到工控系统今后的发展趋势, MCGS 充分运用现今发展的 DCCW(Distributed Computer Cooperator Work,分布式计算机协作工作)技术,使分布在不同现场的采集设备和工作站之间实现协同工作,不同的工作站之间则通过 MCGS 实时交换数据,实现对工控系统的分布式控制管理。

# 任务三　工程的建立和变量的定义

## 9.3.1　MCGS 的主要功能

(1)双击桌面 MCGS 组态环境图标,进入组态环境,屏幕中间窗口为工作台。

(2)单击"文件"菜单中"新建工程"选项,自动生成新建工程,默认的工程名为"新建工程 0.MCG"。

(3)选择"文件"菜单中"工程另存为"选项,弹出文件保存窗口。

(4)在"文件名"一栏内输入"电梯动态画面",单击"保存"按钮,工程创建完毕,如图 9-3 所示。

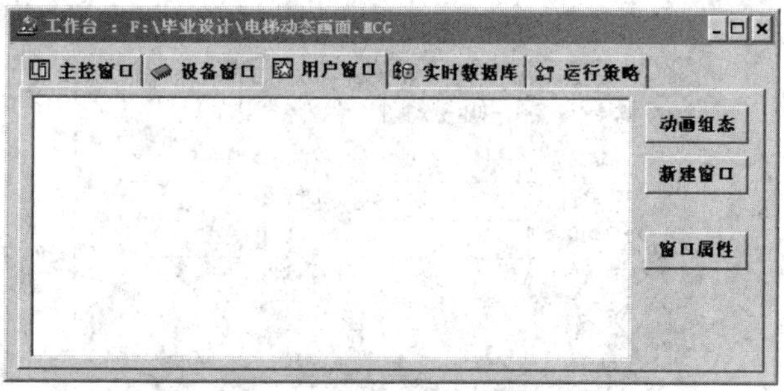


图 9-3　"电梯动态画面"工程创建完毕

在 MCGS 中,变量也叫数据对象。实时数据库是 MCGS 工程的数据交换和处理中心。数据对象是构成实时数据库的基本单元,建立实时数据库的过程也就是定义数据对象的过程。定义数据对象的内容主要包括:指定数据变量的名称、类型、初始值和数值范围,确定与数据变量存盘相关的参数,如存盘的周期、时间范围和保存期限等。

## 9.3.2　变量定义的步骤

(1)单击工作台中的"实时数据库"选项卡,进入"实时数据库"窗口,如图 9-4(a)所示。窗口中列出了系统已有变量的名称,其中一部分为系统内部建立的数据对象,需要将需要定义的数据对象添加进去。

(2)单击工作台右侧"新增对象"按钮,在窗口的数据对象列表中会增加一个新的数据对象,如图 9-4(b)所示。

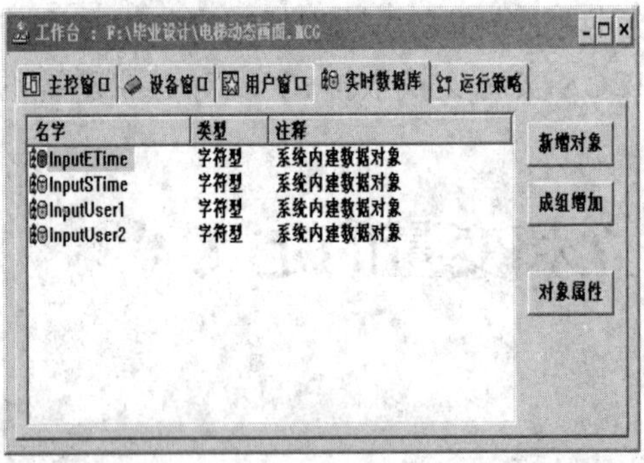


（a）

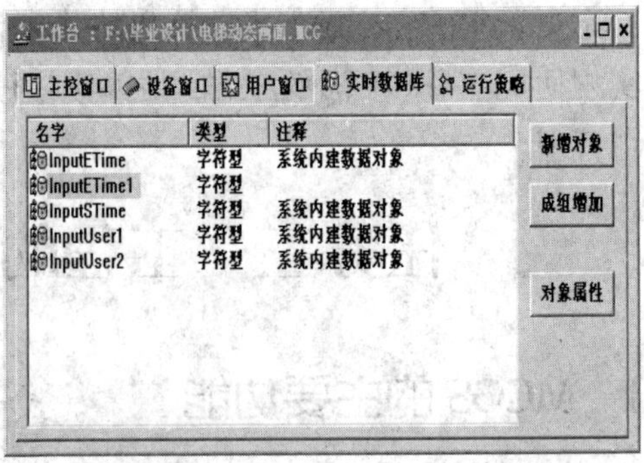


（b）

图 9-4 “实时数据库”窗口

（3）选中该数据对象，按“对象属性”按钮，或双击选中对象，打开“数据对象属性设置”窗口。

（4）将“对象名称”改为“开门”，“对象初值”改为“0”，“对象类型”选择为“开关”，单击“确认”按钮，如图 9-5 所示。

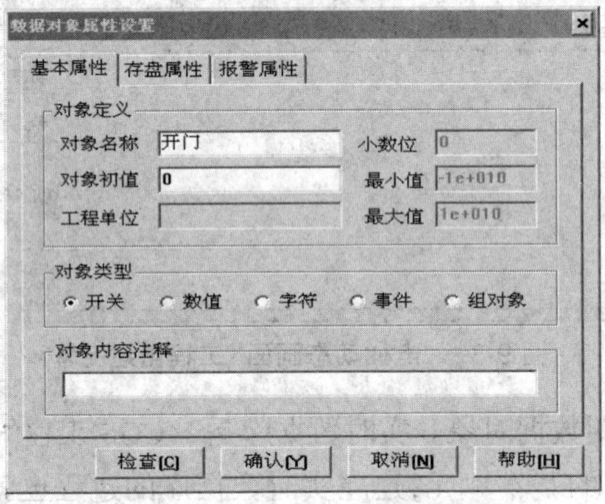


图 9-5 “数据对象属性设置”窗口

（5）按照步骤（2）至（4），设置其他数据对象。

## 9.3.3 指示灯的属性设置

（1）双击启动指示灯，弹出“单元属性设置图”窗口。

（2）单击“动画连接”选项卡，进入该页。

（3）单击“组合图符”，出现“?”“>”按钮。

（4）单击“>”按钮，弹出“动画组态属性设置”窗口，单击“属性设置”选项卡，进入该页，如图 9-6 所示。

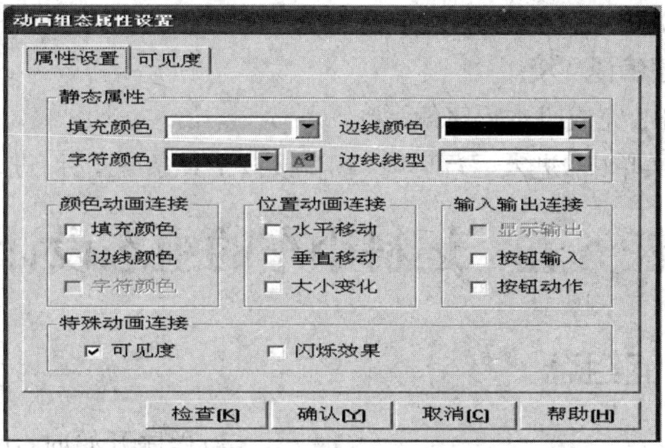


图 9-6　“动画组态属性设置”窗口

（5）选中特殊动画连接中的“可见度”，其他项不选。

# 任务四　MCGS 与 PLC 的连接

设备窗口是 MCGS 组态设计的重要组成部分，负责建立系统与外部设备的连接，使 MCGS 能从外部设备读取数据，并控制外部设备的工作状态，实现对工业过程的实时监控。

## 9.4.1　MCGS 组态软件开发平台

（1）单击“设备窗口”，再单击“设备组态”按钮，进入“设备组态”窗口。

（2）在“设备工具箱”中选中“通用串口父设备”→“三菱_FX 系列”，添加到右面已选设备，并对应设备两者的属性，与 PLC 的 I/O 设置保持一致，如图 9-7 所示。

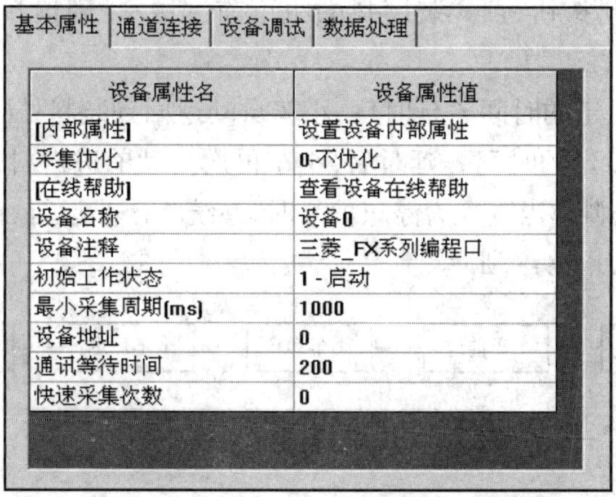


图 9-7　MCGS 与 PLC 连接设置

## 9.4.2　编制循环策略

（1）在“运行策略”中双击“循环策略”进入设置界面，双击图标进入“策略属性设置”，把

“循环时间”设为“200ms”。

(2)进入脚本程序编译环境。

(3)按“确认”退出,完成脚本程序编写。

(4)单击“文件”菜单中“进入运行环境”或直接按工具条中图标,进入运行环境。

# 任务五 运料小车的组态设计

## 9.5.1 运料小车的组态

扫一扫:MCGS 组态案例应用与调试

当程序开始时,小车是装满料的;当小车开始前进时,组态界面的前进显示灯亮,直到小车到达卸料处(SQ2)自动停下来卸料,此时组态界面的前进显示灯灭,经过卸料所需设定的时间 $t_2$ 延时后,小车开始后退,此时组态界面的后退显示灯亮,直到小车到达装料处(SQ1)自动停下来装料,此时组态界面的装料显示灯亮,经过装料所需设定的时间 $t_1$ 延时后,小车再次自动前进送料,卸完料后小车又自动返回装料,如此自动往返循环送料。当输入为停止信号时,系统将停止运行。在制作时共设置了 4 个按钮,分别为装料、前进、卸料、后退,分别双击各按钮会出现动画选择对话框,依次选择触动链接—触动按钮—动作动画链接,此时出现触动 - 动作脚本编辑器。确保选择条件类型为鼠标左键按下时,此脚本在按下该按钮之后产生一个动作。

## 9.5.2 运行调试动画界面工作过程

(1)第一次按下送料按钮,预先装满料的小车前进送料,到达卸料处(SQ2)自动停下来卸料。

(2)经过卸料所需设定的时间 $t_2$ 延时后,小车自动返回到装料处(SQ1)。

(3)经过装料所需设定的时间 $t_1$ 延时后,小车再次自动前进送料,卸完料后又自动返回装料,如此自动往返循环送料。当输入为停止信号时,系统将停止运行。

小车送料工作过程如图 9-8 所示。

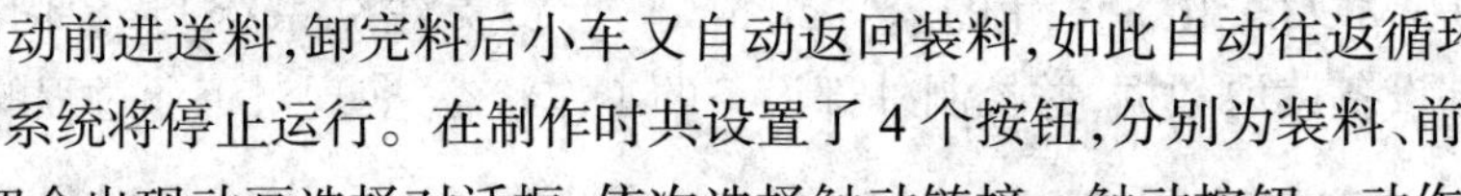


图 9-8 小车送料工作过程流程图

PLC 动画界面具体过程为前进(图 9-9)、装料(图 9-10)、后退(图 9-11)、卸料(图 9-12)。

## 9.5.3 运料小车自动往返梯形图

运料小车自动往返梯形图如图 9-13 所示。

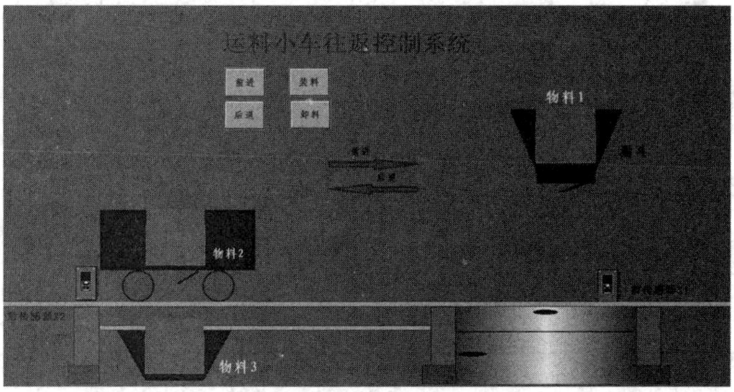


图 9-9 小车前进取料

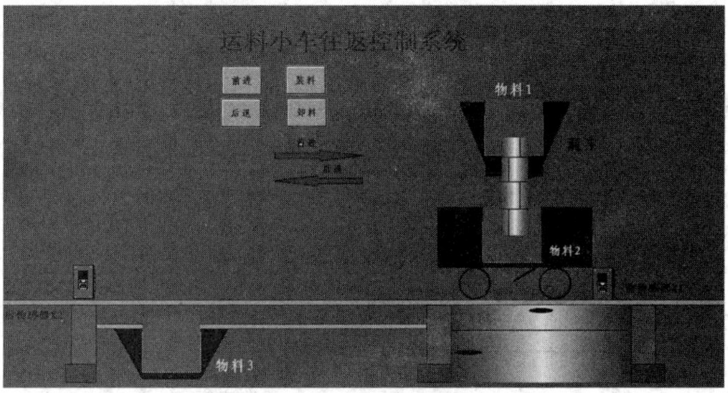


图 9-10 小车装料

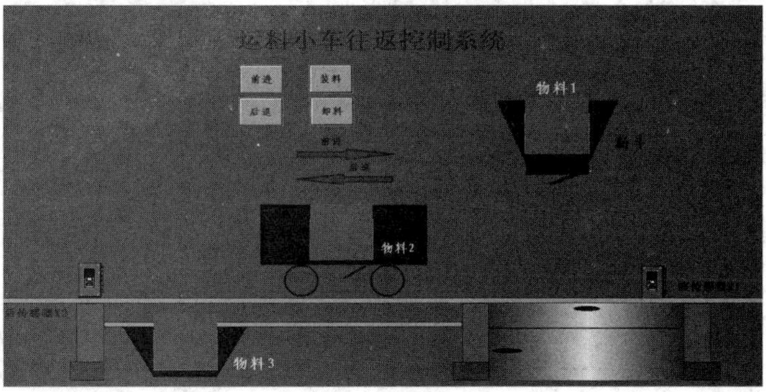


图 9-11 小车后退

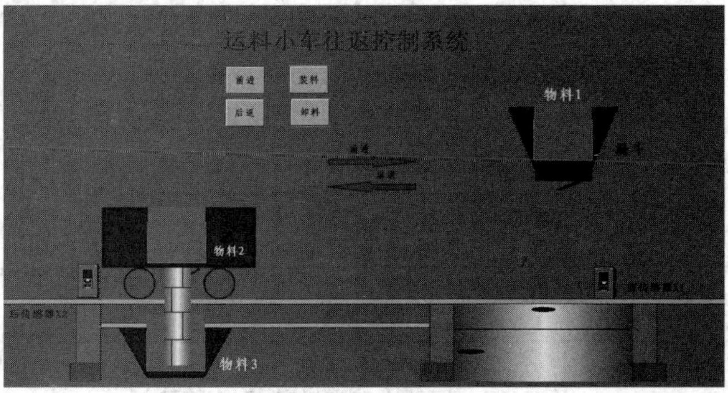


图 9-12 小车卸料

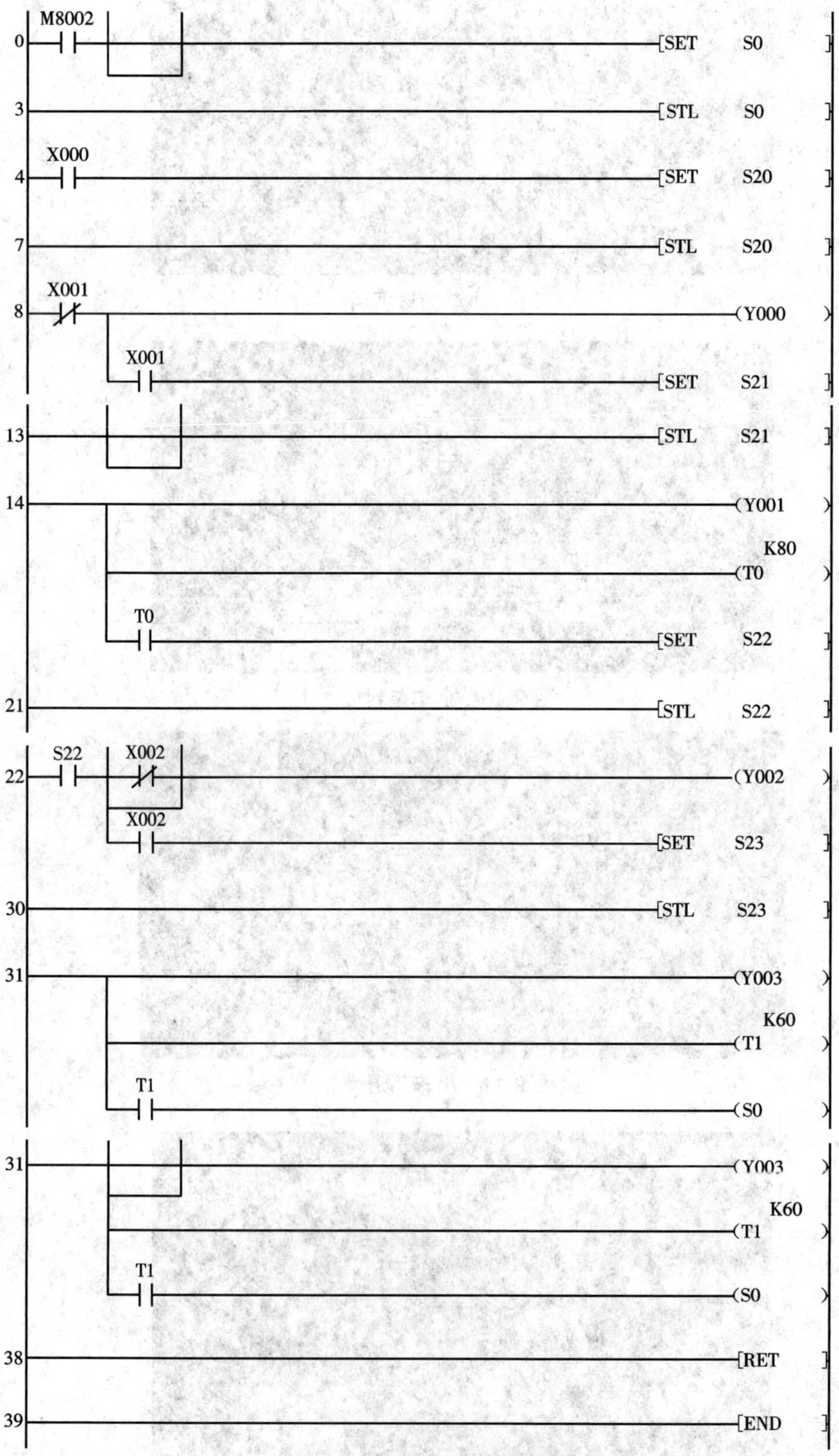


图 9-13 运料小车自动往返梯形图

## 9.5.4　运料小车自动往返程序指令

运料小车自动往返程序指令见表 9-1。

表 9-1　运料小车自动往返程序指令

| 步数 | 指令 | 步数 | 指令 | 步数 | 指令 |
|---|---|---|---|---|---|
| 0 | LD　M8002 | 13 | STL　S21 | 25 | SET　S23 |
| 1 | SET　S0 | 14 | OUT　Y001 | 30 | STL　S23 |
| 3 | STL　S0 | 15 | OUT　T0 | 31 | OUT　Y003 |
| 4 | LD　X000 | 18 | LD　T0 | 32 | OUT　T1 |
| 5 | SET　S20 | 19 | SET　S22 | 33 | LD　T1 |
| 7 | STL　S20 | 21 | STL　S22 | 34 | OUT　S0 |
| 8 | LDI　X001 | 22 | LDI　X002 | 38 | RET |
| 9 | OUT　Y000 | 23 | OUT　Y002 | 39 | END |
| 10 | LD　X001 | 24 | LD　X002 | | |
| 11 | SET　S21 | | | | |

# 机电讲堂:维修“神医”——刘云清

扫一扫:机电讲堂

坚持创新驱动发展,激发人才创新活力。刘云清是一名中专毕业的钳工,却因为掌握多门技术,被人称作“维修神医”。他本是一名维修机器的工人,却偏偏要做“智能设备制造专家”。高铁“复兴号”齿轮箱体内部复杂,原本装配前都需要进行人工清洗,但清洗后依旧残留的铁锈渣直接影响齿轮的寿命。如何解决这个问题,刘云清和团队先后拿出了十多个论证方案,用了整整两年的时间,在 2019 年 2 月成功打造出了世界上首台高铁齿轮箱全密封清洗机。

# 思考与习题

1. 什么是 MCGS 组态软件?
2. 组态软件工艺画面设计要求有哪些?
3.MCGS 如何与设备进行通信?
4.MCGS 如何产生动画效果?
5.MCGS 如何实施远程多机监控?
6. 如何对工程运行流程实施有效控制?

# 项目十　工业机器人技术及应用

## 任务一　工业机器人概述

扫一扫：工业机器人概述

如今的工业体系中，生产过程的自动化和智能化成为一种发展趋势，要想实现这一点就需要在生产的过程中引入大量工业机器人，因此工业机器人的应用与发展将成为工业体系发展的重中之重。在如今的很多行业里，已经出现了工业机器人的身影，如汽车生产线上的装配机器人，机械生产过程中与数控机床和加工中心等配套的物料推送机器人以及搬运机器人等，这些都是现在工业体系内常见的工业机器人。

### 10.1.1　工业机器人的发展

第一代机器人也称为示教再现型机器人，它是通过一台计算机来控制一个多自由度的机械，通过示教存储程序和信息，工作时把信息读取出来，然后发出指令，这种机器人可以重复地根据人当时示教的结果，再现出这种动作，例如汽车生产线上的点焊机器人，它只要把这个点焊的过程示教完以后，就总是重复这一工作，它对于外界的环境没有感知，如这个操作力的大小、这个工件存在与不存在、焊接的好与坏，它并不知道，这是第一代机器人存在的缺陷。

在 20 世纪 70 年代后期，人们开始研究第二代机器人，称为带感觉的机器人，这种带感觉的机器人拥有类似人的某种功能的感觉，如力觉、触觉、滑觉、视觉、听觉和人进行相类比，从而有了各种各样的感觉。例如，在机器人抓一个物体的时候，其实际上力的大小能感觉出来，它能够通过视觉去感受和识别它的形状、大小、颜色；如抓一个鸡蛋，它能通过触觉，知道它的力的大小和滑动的情况。

第三代机器人是机器人学所追求的一个理想的最高阶段，称为智能机器人，即只要告诉它做什么，不用告诉它怎么去做，它就能完成运动。第三代机器人的感知思维和人机通信功能在目前的发展，只是相对局部的有智能的概念和含义，真正完整意义上的智能机器人实际上并不存在，而只是随着科学技术的不断发展，智能的概念越来越丰富，内涵也越来越宽。

现代工业机器人的应用非常集中，主要集中在中国、韩国、日本、美国、德国等国家，这些国家工业机器人的销量占到了 75%。而 2013 年以后，中国就成为全球最大的工业机器人市场。

从应用行业来说，工业机器人应用最广泛的行业是汽车制造领域，它占了 38.7%，其实在我国这个数据还要大得多，基本接近 50% 的工业机器人是应用在汽车制造领域；在电力 / 电子领域的应用这几年的增长非常快，现在已经达到 21% 左右，并且这个比例还会进一步提高。

尤其是我国的电子产品的生产能力占全球的60%~70%，电力 / 电子行业与工业机器人的应用将会有更大的市场。

从品牌来说，现在的工业机器人市场份额主要被四大品牌占有，其中KUKA（德国库卡）20%、FANUC（日本发那科）15%、YASKAWA（日本安川）15%、ABB（瑞士能源）10%，它们加起来超过了60%。以上四大品牌基本上可以分为两系：欧系和日系。ABB与KUKA是欧系的代表，它们的主要应用领域是汽车制造，在3C、汽车加工等方面也有一些新的应用；FANUC和YASKAWA是日系的代表，它们的主要应用领域也是汽车制造，而且在电子行业的应用也比较好，这两年的应用量增长也非常快，因为其工业机器人和视觉系统相结合，形成了比较精密的装备。

工业机械手和工业机械臂所做的工作要求有速度、精度、重载等，但是灵活性还不够。富士康有上百万台工业机器人的应用计划，但最后并没有达到它的目标，因为它的很多工作需要手部的操作，而不是臂部的问题。现在的工业机器人可以说还是残疾的机器人，还需要进一步完善，还要扩展它的功能、提高它的性能，使它变成一个智能设备。在新型机器人研发上，还需要研发具有灵巧性的机器人，包括双臂机器人、柔性机器人、灵巧手与智能传感机器人等。

以前的机器人只是一个“机器”人，能做的都是一些简单、低级的任务，相对来说对环境适应能力比较差。随着科学技术的进步，可提升机器人的性能，真正让“机器”变成人，使它能够完成复杂、高级的任务，适应环境的变化。机器人现在正在进行由“机器”向人的进化，现在的机器人只是一个传统的特殊设备，只在一些关键性的环节上应用，与人形成互补的关系，可以满足市场对质量和效率的要求。而新一代机器人才可以叫“机器人”，它的应用将更加普遍，可以实现与人的替代关系，可以满足市场对新制造模式的需求，减少人力，降低成本，提高产品竞争力。

除此之外，还需要考虑机器人的应用场景，不要只盯着高端应用，也要注意低端应用。如卫浴五金（打磨抛光），看似简单的工作，如果要让机器人来做，它需要有一些力的感知等，其应用要求甚至比应用在汽车生产线上还要高，需要防水、防尘、防爆以及力控制、离线编程、曲面规划、打磨工艺等。这个行业对价格也非常敏感，如何做低成本的系统，也是需要考虑的。

对于工业机器人来讲，一定要和传感器相结合，尤其是与视觉系统相结合，扩展工业机器人的应用，同时也使工业机器人更加适应环境和任务的变化。工业机器人今后将不再只是做一些单元性的机器人单元，而是要走向“数字化工厂”。

下一代工业机器人包括柔性臂、双臂人机协同，需要具有安全性、交互性。要做到这一点，必须接受四个挑战：环境挑战、任务挑战、行为方式挑战、自然交互挑战。

针对上面的这几个挑战，需要重点研究以下问题。

（1）环境理解问题：研究机器人在自然、不可预知、动态环境中的感知。

（2）行为方式及安全问题：研究机器人和人在紧密接触、密切配合行为过程中确保人 - 机 - 物安全的技术。

（3）交互问题：研究机器人作为“人类助手”乃至进入普通人生活相适应的友好、智能、自然的人机交互技术。过去都是以机器为中心，人推动遥控器、手把手教机器人怎么干活；今后应该以人为中心,让机器人来适应人,如人打个手势机器人就知道干什么,人说一句话机器人就能理解这句话从而做出行动,这是一个根本的改变。

(4)学习与进化问题:研究基于反馈思想的在线学习方法,通过不断的在线学习和吸收他人的观点,提高自身能力,实现进化,使其能够适应外界不断变化的环境和复杂多变的作业任务。在这个问题中,要研究自主学习、协同进化、机器思维、成长发育等内容。

## 10.1.2 工业机器人的组成

工业机器人由主体(机械部分)、感受部分和控制部分三大基本部分组成,如图 10-1 所示。其中包括六个子系统,即机械结构系统、驱动系统、感受系统、机器人 - 环境交换系统、人机交换系统和控制系统。

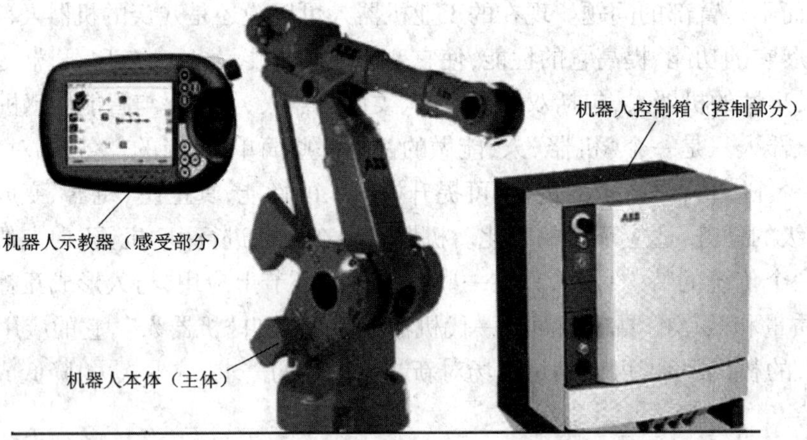


图 10-1 工业机器人三大组成部分

1. 主体(机械部分)

机械部分是机器人的血肉组成部分,也就是我们常说的机器人本体部分。这部分主要可以分为机械结构系统和驱动系统。

1)机械结构系统

工业机器人的机械结构主要由四大部分构成,即机身、臂部、腕部和手部,每一个部分具有若干的自由度,构成一个多自由度的机械系统,有的机器人还有行走机构。工业机器人有 6 个自由度乃至更多腕部自由度,末端执行器是直接安装在腕部的一个重要部件,它可以是多手指的手爪,也可以是喷漆枪或者焊具等作业工具。工业机器人主体部分如图 10-2 所示。

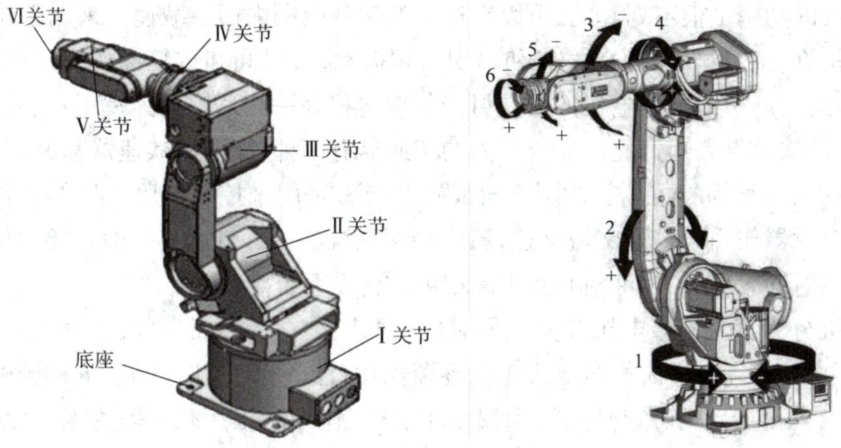


图 10-2　工业机器人主体部分

末端执行器是连接在机械手最后一个关节上的部件,它一般用来抓取物体,与其他机构连接并执行需要的任务,如图 10-3 所示。机器人制造商一般不设计或出售末端执行器,多数情况下只提供一个简单的抓持器。通常末端执行器安装在机器人 6 轴的法兰盘上,以完成给定环境中的任务,如焊接、喷漆、涂胶以及零件装卸等就是需要机器人来完成的任务。

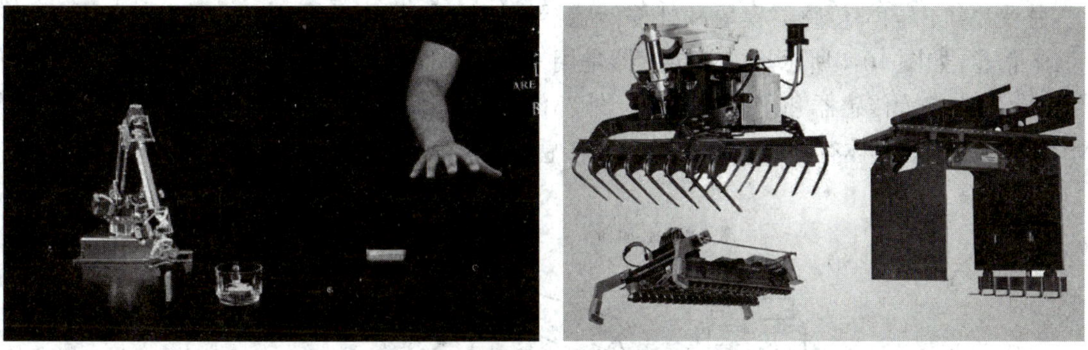

图 10-3　末端执行器

2)驱动系统

要使机器人运行起来,需要给各个关节安装传感装置和传动装置,这就是驱动系统。驱动系统的作用是提供机器人各部分、各关节动作的原动力。工业机器人的驱动系统按动力源可分为液压驱动系统、电动驱动系统和气动驱动系统三大类,三者各有特点,现在的主流是电动驱动系统。依据需求也可由以上三种组合并复合成驱动系统,或者通过同步带、轮系、齿轮等机械传动机构来间接驱动。驱动系统有动力装置和传动机构,用以使执行机构发生相应的动作。

由于低惯量、大转矩交直流伺服电机及其配套的伺服驱动器(交换变频器、直流脉冲宽度调制器)的普遍接纳,这类系统不需能量转换、运用方便、控制灵敏。

大多数电机后面需安装精细的传动机构,如减速器,其运用齿轮的速率转换器,将电机的反转数减到所要的反转数,并得到较大的转矩,从而降低转速、增加转矩。当负载较大时,一味提升伺服电机的功率是很不划算的,可以在适宜的速率范围内通过减速器来调整输出扭矩。

伺服电机在低频运转下容易发热和出现低频振动,长时间和重复性的工作不利于确保其准确、牢靠地运转。精细减速电机的存在可使伺服电机在一个适宜的速率下运转,在加强机器刚性的同时,可输出更大的力矩。如今主流的减速器有两种,即谐波减速器和 RV 减速器。

伺服驱动器又称为"伺服控制器""伺服放大器",是用来控制伺服电机的一种控制器,其作用类似于变频器作用于普通交流马达,属于伺服系统的一部分。其一般是通过位置、速度和力矩三种方式对伺服电机进行控制,实现高精度的传动系统定位。

伺服电机分为直流伺服电机和交流伺服电机两大类,交流伺服电机又分为异步伺服电机和同步伺服电机。目前,交流伺服电机正在逐渐代替直流伺服电机。与直流伺服电机相比,交流伺服电机具有可靠性高、散热好、转动惯量小、能工作在高压状态下等优点。由于交流伺服电机没有电刷和转向器,故其也称为无刷伺服系统,用于其中的电机也是无刷结构的笼型异步电机和永磁同步型电机。

2. 感受部分

感受部分就好比人类的五官,为机器人工作提供感觉,帮助机器人更加精确的工作。感受部分主要可分为感受系统和机器人 - 环境交互系统。

1)感受系统

感受系统由内部传感器模块和外部传感器模块组成,用于获取内部和外部环境状态中有意义的信息,如图 10-4 所示。内部传感器是用来检测机器人本身状态(如手臂间的角度)的传感器,具体有位置传感器和角度传感器。外部传感器用来检测机器人与作业对象及环境与物体的距离及状况,具体有距离传感器与触觉传感器。

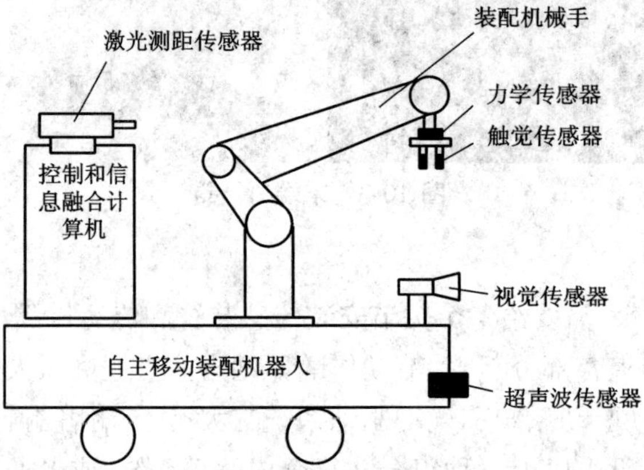


图 10-4 感受系统

智能传感器可以提高机器人的机动性、适应性和智能化水准。对于一些特殊的信息,传感器的灵敏度甚至可以超越人类的感觉系统。

2)机器人 - 环境交互系统

机器人 - 环境交互系统是实现工业机器人与外部环境中的设备相互联系和协调的系统。工业机器人与外部设备集成为一个功能单元,如加工制造单元、焊接单元、装配单元等,也可以由多台机器人、多台机床设备或者多个零件存储装置集成为一个能执行复杂任务的功能单元。

3. 控制部分

控制部分相当于机器人的大脑部分，可以直接或者通过人工对机器人的动作进行控制。控制部分可分为人机交互系统和控制系统。

1）人机交互系统

人机交互系统是使操作人员参与机器人控制，并与机器人进行联系的装置。例如，计算机的标准终端、指令控制台、信息显示板、危险信号警报器、示教盒等。简单来说，该系统可分为两大部分，即指令给定系统和信息显示装置。

2）控制系统

控制系统主要是根据机器人的作业指令程序以及从传感器反馈回来的信号支配执行机构去完成规定的运动和功能。根据控制原理，控制系统可分为程序控制系统、适应性控制系统和人工智能控制系统。根据运动形式，控制系统可分为点位控制系统和轨迹控制系统。

以上三大部分六大系统的协调作业使工业机器人成为一台高精密度的机械设备，具备工作精度高、稳定性强、工作速度快等特点，为企业提高生产效率和产品质量奠定基础。

## 10.1.3 工业机器人的分类

1. 按照机器人的功能分

（1）操作型机器人，能自动控制，可重复编程，有多个功能和自由度，可固定或运动，用于相关自动化系统。

（2）程控型机器人，按预先的要求及顺序条件，依次控制机器人的机械动作。

（3）示教再现型机器人，通过引导或其他方式，先教会机器人动作，再输入工作程序，机器人则自动重复进行作业。

（4）数控型机器人，不必使机器人动作，通过数值、语言等对机器人进行示教，机器人根据示教后的信息进行作业。

（5）感觉控制型机器人，利用传感器获取的信息控制机器人的动作。

（6）适应控制型机器人，机器人能适应环境的变化，控制其自身的行动。

（7）学习控制型机器人，机器人能“体会”工作的经验，具有一定的学习功能，并将所“学”的经验用于工作。

（8）智能机器人，以人工智能决定其行动的机器人。

2. 按照机器人的机构特征分

（1）笛卡尔坐标机器人，也称为直角坐标机器人，其按结构样式可分为悬臂笛卡尔式和门形笛卡尔式。

①悬臂笛卡尔式机器人，只在平行于笛卡尔坐标轴 $X$、$Y$、$Z$ 的方向上移动，其工作空间所受约束较其他机器人所受的约束少，重复性和精度高，其坐标更接近于自然状态，故编程容易，有些运动形式可能较难完成。

②门形笛卡尔式机器人，也称为桁架机器人，一般在需要精确移动及负载较大的场合使

用,通常安装在顶板(天花板)上。

(2)柱面坐标机器人,水平臂或杆架安装在垂直柱上,而该柱又安装在一个旋转基座上,具有一个回转和两个平移自由度,动作空间呈圆柱体,如图 10-5 所示。其运动特点如下:

①手臂可伸缩(沿 $r$ 方向);

②滑动架(或托板)可沿柱上下移动($z$ 轴方向);

③水平臂和滑动架组合件可作为基座上的一个整体而旋转(绕 $z$ 轴),一般旋转不允许超过 360°。

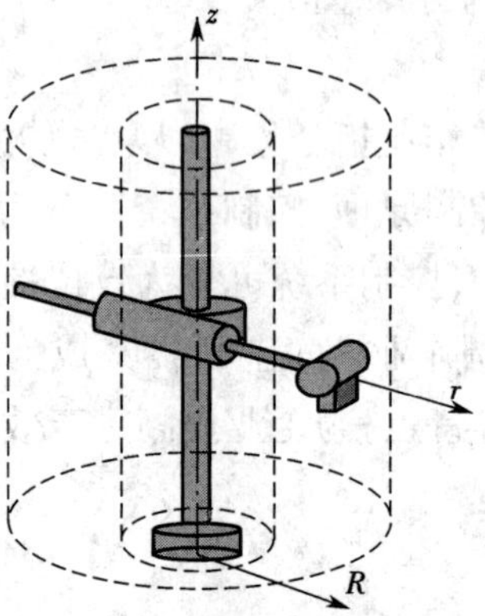


图 10-5 柱面坐标机器人示意图

(3)球面坐标机器人,空间位置分别由旋转、摆动和平移 3 个自由度确定,由于机械和驱动连线的限制,机器人的工作包络范围是球体的一部分,如图 10-6 所示。其工作特点如下:

①手臂可伸出缩回范围为 $R$,类似于可伸缩的望远镜套筒;

②在垂直面内绕 $\beta$ 轴旋转;

③在基座水平内转动角度为 $\theta$。

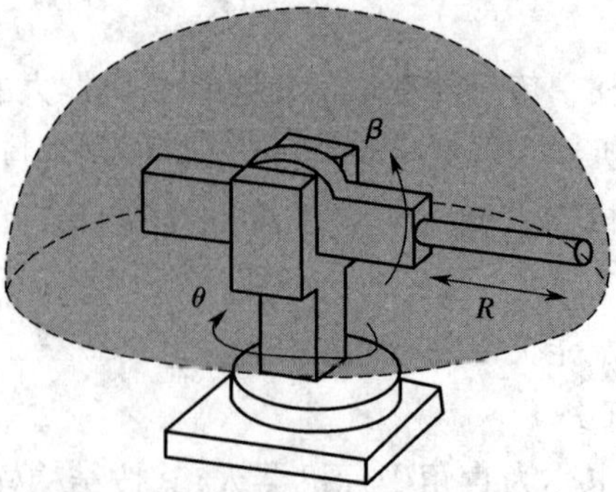


图 10-6 球面坐标机器人示意图

(4)多关节型机器人,根据摆动方向可分为垂直多关节型机器人和水平多关节型机器人,由多个旋转和摆动机构组成,结构紧凑、工作空间大、动作最接近人的动作,对涂装、装配、焊接等多种作业都有良好的适应性,应用范围越来越广,如图 10-7 所示。

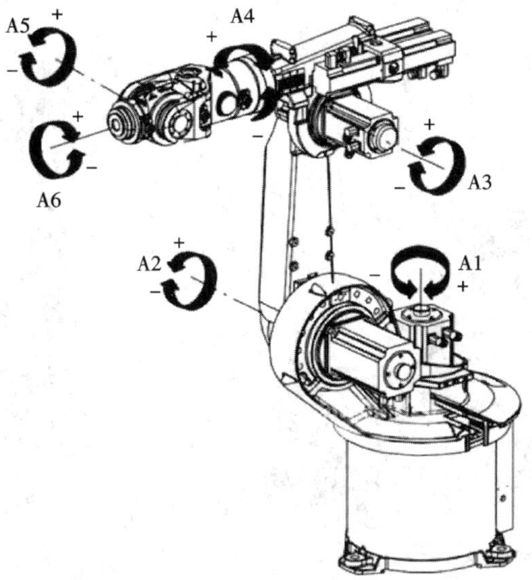


图 10-7　多关节型机器人示意图

3. 按用途分

（1）搬运机器人，用途很广，一般只需点位控制，即被搬运零件无严格的运动轨迹要求，只要求始点和终点位姿准确，如机床上使用的上下料机器人、工件堆垛机器人、注塑机配套用的机械等，如图 10-8 所示。

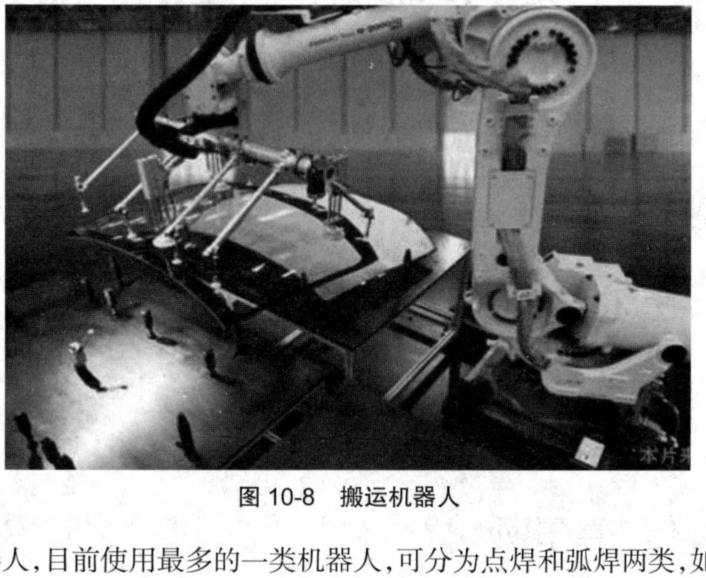

图 10-8　搬运机器人

（2）焊接机器人，目前使用最多的一类机器人，可分为点焊和弧焊两类，如图 10-9 所示。

（3）喷涂机器人，多用于喷漆生产线，对重复位姿精度要求不高，但由于漆雾易燃，一般采用液压驱动或交流伺服电机驱动，如图 10-10 所示。

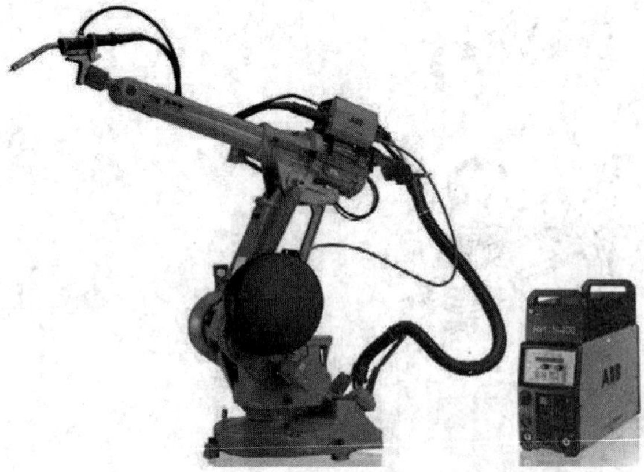

图 10-9　焊接机器人

图 10-10　喷涂机器人

（4）装配机器人，有较高的位姿精度，手腕具有较大的柔性，目前大多用于机电产品的装配作业，如图 10-11 所示。

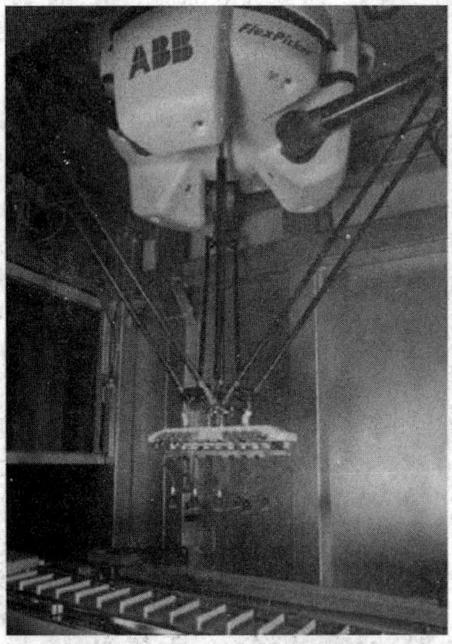


图 10-11　装配机器人

## 10.1.4　安全操作注意事项

（1）未经许可不能擅自进入机器人工作区域，机器人处于自动模式时，不允许进入其运动所及区域。

（2）机器人运行中发生任何意外或运行不正常时，立即使用 E-Stop 键（急停按钮），使机器人停止运行。

（3）在编程、测试和检修时，必须将机器人置于手动模式，并使机器人以低速运行。

（4）调试人员进入机器人工作区时，需随身携带示教器，以防他人误操作。

（5）在不移动机器人及运行程序时，需及时释放使能器（Enable Device）。

（6）突然停电后，要手动及时关闭机器人的主电源和气源，任何检修都要切断气源。

# 任务二　工业机器人的手动操作

## 10.2.1　RobotStudio 的建模功能

RobotStudio 是 ABB 公司开发的工业机器人离线编程软件，以 ABB Virtual Controller 为基础，与机器人在实际生产中运行的软件完全一致，其核心技术是 Virtual Robot。因此，通过 RobotStudio 可执行十分逼真的模拟，所用均为车间中实际使用的真实机器人程序和配置文件。从本质上讲，所有可以在实际工作台上进行的工作都可以在虚拟示教台（QuickTeach™）上完成，因而其是一种非常出色的软件工具。

当使用 RobotStudio 进行机器人的仿真验证时，如节拍、到达能力等，如果对周边模型要求不是非常细致的表述，可以用简单的等同实际大小的基本模型代替，从而节约仿真验证的时间。

如果需要精细的 3D 模型，可以通过第三方的建模软件进行建模，并通过 *.sat 格式导入 RobotStudio 来完成建模布局的工作。

（1）双击桌面上的 RobotStudio 快捷方式，打开 RobotStudio 软件，如图 10-12 所示。

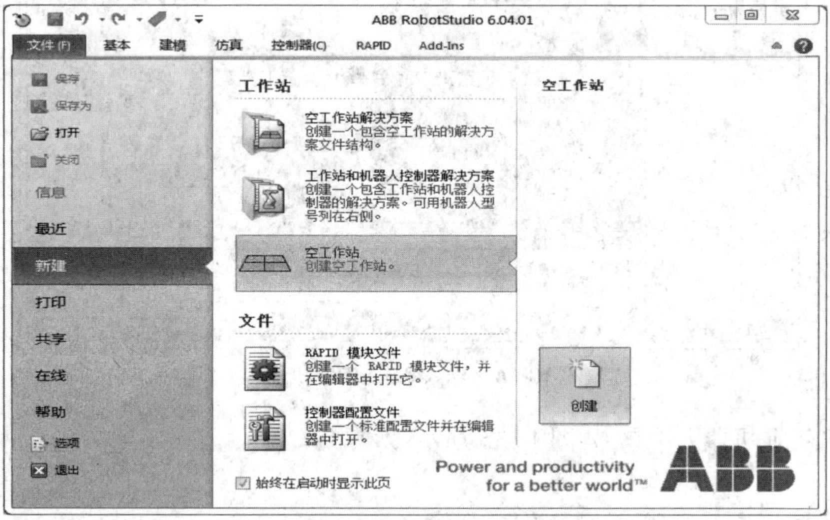


图 10-12　打开 RobotStudio 软件

（2）在打开的界面中，选择创建“空工作站”，创建后界面如图 10-13 所示。

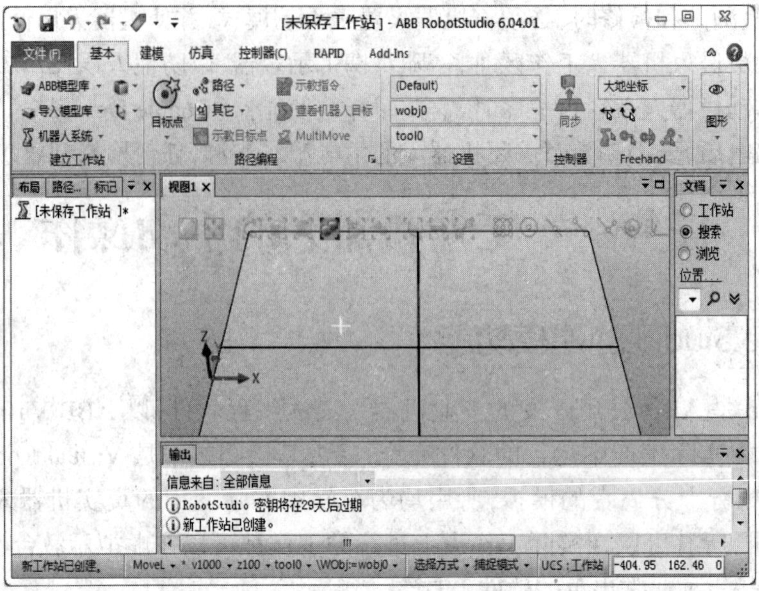


图 10-13 创建空工作站

(3)将 ABB 工业机器人导入创建的空工作站，如图 10-14 所示。

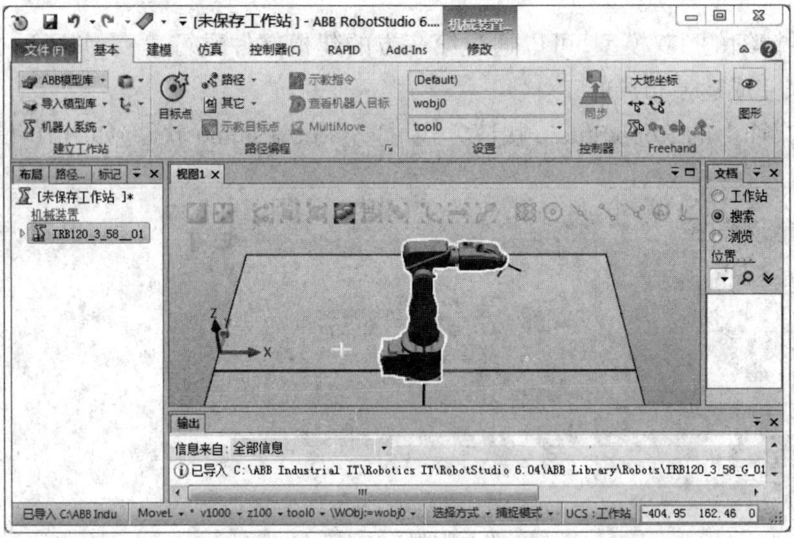


图 10-14 导入 ABB 工业机器人

(4)加载工业机器人工具，如图 10-15 所示。

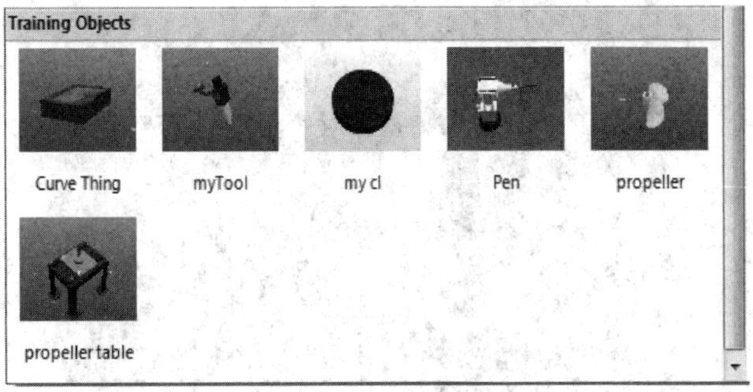


图 10-15　加载工业机器人工具

（5）选择“导入模型库”— “设备”— “Training Objects”中的“MyTool”，并加载，工具 MyTool 出现在布局及机器人基座处，如图 10-16 所示。

图 10-16　MyTool 显示

（6）将 MyTool 安装到机器人手腕上，其操作方法为在布局中的 MyTool 上按住鼠标左键，向上拖到“IRB120_3_58_01”后松开左键，弹出如图 10-17 所示对话框，单击“是”按钮。工具 MyTool 安装到机器人上的效果如图 10-18 所示。将 MyTool 安装到机器人手腕上，其操作方法也可采用鼠标右键单击布局中的 MyTool，选择“安装到”— “IRB120_3_58_01”。

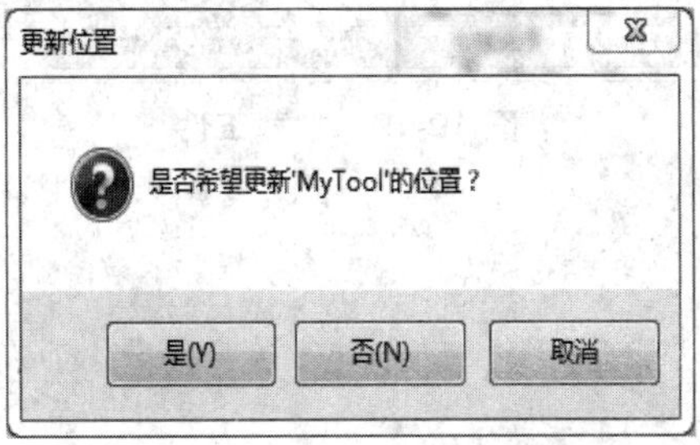


图 10-17　确认对话框

图 10-18　安装 MyTool 后效果

（7）加载工业机器人工件，选择“导入模型库”—“设备”—“Training Objects”中的“Curve Thing”，添加工件后，如图 10-19 所示。若工件离机器人较远，显示工业机器人的工作区域操作方法为鼠标右键单击布局中的“IRB120_3_58_01”，选择“显示机器人工作区域”，其白色空间内为机器人可达区域，如图 10-20 所示。

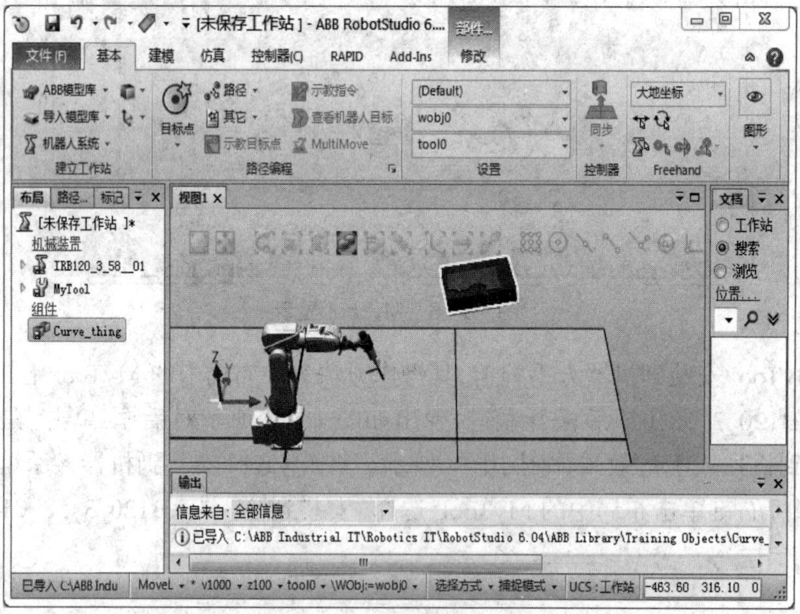


图 10-19　加载工件

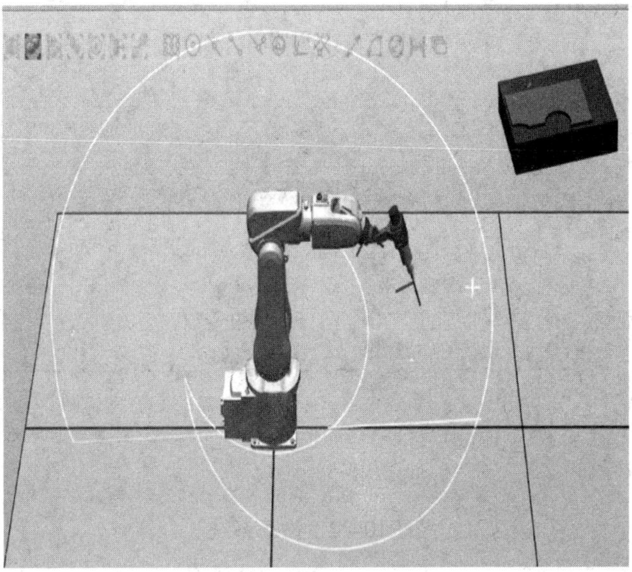

图 10-20　显示操作区域

(8)工件不在工业机器人的工作区域,需设置“Curve_thing”的位置,其操作方法为鼠标右键单击“Curve_thing”,选择设定位置,如图 10-21 所示。在弹出的对话框中设置其合适位置,设定完毕后,单击“应用”按钮,再单击“关闭”按钮。

注意:设定位置时,以大地坐标为参考坐标,坐标原点在机身底座的中心,$X$、$Y$、$Z$ 方向以图中箭头所示。至此一个最小的工业机器人仿真系统建立完成,如图 10-22 所示。

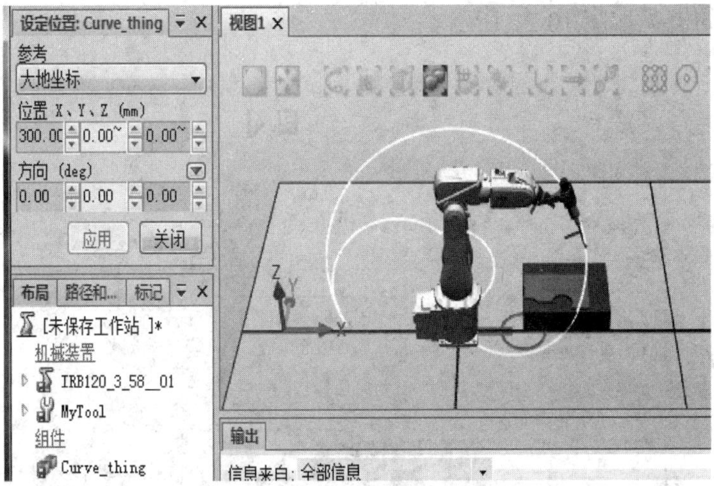


图 10-21　移动工件

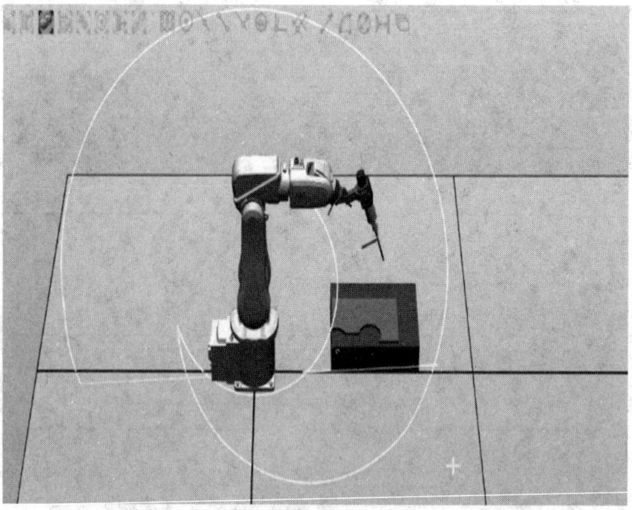

图 10-22 仿真系统

（9）创建控制系统，在“基本”功能选项卡，单击“机器人系统”— “从布局”，如图 10-23 所示。设定好系统名称和位置，注意路径建议不要出现中文，选择“RobotWare”（如果安装有多个，选择对应的 RobotWare 版本），单击“下一个”按钮，如图 10-24 和图 10-25 所示。单击“选项”按钮，如图 10-26 所示。在弹出的对话框中，做以下修改。

①更改默认语言：单击“Default Language”，勾选“Chinese”。

②选择现场总线及协议：单击“Industrial Networks”，勾选“709-1 DeviceNet Master/Slave”；单击“Anybus Adapters”，勾选“840-2 PROFIBUS Anybus Device”。

修改完成后的概况如图 10-27 所示。

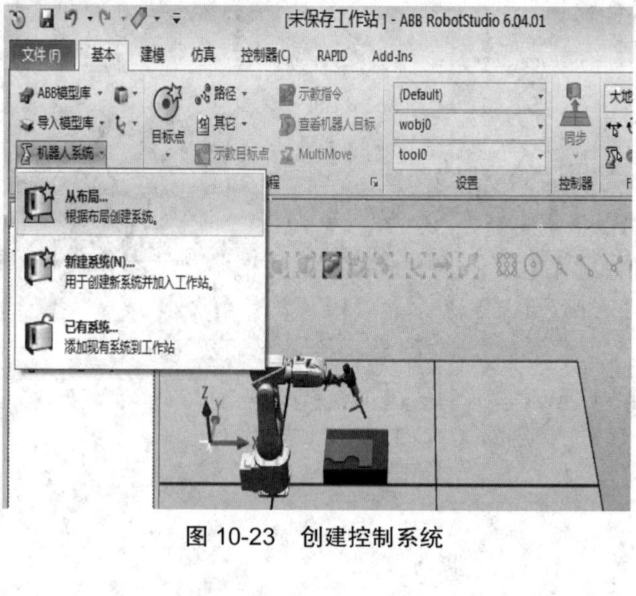


图 10-23 创建控制系统

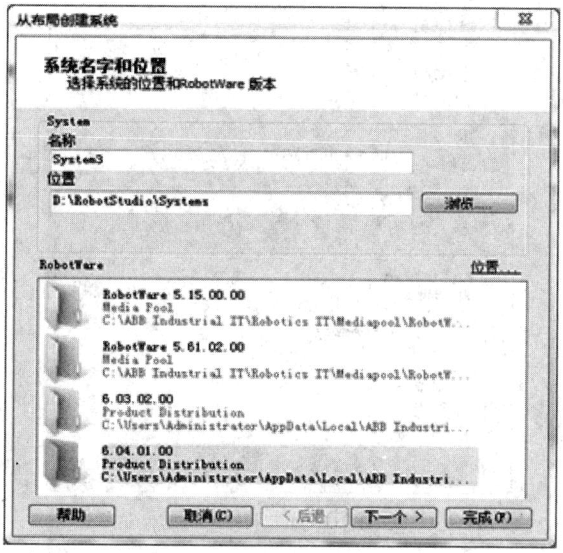


图 10-24　对话框 1

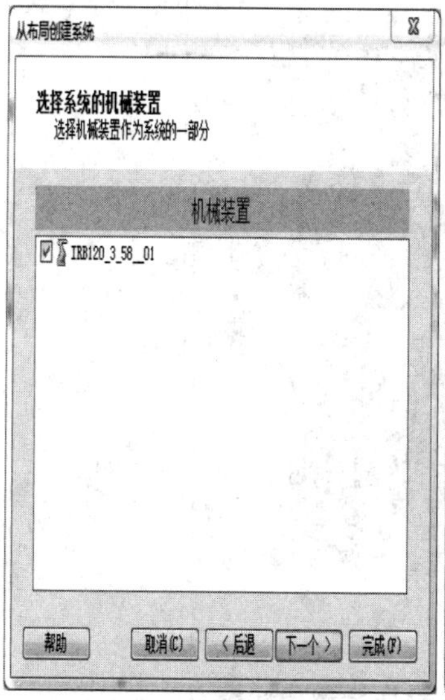


图 10-25　对话框 2

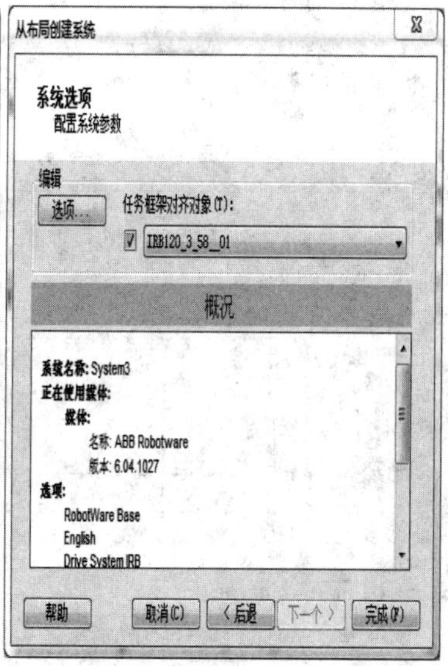


图 10-26　对话框 3

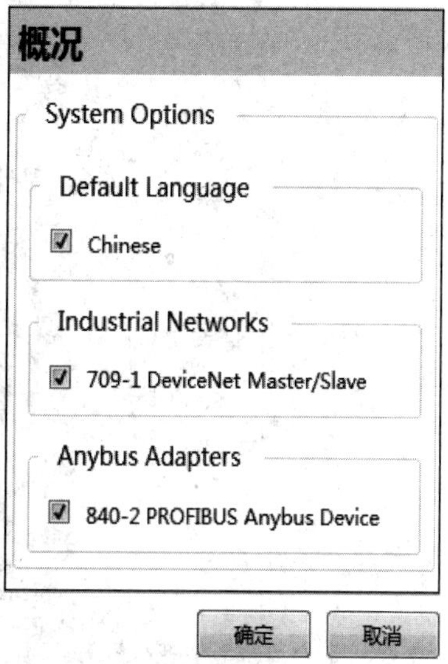


图 10-27　对话框 4

单击“确定”按钮后，回到如图 10-28 所示对话框，单击“完成”按钮。系统建立完成后，右下角“控制器状态”应为绿色，如图 10-29 所示。至此一个最小的工业机器人仿真系统建立完成。

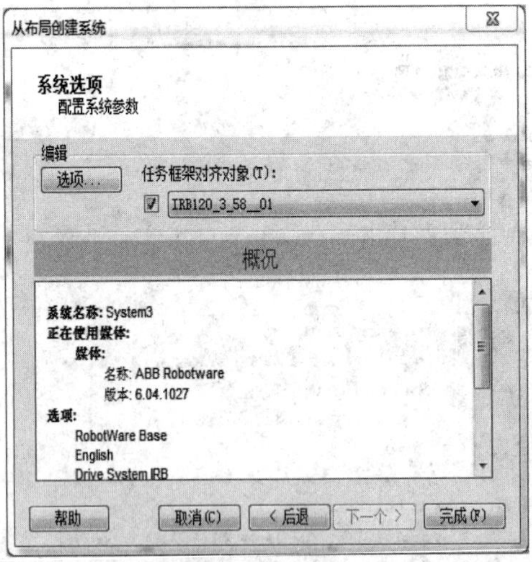


图 10-28　对话框 5

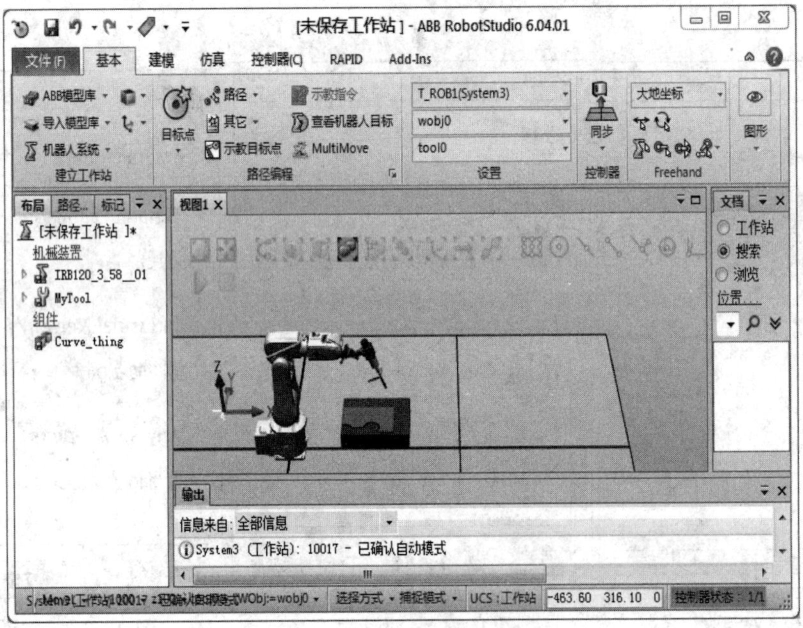


图 10-29　工业机器人仿真系统

## 10.2.2　手动操作机器人

手动操作机器人运动一共有三种模式：单轴运动、线性运动和重定位运动。

1. 单轴运动

一般地，ABB 机器人是由六个伺服电动机分别驱动机器人的六个关节轴，每次手动操纵一个关节轴的运动，就称为单轴运动。

1）单轴手动

在“基本”功能选项卡，选中“Freehand”的“手动关节”图标，然后选中某个关节，按住鼠标左键进行转动即可进行单轴运动，如图 10-30 所示。

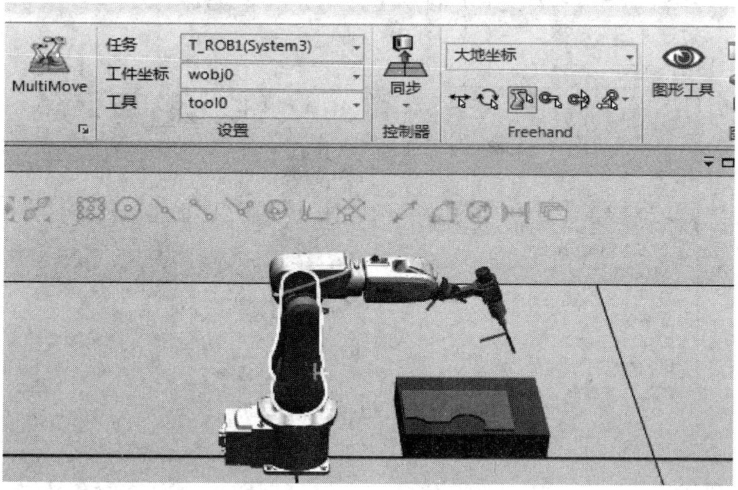


图 10-30　单轴运动

2）单轴精确手动

（1）鼠标右键单击“布局”中的“IRB120_3_58_01”，选择“机械装置手动关节”，如图 10-31 所示。

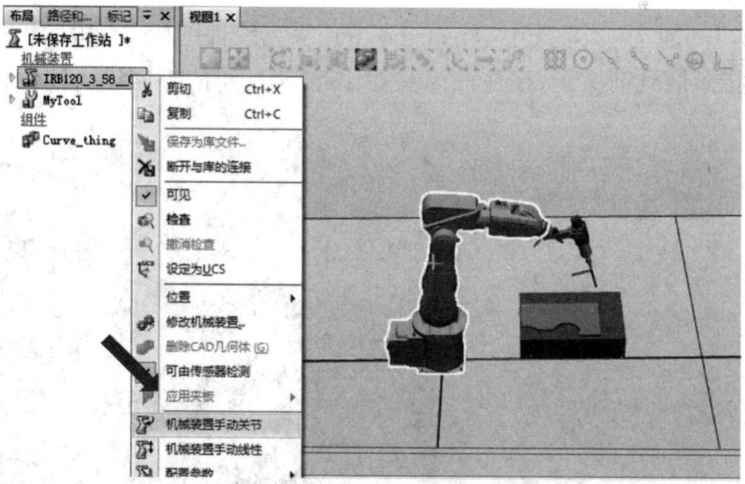


图 10-31　选择“机械装置手动关节”

（2）在弹出的如图 10-32 所示的界面中，拖动滑块或单击按钮可以精确手动操纵每个关节轴，根据需要也可设定每次点动的度数。

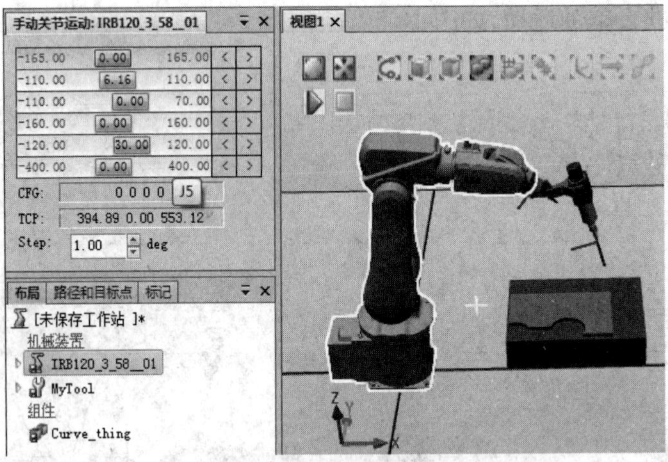


图 10-32 单轴精确运动

2. 线性运动

机器人的线性运动是指安装在机器人第六轴法兰盘上的工具 TCP 点在空间做线性运动。坐标线性运动时要指定坐标系、工具坐标、工件坐标。坐标系包括大地坐标、基坐标、工具坐标、工件坐标。工具坐标指定了 TCP 点位置，坐标系指定了 TCP 点在哪个坐标系中运行，工件坐标指定了 TCP 点在哪个工件坐标系中运行，当坐标系选择了工件坐标时，工件坐标才生效。

1）手动线性运动

（1）在“基本”功能选项卡，选中“Freehand”的“手动线性图标”，如图 10-33 所示。

（2）将鼠标指示放到箭头上，按住鼠标左键，以箭头指示的方向进行线性移动。

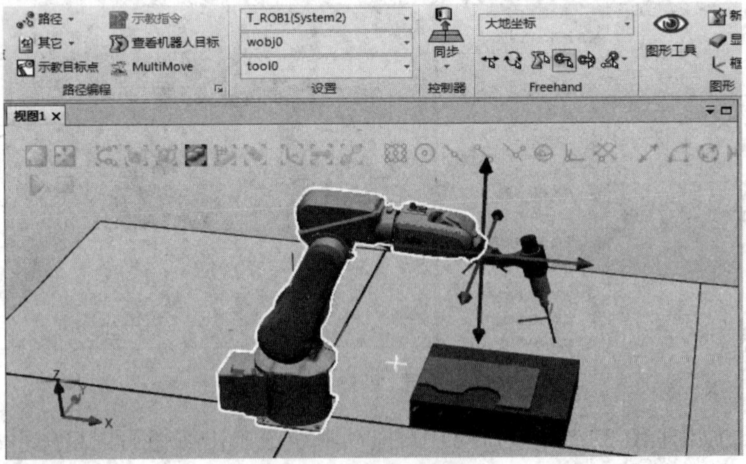


图 10-33 手动线性运动

2）精确线性运动

（1）鼠标右键单击“布局”中的“IRB120_3_58_01”，选择“机械装置手动线性”，如图 10-34 所示。

（2）在弹出的如图 10-35 所示的界面中，可直接输入坐标值使机器人到达设定位置，或单

击按钮点动运动，根据需要也可设定每次点动的距离

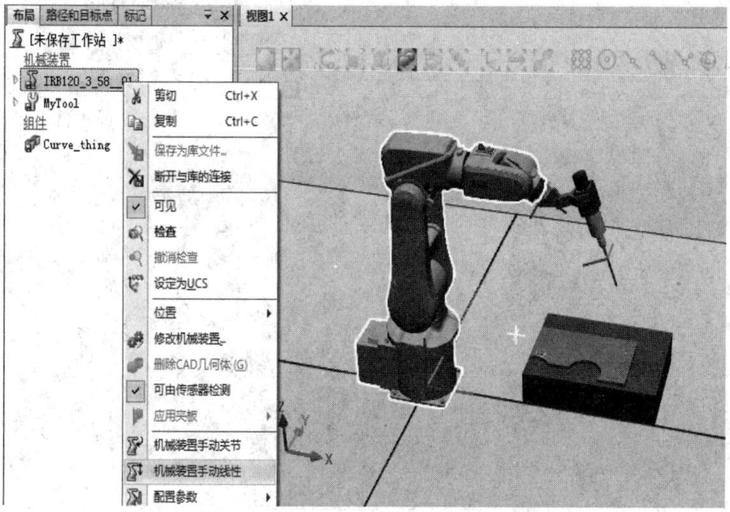


图 10-34　选择“机械装置手动线性”

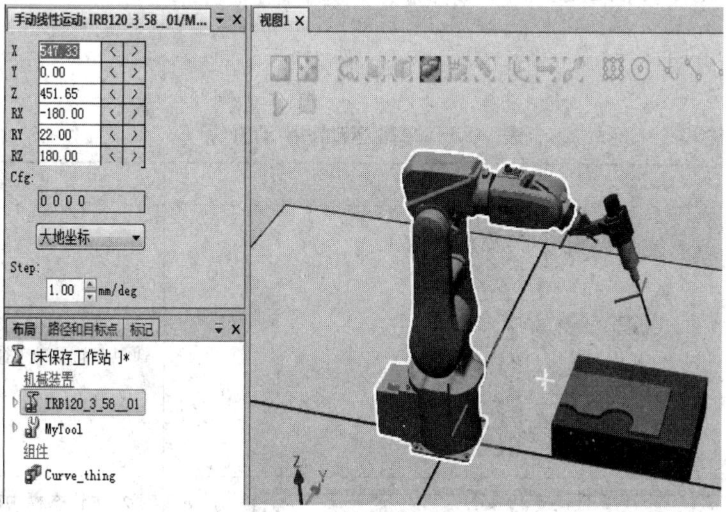


图 10-35　线性精确运动

3. 重定位运动

机器人的重定位运动是指机器人第六轴法兰盘上的工具 TCP 点在空间绕坐标轴旋转的运动，也可以理解为机器人绕工具 TCP 点做姿态调整的运动。

手动操纵重定位运动的方法是在“基本”功能选项卡，选中“Freehand”的“手动重定位图标”；然后选中工具，将鼠标指示放到出现的箭头上，按住鼠标左键，以箭头指示的方向进行线性移动，如图 10-36 所示。

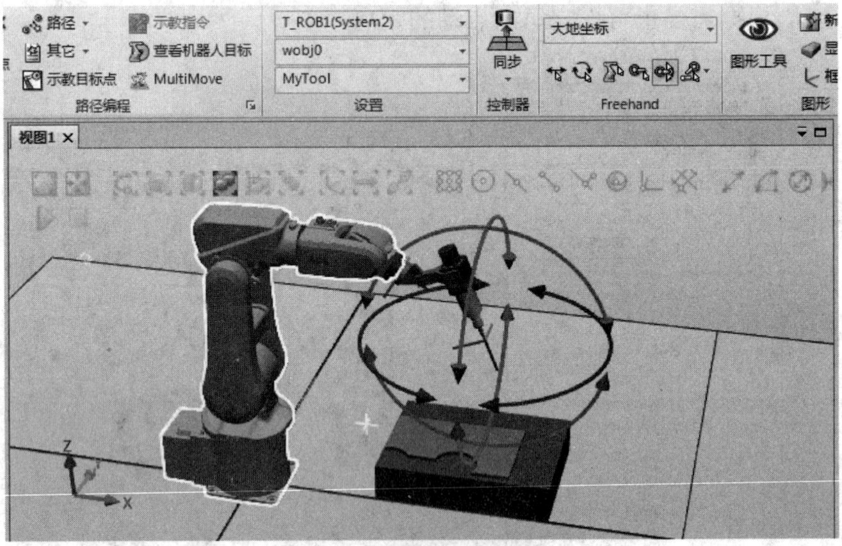


图 10-36　重定位运动

## 10.2.3　示教器操作工业机器人

（1）单轴运动的手动操纵，见表 10-1。

表 10-1　单轴运动的手动操纵

| 图示 | 步骤 |
| --- | --- |
| 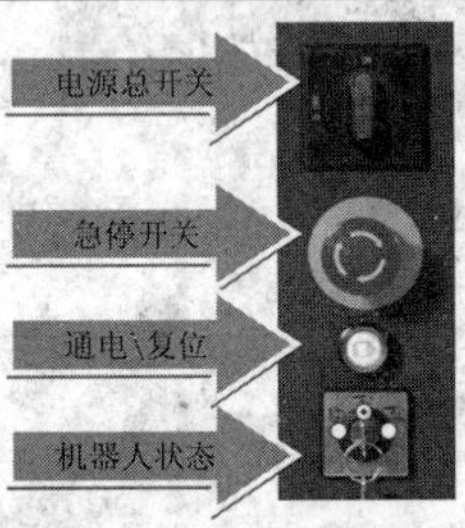 | 1. 将控制柜上机器人状态钥匙切换到中间的手动限速状态 |
|  | 2. 在状态栏中确认机器人的状态已切换为“手动” |
| 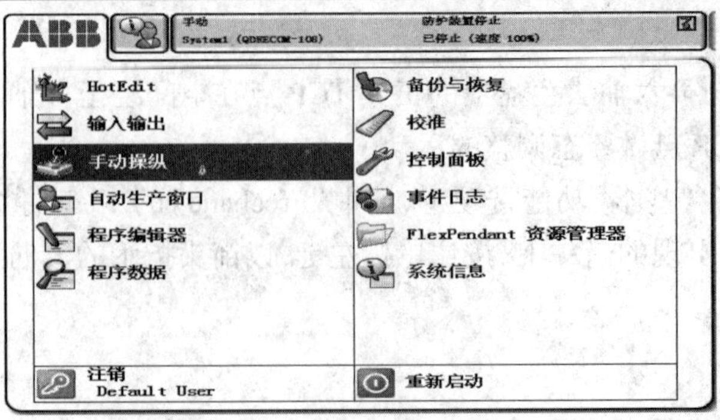 | 3. 在 ABB 菜单中选择“手动操纵” |

续表

| 图示 | 步骤 |
| --- | --- |
| 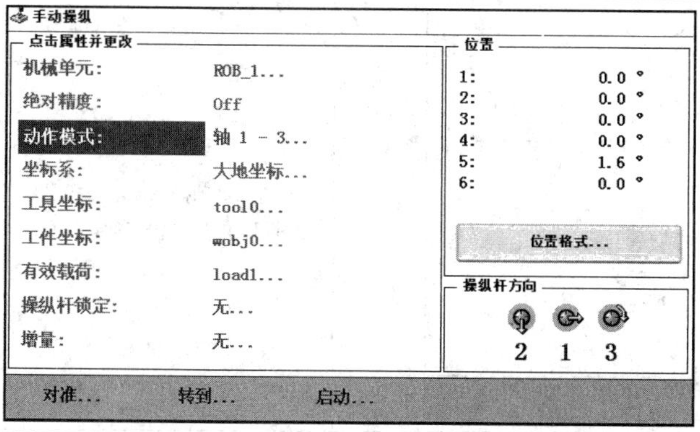 | 4. 单击“动作模式” |
| 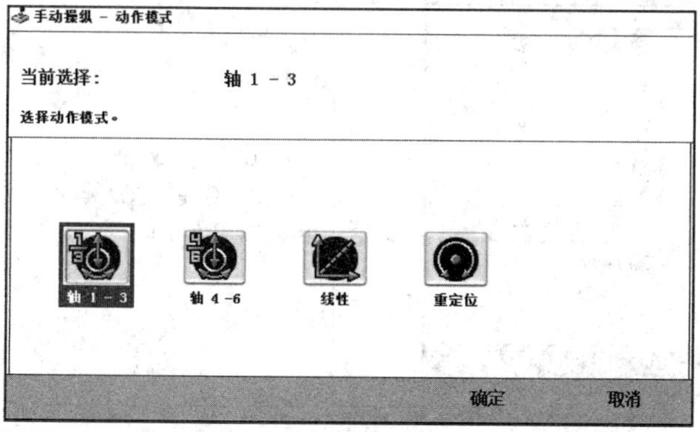 | 5. 选中“轴 1-3”，然后单击“确定”（选中“轴 4-6”，就可以操纵轴 4-6） |
|  | 6. 按下使能按钮，进入“电机开启”状态，在状态栏中确认为“电机开启”状态 |
| 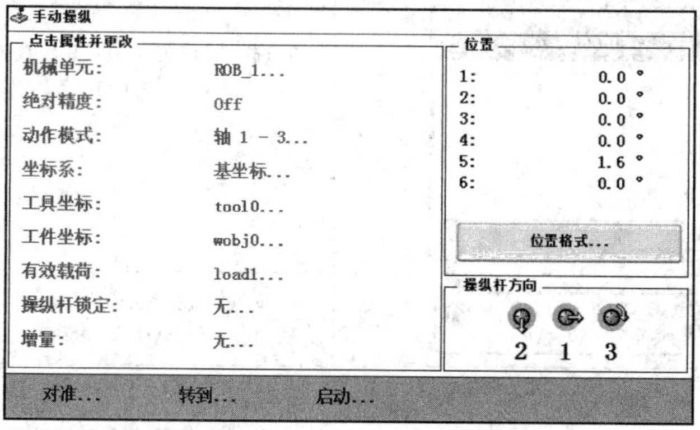 | 7. 右下角显示“轴 1-3”的操纵杆方向，箭头代表正方向<br>操纵杆的使用技巧：可以将机器人的操纵杆比作汽车的节气门，操纵杆的操纵幅度与机器人的运动速度相关。操纵幅度较小，则机器人运动速度较慢。操纵幅度较大，则机器人运动速度较快。所以，在操作时尽量以小幅度操纵使机器人慢慢运动 |

（2）线性运动，见表 10-2。

**表 10-2　线性运动**

<table>
<tr><th>图示</th><th>步骤</th></tr>
<tr><td>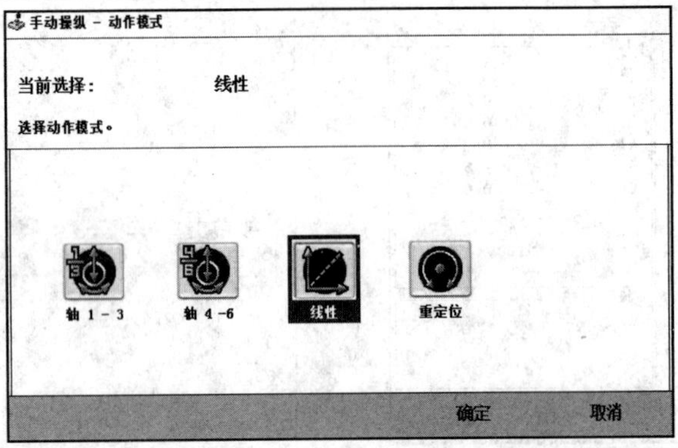
</td><td>1. 在“手动操纵 - 动作模式”界面选择“线性”，然后单击“确定”</td></tr>
<tr><td>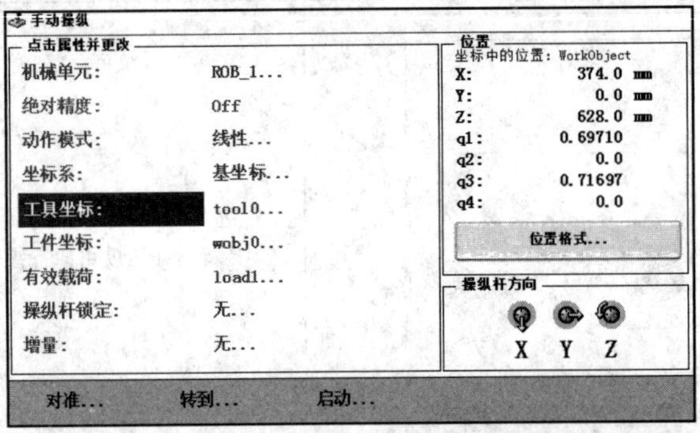
</td><td>2. 单击“工具坐标”<br>机器人的线性运动要在“工具坐标”中指定对应的工具</td></tr>
<tr><td>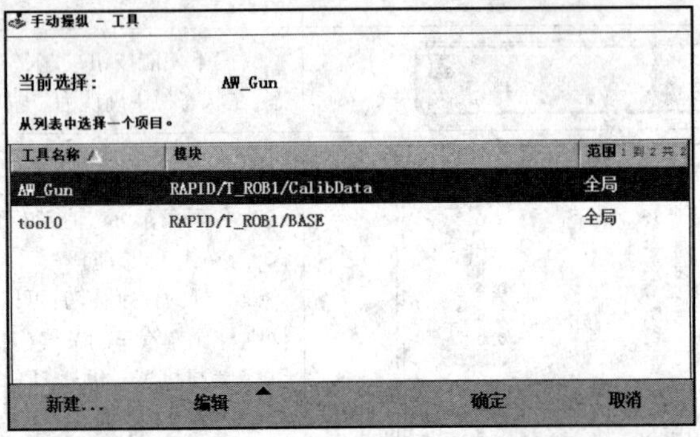
</td><td>3. 选中对应的工具（工具数据的建立，参见程序数据内容）</td></tr>
<tr><td>
</td><td>4. 按下使能按钮，进入“电机开启”状态，在状态栏中确认为“电机开启”状态</td></tr>
</table>

**续表**

<table>
<tr><th>图示</th><th>步骤</th></tr>
<tr><td>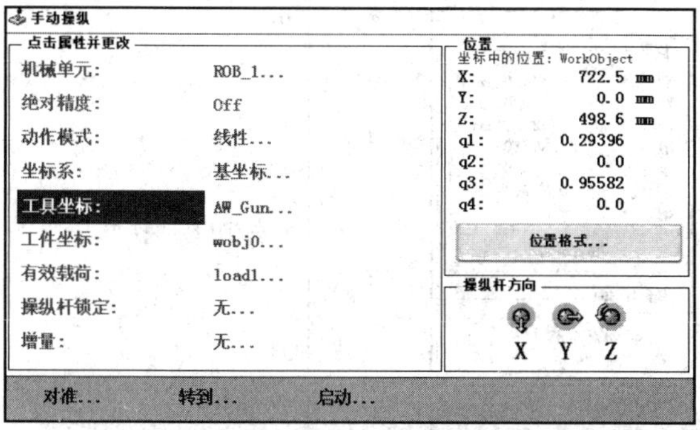
</td><td>5. 右下角显示轴 X、Y、Z 的操纵杆方向,箭头代表正方向</td></tr>
<tr><td>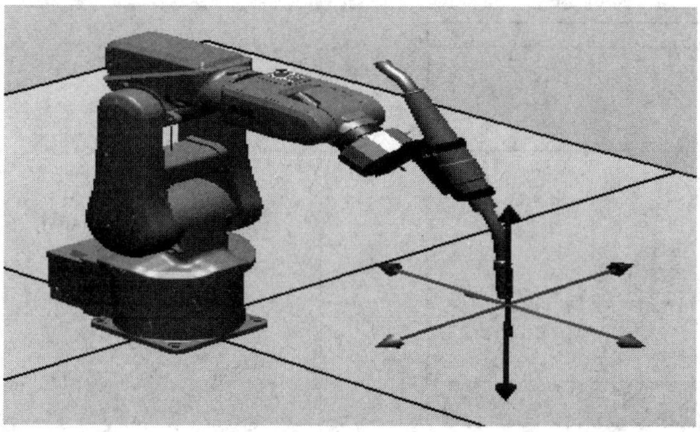</td><td>6. 操作示教器上的操纵杆,工具的 TCP 点在空间中做线性运动</td></tr>
</table>

(3)重定位运动,见表 10-3。

**表 10-3　重定位运动**

<table>
<tr><th>图示</th><th>步骤</th></tr>
<tr><td>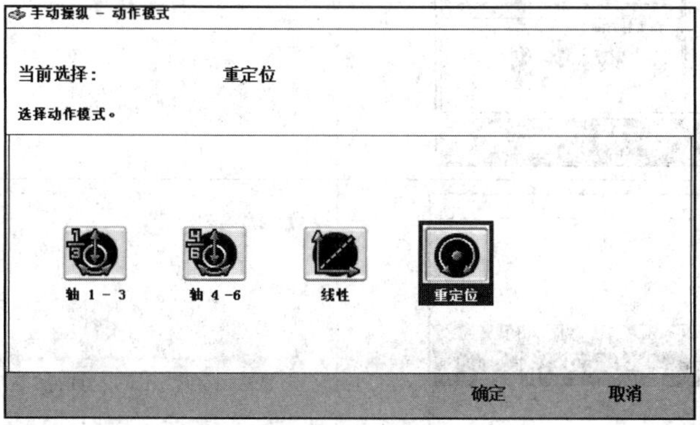
</td><td>1. 在“手动操纵 - 动作模式”界面选择“重定位”,然后单击“确定”</td></tr>
</table>

续表

<table>
<tr><th>图示</th><th>步骤</th></tr>
<tr><td>
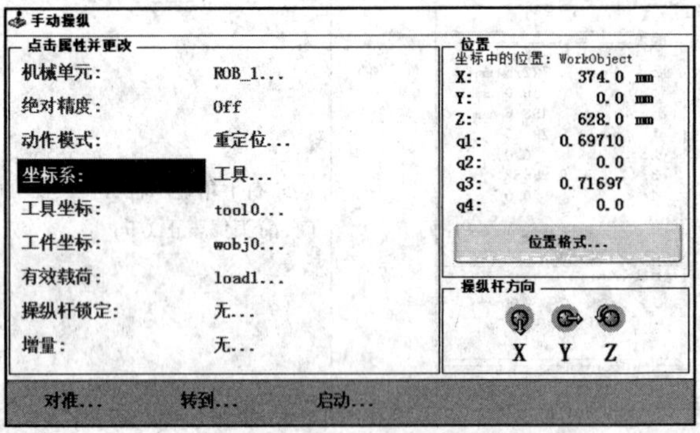

</td><td>2. 单击“坐标系”</td></tr>
<tr><td>
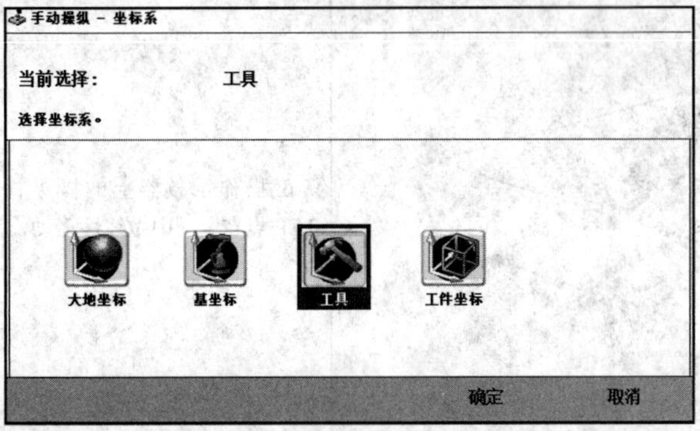

</td><td>3. 选中“工具”,然后单击“确定”</td></tr>
<tr><td>
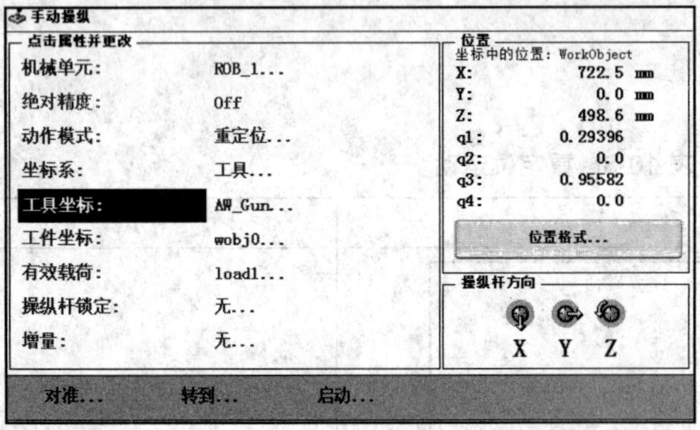

</td><td>4. 单击“工具坐标”</td></tr>
<tr><td>
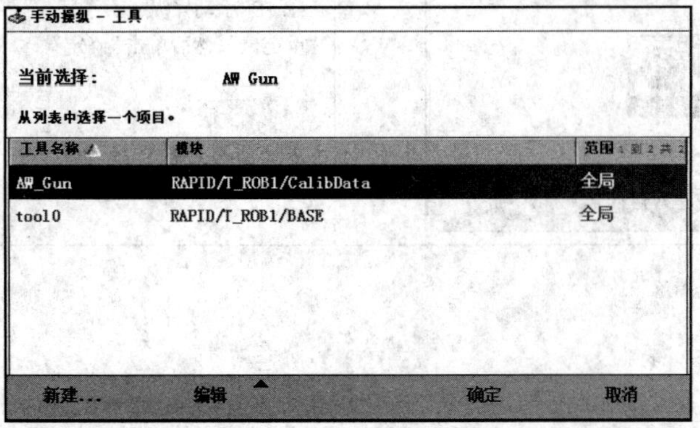

</td><td>5. 选中正在使用的工具,然后单击“确定”</td></tr>
</table>

**续表**

<table>
<tr><th>图示</th><th>步骤</th></tr>
<tr><td>
</td><td>6. 按下使能按钮，进入“电机开启”状态，在状态栏确认为“电机开启”状态</td></tr>
<tr><td>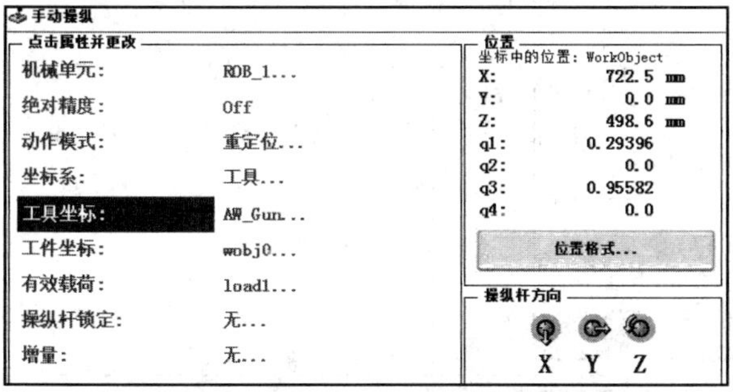
</td><td>7. 右下角显示 $X$、$Y$、$Z$ 的操纵杆方向，箭头代表正方向</td></tr>
<tr><td>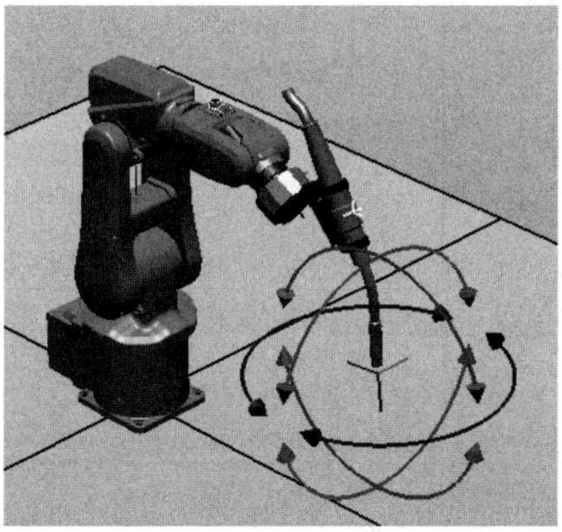</td><td>8. 操纵示教器上的操纵杆，机器人绕工具 TCP 点做姿态调整的运动</td></tr>
</table>

（4）增量模式控制机器人运动，如果对使用操纵杆调整位移幅度来控制机器人运动的速度不熟练的话，可以使用增量模式来控制机器人的运动。在增量模式下，操纵杆每位移一次，机器人就移动一步。如果控制操纵杆持续一秒或数秒钟，机器人就会持续移动（速率为 10 步 /s），见表 10-4。

表 10-4 增量模式控制机器人运动

<table>
<tr><th>图示</th><th>步骤</th></tr>
<tr><td>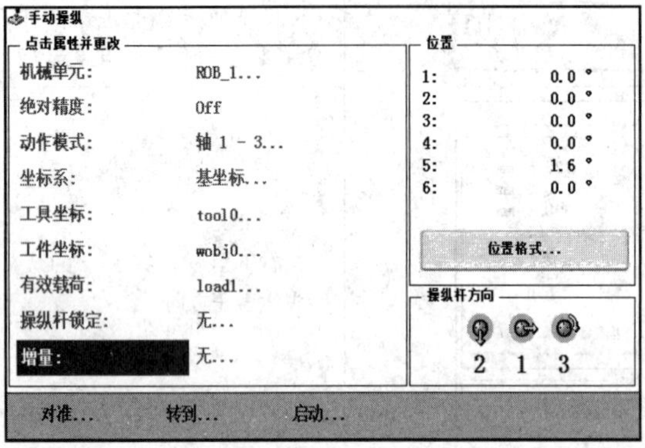
</td><td>1. 在“手动操纵”界面选择“增量”</td></tr>
<tr><td>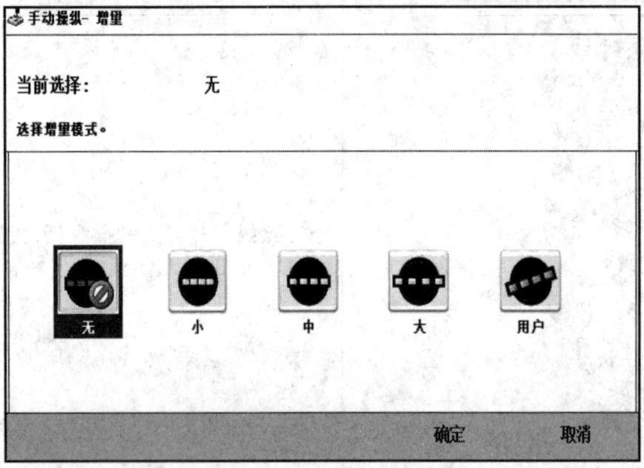
</td><td>2. 根据需要选择增量的移动距离，然后单击“确定”
<table>
<tr><th>增量</th><th>移动距离 / mm</th><th>角度 /°</th></tr>
<tr><td>小</td><td>0.05</td><td>0.005</td></tr>
<tr><td>中</td><td>1</td><td>0.02</td></tr>
<tr><td>大</td><td>5</td><td>0.2</td></tr>
<tr><td>用户</td><td>自定义</td><td>自定义</td></tr>
</table></td></tr>
</table>

## 10.2.4 手动操纵的快捷方式

（1）手动操纵的快捷按钮，见表 10-5。

表 10-5 手动操纵的快捷按钮

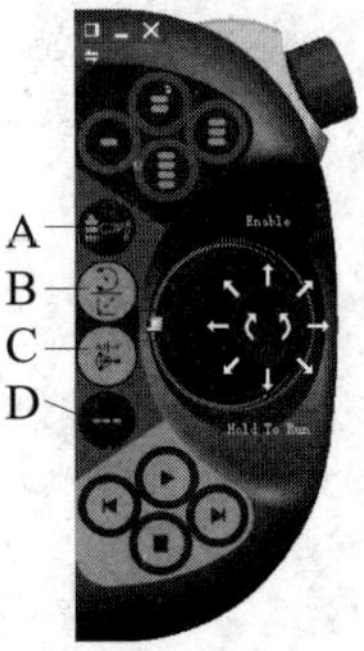


| 标号 | 说明 |
|---|---|
| A | 机器人 / 外轴的切换 |
| B | 线性运动 / 重定位运动的切换 |
| C | 关节运动轴 1~3/ 轴 4~6 的切换 |
| D | 增量开 / 关 |

（2）手动操纵的快捷菜单，见表 10-6。

**表 10-6　手动操纵的快捷菜单**

<table>
<tr><th>图示</th><th>步骤</th></tr>
<tr><td>
</td><td>1. 单击此快捷菜单按钮</td></tr>
<tr><td>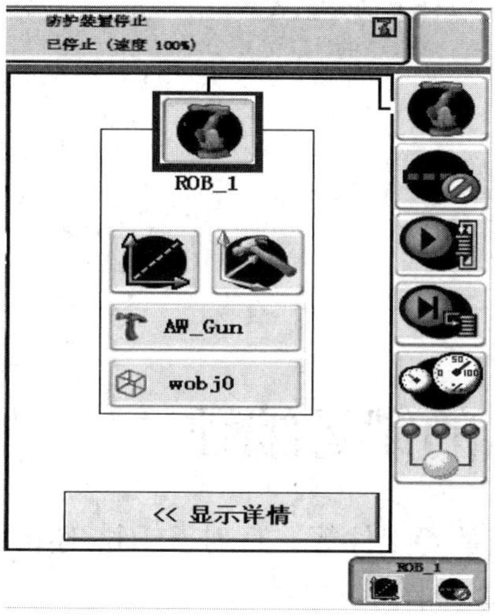
</td><td>2. 单击“手动操纵”按钮<br>3. 单击“显示详情”展开菜单</td></tr>
<tr><td>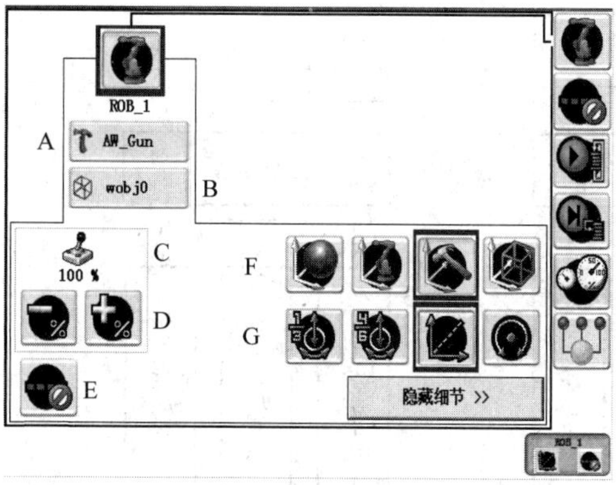
</td><td>4. 界面说明
<table>
<tr><th>标号</th><th>说明</th></tr>
<tr><td>A</td><td>选择当前使用的工具数据</td></tr>
<tr><td>B</td><td>选择当前使用的工件坐标</td></tr>
<tr><td>C</td><td>操纵杆速率</td></tr>
<tr><td>D</td><td>增量开 / 关</td></tr>
<tr><td>E</td><td>碰撞监控开 / 关</td></tr>
<tr><td>F</td><td>坐标系选择</td></tr>
<tr><td>G</td><td>动作模式选择</td></tr>
</table></td></tr>
</table>

续表

| 图示 | 步骤 |
|---|---|
| 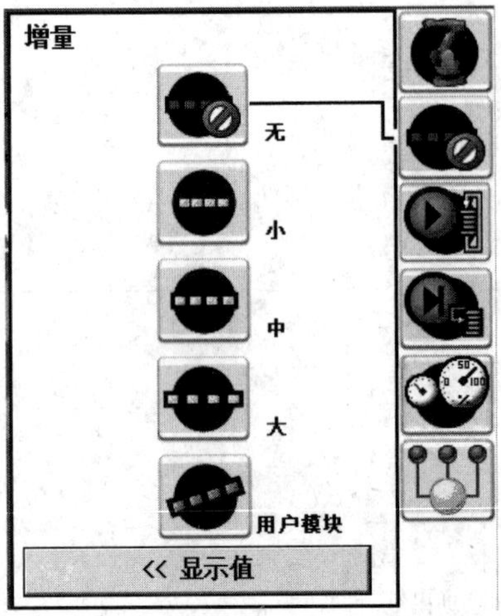 | 5. 单击“增量模式”按钮，选择需要的增量<br>6. 自定义增量值的方法：选择“用户模块”，然后单击“显示值”，即可进行增量值的自定义 |

# 任务三　工业机器人的搬运编程

机器人搬运的动作可分解成抓取工件、移动工件、放置工件等一系列子任务，还可以进一步分解为把吸盘移到工件上方、抓取工件等一系列动作，如图 10-37 所示。

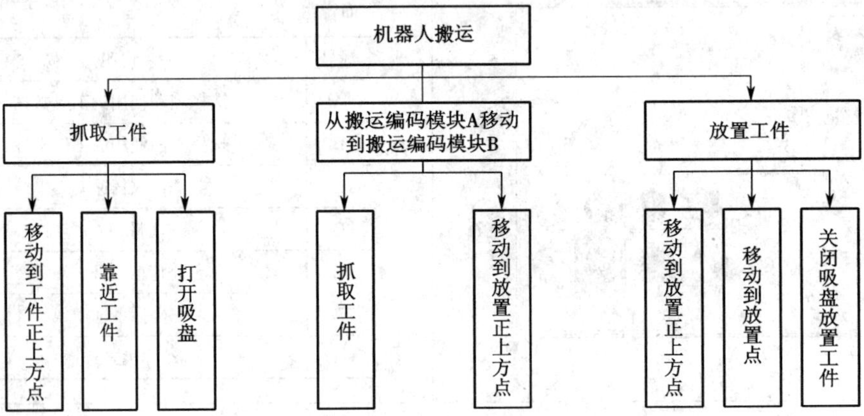


图 10-37　机器人搬运的动作分解

## 10.3.1　ABB 工业机器人常用的运动指令

ABB 机器人在空间的运动指令主要有关节运动 MoveJ、线性运动 MoveL、圆弧运动 MoveC 和绝对位置运动 MoveAbsJ 四种。

1. 关节运动指令 MoveJ

(1)从起始点以最快的路径移动到目标点。

（2）机器人的运动轨迹无法精确预测。

（3）在机器人调试以及试运行时，在阻挡物体附近降低速度，以免造成部件、工具或机器人损伤的后果。

关节运动如图 10-38 所示。

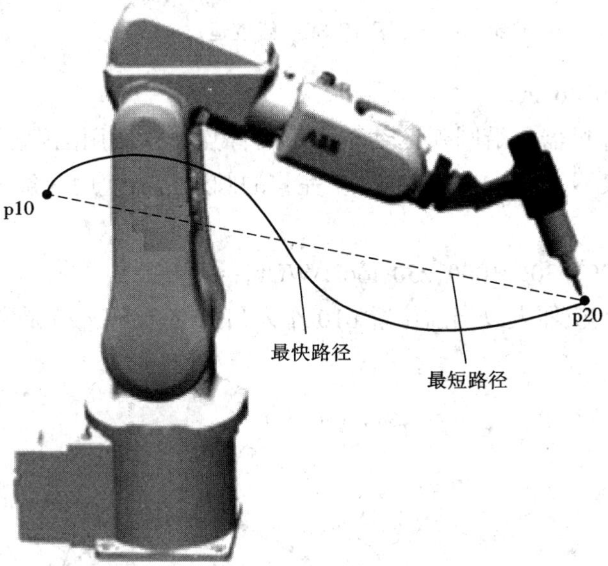


图 10-38　关节运动

例如：

MoveJ　p1，v100，z10，tool0

其中　MoveJ——关节运动；

p1——目标位置，数据类型 robotarger；

v100——运行速度（mm/s）；

z10——转弯区数据（mm），数据类型 zonedata；

tool0——工具坐标系，数据类型 tooldata。

2. 线性运动指令 MoveL

线性运动指令即机器人沿直线运动至给定目标点，适用于对路径精度要求高的场合，如切割、涂胶等。

例如：

MoveL　p20，v1000，z50，tool1\WObj:=wobj1；

如图 10-39 所示，机器人从当前位置 p10 处运动至 p20 处，运动轨迹为直线。

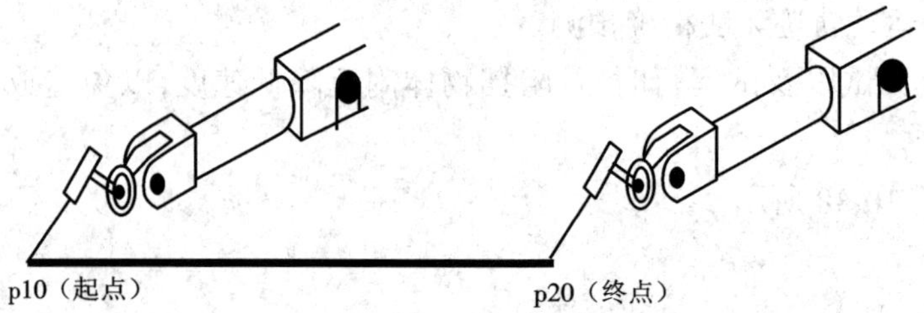


图 10-39 线性运动

3. 圆弧运动指令 MoveC

圆弧运动指令即机器人沿圆弧运动至给定目标点。在使用圆弧运动指令 MoveC 做圆弧运动时转过的角一般不超过 240°，所以一个完整的圆通常需使用两条圆弧运动指令来完成。

例如：

MoveC p20，p30，v1000，z50，tool1\WObj：=wobj1；

如图 10-40 所示，机器人以当前位置 p10 作为圆弧的起点，p20 是圆弧上的一点，p30 作为圆弧的终点。

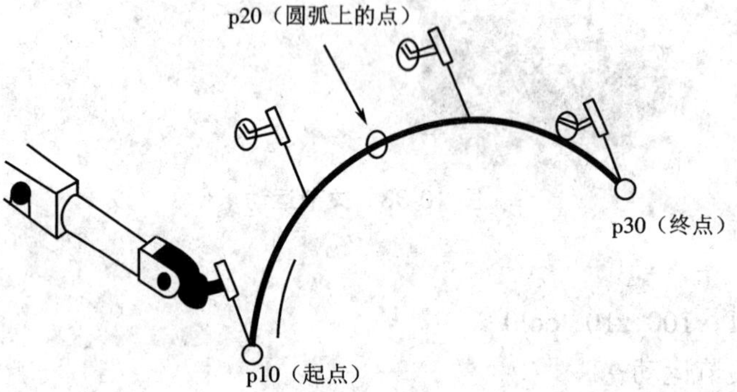


图 10-40 圆弧运动

4. 绝对运动指令 MoveAbsJ

绝对运动指令即机器人各关节轴运动至给定位置。

例如：

PERSjointarget

jpos10：=[[0，0，0，0，0，0]，[9E+09，9E+09，9E+09，9E+09，9E+09，9E+09]]；

关节目标点数据中各关节轴为 0°。

MoveAbsJ jpos10，v1000，z50，tool1\WObj：=wobj1；

则机器人运行至各关节轴 0° 位置。

## 10.3.2 常用的 I/O 控制指令

1.Set/SetDO

Set：将数字输出信号设置为 1，指令格式如下。

Set Do1；　设置 Do1 信号为 1

SetDO：将数字输出信号设定为指定的值，设置为 1，指令格式如下。

SetDO Do1，1；　设置 Do1 信号为 1

2.Reset/SetDO

Reset：将数字输出信号设置为 0，指令格式如下。

Reset Do1；　设置 Do1 信号为 0

也可以使用 SetDO 将输出信号设置为 0，指令格式如下。

SetDO Do1，0；　设置 Do1 信号为 0

另外，SetDO 还可以设置延迟时间，指令格式如下。

SetDO\SDelay：=0.2，Do1，1；　延迟 0.2 s 后将 Do1 置为 1

3.WaitDI

等待一个输入信号状态为设定值，指令格式如下。

WaitDI Di1，1；　等待数字输入信号 Di1 为 1，之后才执行下面的指令

## 10.3.3　常用的逻辑指令

1.IF

满足不同条件，执行对应程序。

例如：

```
IF reg1>5 THEN Set Do1;
ENDIF
```

如果 reg1>5 条件满足，则执行 Set Do1 指令。

2.FOR

根据指定的次数，重复执行对应程序。

例如：

```
FOR I FROM 1 TO 10 DO Routine1;
ENDFOR
```

重复执行 10 次 Routine1 中的程序。

FOR 指令后面跟的是循环计数值，其不用在程序数据中定义，每次运行一遍 FOR 循环中的指令后会自动执行加 1 操作。

3.WHILE

如果条件满足，则重复执行对应程序。

例如：

```
WHILE reg1<reg2 DO reg1 := reg1 + 1;
ENDWHILE
```

如果 reg1<reg2 条件一直成立，则重复执行 reg1 加 1，直至 reg1<reg2 条件不成立为止。

4.TEST

根据指定变量的判断结果,执行对应程序。

例如:

```
TEST reg1
CASE 1: Routine1;
CASE 2: Routine2;
DEFAULT: Stop;
ENDTEST
```

判断 reg1 数值,若为 1 则执行 Routine1;若为 2 则执行 Routine2,否则执行 Stop。

5.Offs

偏移功能,以选定的目标点为基准,沿着选定工件坐标系的 $X$、$Y$、$Z$ 轴方向偏移一定的距离。

例如:

```
MoveL Offs( p10,0,0,10 ),v1000,z50,tool0 \WObj:=wobj1;
```

机器人移动至以 p10 为基准点,沿着 wobj1 的 $Z$ 轴正方向偏移 10 mm 的位置。

## 10.3.4 程序调用指令

实现主程序调用子程序的功能,主要是使用例行程序调用指令——ProcCall,通过调用对应的例行程序,当机器人执行到对应程序时,就会执行对应例行程序中的程序,一般在程序中指令比较多的情况,通过建立对应的例行程序,再使用指令 ProcCall 实现调用,有利于方便管理。

## 10.3.5 工业机器人的搬运实例分析及编程

扫一扫:工业机器人抓取物料调试

如图 10-41 所示,机器人从 $E$ 处搬运工件分别放置在 $A$、$B$、$C$、$D$ 四个位置,工件是一个长方体( 60 mm × 30 mm × 30 mm ),在工业机器人基坐标系下进行编程,要从 $E$ 处搬运 4 个工件分别放置在 $A$、$B$、$C$、$D$ 处,需要分别搬运 4 次,每一次搬运的步骤为机器人移动至安全位置→移动至 $E$ 位置正上方→下降到 $E$ 位置→等待 1 s →气爪夹紧等待 1 s →直线上升到 $E$ 位置正上方→机器人移动到安全位置→移动至放置位置正上方→直线下降到放置位置→等待 1 s →气爪松开等待 1 s →直线上升到放置位置正上方→机器人移动至安全位置。

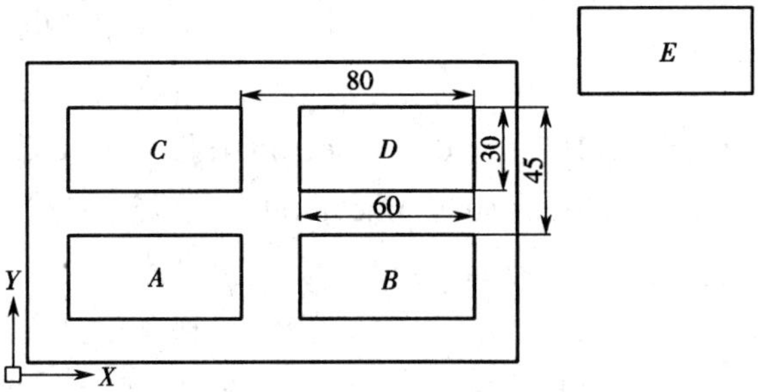


图 10-41　工业机器人的搬运示意图

程序采用子程序调用的形式,把以上流程写成子程序,主程序主要完成各坐标点的指定和子程序的调用,即调用子程序 4 次。

各子程序被调用过程中,每个位置的数据值不同,故采用两个 FOR 循环来更新目标位置数据,根据流程,设定 p100 为初始位置, p10 为 *E* 处位置, p20 为 *A* 处位置, do4 为气爪夹紧松开输出信号, Routine1 为从 *E* 处位置抓取工件的子程序, Routine2 为放置工件的子程序,这两个子程序均被调用 4 次,编程如下:

```
PROC main( )                                   定义主程序
  MoveAbsJ p100\NoEOffs,v1000,fine,tool0;      移动至初始位置 p100
  reg1:=0;                                     初始化
  reg2:=0;
  Reset do4;
  FOR A1 FROM 0 TO 1 DO                        A、B、C、D 四个位置分为两行两列
    FOR A2 FROM 0 TO 1 DO
      reg1:=A1*80;                             X 方向间距 80 mm
      reg2:=A2*45;                             Y 方向间距 45 mm
      Routine 1;                               调用子程序抓取工件
      Routine 2;                               调用子程序放置工件
    ENDFOR
  ENDFOR
  MoveAbsJ p100\NoEOffs,v1000,fine,tool0;      搬运结束移动至初始位置 p100
ENDPROC                                        主程序结束
PROC Routine1( )                               定义抓取工件子程序
  MoveJ offs( p10,0,0,100 ),v1000,fine,tool0;  移动至 E 位置上方 100 mm
  MoveL offs( p10,0,0,0 ),v1000,fine,tool0;    下降至 E 位置
  WaitTime 1;                                  等待 1 s
  Set do4;                                     抓紧工件
  WaitTime 1;                                  等待 1 s
  MoveJ offs( p10,0,0,100 ),v1000,fine,tool0;  上升至 E 位置上方 100 mm
```

```
ENDPROC                                                  子程序结束
PROC Routine2( )                                         定义放置工件子程序
  MoveJ offs( p20,reg1,reg2,100 ),v1000,fine,tool0;移动至放置位置上方 100 mm
  MoveL offs( p20,reg1,reg2,0 ),v1000,fine,tool0;  下降至放置位置
  WaitTime 1;                                            等待 1 s
  Set do4;                                               松开工件
  WaitTime 1;                                            等待 1 s
  MoveJ offs( p20,reg1,reg2,100 ),v1000,fine,tool0; 上升至放置位置上方 100 mm
ENDPROC                                                  子程序结束
```

在主程序 main 中，子程序 Routine1 和 Routine2 分别被调用了 4 次，程序中使用了 FOR 循环语句，实现了程序的简化和优化，在多工件搬运中提高了编程效率和编程质量。

## 机电讲堂：运载火箭“总装第一人”——崔蕴

扫一扫：机电讲堂

党的二十大精神要求：“坚持把国家和民族发展放在自己力量的基点上，坚持把中国发展进步的命运牢牢掌握在自己手中。”崔蕴从事航天事业 30 多年，始终坚守“航天梦”，全身心投入火箭装配工作中。为保住价值数亿元的国家资产，他多次不顾生命危险，参加发射前抢险工作。作为中国新一代运载火箭“总装第一人”，他用生命铸“箭”，是冲锋在前、敢为人先的“大国工匠”。

## 思考与习题

1. 简述工业机器人的主要应用领域。
2. 手动操纵机器人运动有哪几种运动模式？
3. 工业机器人的常见运动指令有哪些？

# 附录一　机电一体化技术习题

1.PWM 控制的核心是(　　)。

A. 开关放大器　　B. 脉宽调制器　　C. 脉冲发生器　　D. 逆变电路

2. 对于步进电机的选型,应该考虑三个方面的问题,分别是(　　)。

A. 步距角满足进给系统脉冲当量的要求

B. 最大静转矩满足进给传动系统空载快速启动要求

C. 最大启动频率应低于允许的最大启动频率

D. 最大运行频率应低于允许的最大启动频率

3. 交流伺服电动机的控制方式有(　　)。

A. 幅值控制　　B. 相位控制　　C. 幅相控制　　D. 相频控制

4. 直流电动机调速的方法有(　　)。

A.G-M 调速系统　　B.V-M 调速系统　　C.PWM 调速系统　　D.SPWM 调速系统

5. 目前步进电动机可以选择的三种类型有(　　)。

A. 反应式　　B. 永磁式　　C. 混合式　　D. 逆变式

6. 交流电动机调速的方法有(　　)。

A. 串电阻调速　　B. 调压调速　　C. 变频调速　　D. 变极对数调速

7. 三相步进电机很少采用三相单三拍和双三拍通电方式的原因是(　　)。

A. 三相单三拍存在三相都不通电情况,三相双三拍存在三相都通电情况

B. 两种情况步距角都为三相六拍的 2 倍

C. 三相单三拍工作比较平稳

D. 三相双三拍步距角很小

8. 设计模拟输入通道的组成有(　　)。

A. 多路开关　　B. 放大器　　C. 采样 / 保持器　　D. 单片机

9. 晶闸管导通条件是(　　)。

A. 阳极与阴极之间加正向电压　　B. 阳极与阴极之间加反向电压

C. 控制极与阴极之间加正向电压　　D. 控制极与阴极之间加反向电压

10. 放大电路的三种组态是(　　)。

A. 共发射极放大　　B. 共集电极放大　　C. 集成运放　　D. 共基极放大

11. 属于脉宽调制方式的变频器有(　　)。

A.PWM　　B.SPWM　　C. 电流跟踪型 PWM　　D.PAM

12. 所谓系统总线,指的是(　　)。

A. 数据总线　　B. 地址总线　　C. 控制总线　　D. 传输总线

13.8051 单片机的 TCON 寄存器的作用是(　　)。

A. 有启动控制位　　B. 外部中断请求标志
C. 定时器溢出标志　　D. 选择外部中断触发方式

14.8031 单片机中堆栈的作用有(　　)。
A. 保护断点　　B. 保护现场
C. 保护调用指令的下一条指令的地址　　D. 保护本程序段不被修改

15. 下列触发器中，具有翻转逻辑功能的有(　　)。
A.JK 触发器　　B.T′ 触发器　　C.RS 触发器　　D.T 触发器

16. 直流电动机常用的制动方法有(　　)。
A. 回馈制动　　B. 反接制动　　C. 能耗制动　　D. 机械制动

17. 晶闸管 - 直流电动机调速系统的静态指标有(　　)。
A. 调频宽度　　B. 调速范围　　C. 静态工作点　　D. 静差率

18.8051 单片机 CPU 的主要功能有(　　)。
A. 产生控制信号　　B. 存储数据
C. 算术、逻辑运算及位操作　　D.I/O 端口数据传达

19. 下列指令中完成 CPU 与外部存储器之间信息传送的指令是(　　)。
A.MOVC A，@ A+PC　　B.MOVX A，@ A+DPDR
C.MOVX A，@ R1　　D.MOV A，DireCt

20. 对 8031 单片机的 P0 口来说，使用时可作为(　　)。
A. 低 8 位地址线　　B. 高 8 位地址线　　C. 数据线　　D.I/O 操作

21.CPU 响应中断的条件包括(　　)。
A. 现行指令运行结束　　B. 已开放 CPU 中断
C. 有中断请求信号　　D. 申请中断的中断源中断允许位为 1

22. 接口芯片分类通常有(　　)。
A. 并行与串行　　B. 通用与专用
C.ADC 与 DAC　　D. 可编程与不可编程

23.MCS-51 单片机外部计数脉冲输入 T0(P3.4 引脚)如用按钮开关产生计数脉冲，应采用(　　)等措施。
A. 加双稳态消抖动电路　　B. 软件延时消抖动
C.555 时基电路整形　　D. 施密特触发器整形

24.8031 单片机的 TMOD 寄存器的作用是(　　)。
A. 确定中断方式　　B. 确定是计时还是计数
C. 确定是输入还是输出　　D. 确定定时器的操作模式

25.8031 单片机的 TCON 寄存器的作用是(　　)。
A. 有启动控制位　　B. 外部中断请求标志
C. 确定中断优先级别　　D. 定时器溢出标志

26. 切断外部电路与微机之间干扰的方法有(　　)。

A. 继电器隔离　B. 光电隔离　C. 采用固态继电器　D. 数字隔离

27. 具有自关断能力的控制型器件是(　　)。

A. 电力场效应管　B. 电力晶体管

C. 晶闸管　D. 绝缘栅双极型晶体管

28. 下列电路中属于时序电路的是(　　)。

A. 同步计数器　B. 数码寄存器　C. 组合逻辑电路　D. 异步计数器

29. 下列属于开环控制系统的特点的是(　　)。

A. 结构简单　B. 存在稳定问题

C. 必须采用高精度元件　D. 对干扰不能正确修正

30. 下列控制系统中带反馈装置的是(　　)。

A. 开环控制系统　B. 半闭环控制系统　C. 闭环控制系统

31. 关于转速电流双闭环调速系统,下列说法不正确的是(　　)。

A. 启动时,电流调节器作用;启动后,速度调节器起作用

B. 运行过程中,电流和速度调节器均起作用

C. 启动时,速度调节器作用;启动后,电流调节器起作用

D. 启动时,电流和速度调节器均不起作用

32. 步进驱动系统一般不与下列的(　　)算法相配合。

A. 逐点比较插补　B. 数字积分插补　C. 数据采样插补　D. 脉冲增量插补

33. 在位置移动检测系统中常用的检测元件包括(　　)。

A. 位置继电器　B. 感应同步器　C. 光栅　D. 磁栅

34. 微型计算机的系统总线包括(　　)。

A. 地址总线　B. 数据总线　C. 控制总线　D. 记忆总线

35. 能改变交流异步电动机转速的方法有(　　)。

A. 改变定子绕组的磁极对数　B. 改变供电电网的电压

C. 改变供电电网的频率　D. 改变电动机的转差率

36. 按数控机床的运动轨迹分类,数控机床有(　　)。

A. 点位控制数控机床　B. 直线控制数控机床

C. 曲线控制数控机床　D. 轮廓控制数控机床

37. 单片机目前有很多品牌,以下是单片机品牌的是(　　)。

A.8051　B.PIC 系列　C.MSP430 系列　D. 西门子 S7 系列

38.PLC 的开关量输出方式包括(　　)。

A.4~20 mA 电流信号　B. 继电器输出

C. 双向可控硅输出　D. 晶体三极管输出

39. 一般 PLC 扩展模块内有(　　)。

A. 输入、输出接口电路　B. 存储器

C.CPU　D. 驱动电路

40. 以下电动机属于交流异步电动机的是(　　)。

A. 他励电动机　　B. 开关磁阻电动机

C. 鼠笼型电动机　　D. 绕线型电动机

41. 绕线型异步电动机一般采用的启动方式有(　　)。

A. 转子串电阻分级启动　　B. 电枢回路串电阻启动

C. 延边三角形降压启动　　D. 频敏变阻器启动

42. 运算放大器目前应用很广泛的实例有(　　)。

A. 自动检测电路　　B. 电压比较器　　C. 锯齿波发生器　　D. 非线性运算电路

43. 关于直流电动机启动方式的选择,下列叙述不正确的有(　　)。

A. 直流电动机应采用励磁回路串电阻方式启动

B. 直流电动机的启动电流不宜超过制造厂的规定值

C. 如经济条件允许,直流电动机可采用变频启动方式

D. 小型直流电动机可以直接启动

44. 关于电动机采用变频启动方式的特点,下列描述正确的有(　　)。

A. 启动平稳,对电网冲击小

B. 若干台电动机可共用一套变频启动装置,较为经济

C. 启动功率一般为电动机功率的 90%

D. 如经济条件允许,大型直流电动机可采用变频方式启动

45. 以下调速方法可以用于交流电动机调速的有(　　)。

A. 改变极对数　　B. 改变转差率

C. 改变励磁电流　　D. 改变供电电源频率

46. 以下属于微型计算机的主要技术性能指标的是(　　)。

A. 扫描速度　　B.I/O 点数　　C. 内存容量　　D. 指令条数

47. 下列因素中能影响机床工作精度的是(　　)。

A. 机床的刚度　　B. 机床的热变形　　C. 机床的振动　　D. 机床的噪声

48. 下列有关液压调速的表述,正确的是(　　)。

A. 节流调速都采用定量泵供油

B. 节流调速都采用流量控制阀调节流量

C. 节流调速都可以获得平稳的运动

D. 节流调速效率较低,一般应用于功率不大的场合

49. 定子绕组、转子绕组不都是三相绕组的电动机是(　　)。

A. 鼠笼式三相异步电动机　　B. 绕线式三相异步电动机

C. 直流他励电动机　　D. 同步电动机

50. 下列关于三相异步电动机的叙述,正确的是(　　)。

A. 定子绕组通入三相交变电流会产生旋转磁场

B. 旋转磁场的转速与电源频率有关

C. 旋转磁场磁极对数越多,则旋转磁场的转速越高

D. 在额定负载下,转子转速总是低于旋转磁场转速

51. 下列说法不正确的是(  )。

A. 电位是不变的,而电压随参考点的变化而变化

B. 电位和电压都不随参考点变化

C. 电压是不变的,而电位随参考点的变化而变化

D. 电位和电压都随参考点的变化而变化

52. 下列关于电容器充电过程的叙述,正确的是(  )。

A. 最初的充电电流最大　　B. 充电电流随时间衰减

C. 充电电压随时间衰减　　D. 充电结束时电流为 0

53. 下列说法正确的是(  )。

A. 磁场强度与磁导率无关　　B. 磁感应强度与磁导率无关

C. 磁通量与面积有关　　D. 磁导率是表征物质导磁性能的物理量

54. 下列关于自感现象的描述,正确的是(  )。

A. 由线圈自身电流的变化所引起

B. 磁场的变化引起磁通发生变化

C. 有阻碍电路中电流发生变化的作用

D. 只与电流的变化有关,与线圈自身没有任何关系

55. 下列关于整流输出经过电容滤波后的说法,正确的是(  )。

A. 输出电压升高　　B. 对输出电流没有影响

C. 二极管的导通时间变短　　D. 输出电压的脉动系数减小

56. 下列关于纯电容电路的说法,正确的是(  )。

A. 电压滞后于电流 90°

B. 电容是储能元件

C. 电压与电流在数量上的任何时刻都满足欧姆定律

D. 电容具有通交隔直作用

57. 下列关于共集电极放大电路的说法,错误的是(  )。

A. 输入电阻大　　B. 输出电阻小

C. 没有电流的放大能力　　D. 没有电压的放大能力

58. 下列关于同步电动机的异步启动的说法,错误的是(  )。

A. 启动时励磁绕组用 10 倍于励磁电阻的附加电阻连接成闭合回路

B. 达到同步转速的 95% 时,切除附加电阻

C. 同步电动机处于同步运行时,笼型启动绕组不起作用

D. 同步电动机已基本不采用异步启动法

59. 以下说法正确的是(  )。

A. 变压器是一种静止的电气设备　　B. 变压器可以用来变换电压

C. 变压器可以变换阻抗　　D. 变压器可以改变频率

60. 关于电位的概念，以下说法错误的是(　　)。

A. 电位就是电压　　B. 电位是绝对值

C. 电位是相对值　　D. 参考点的电位不一定等于零

61. 他励式直流伺服电动机的不正确接线方式是(　　)。

A. 定子绕组接信号电压，转子绕组接励磁电压

B. 定子绕组接励磁电压，转子绕组接信号电压

C. 定子绕组和转子绕组都接信号电压

D. 定子绕组和转子绕组都接励磁电压

62. 关于阻容耦合多级放大电路，以下说法正确的是(　　)。

A. 各级静态工作点互不影响　　B. 便于集成化

C. 放大交流信号　　D. 放大直流信号

63. 关于计算机的特点，以下说法正确的是(　　)。

A. 运算速度高　　B. 具有记忆和逻辑判断功能

C. 运算精度高　　C. 运行过程不能自动连续，需人工干预

64. 在液压传动系统中，(　　)是其执行部分。

A. 油箱　　B. 液压马达　　C. 换向阀　　D. 液压缸

65. 下列关于液压与机械传动的描述，正确的是(　　)。

A. 在输出同等功率的条件下，液压传动系统较机械传动系统体积和重量都有减小

B. 液压传动系统较机械传动系统传递运动更加均匀、平稳

C. 液压传动系统易于实现快速启动、制动和频繁换向

D. 机械传动系统较液压传动系统更易实现过载保护

66. 在液压系统中，溢流阀的作用包括(　　)。

A. 降低液压系统中某一部分的压力　　B. 控制和改变液流的方向

C. 使系统保持一定的压力　　D. 安全保护

67. 鼠笼式异步电动机的启动方式有(　　)。

A. 直接启动　　B. 星形-三角形降压启动

C. 自耦变压器降压启动　　D. 定子回路串接电阻降压启动

68. 下面的图形中，属于定子绕组为三角形连接的有(　　)。

A.
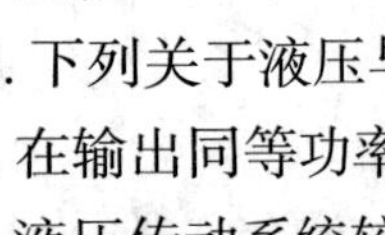


B.
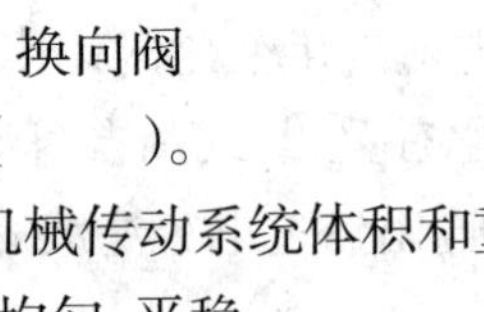

C. 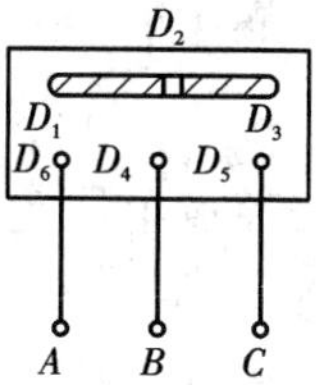


D. 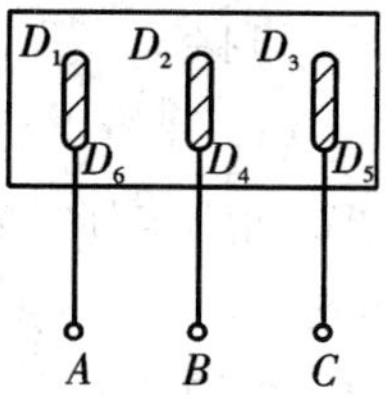


69. 三相异步电动机的反转可通过(　　)来实现。

A. 自耦变压器　　B. 在转子回路中串入电阻

C. 将接到电源线上的三根线对调两根　　D. 改变交流电的相序

70. 在下列电动机中,具有三相定子绕组的电动机有(　　)。

A. 鼠笼式异步电动机　　B. 绕线式异步电动机

C. 他励直流电动机　　D. 永磁交流伺服电动机

71. 与交流电动机相比,直流电动机的特点是(　　)。

A. 价格较便宜　　B. 调速性能好　　C. 维护较简单　　D. 启动转矩较大

72. 下述运动中,(　　)是主运动。

A. 铣削时工件的移动　　B. 车削时工件的旋转

C. 铣削时刀具的旋转　　D. 钻削时刀具的旋转

73. 数控机床对进给伺服驱动系统的主要要求是(　　)。

A. 快速响应　　B. 高精度　　C. 高可靠性　　D. 低速大转矩

74. 数控机床进给伺服系统的控制对象包括(　　)。

A. 功率　　B. 机械位移　　C. 角度　　D. 速度

75. 步进电机的特点有(　　)。

A. 驱动电源为直流电源　　B. 转速正比于脉冲频率

C. 角位移正比于脉冲数　　D. 步距误差不长期积累

76. 空心杯形转子永磁直流伺服电动机的转子由(　　)组成。

A. 永磁体　　B. 铁芯　　C. 绕组　　D. 换向器

77. 主要由(　　)等组成的控制系统叫继电 - 接触器控制系统。

A. 整流器　　B. 接触器　　C. 继电器　　D. 按钮

78. 交流接触器主要由(　　)组成。

A. 触点　　B. 电磁操作机构　　C. 灭弧装置　　D. 弹簧

79. 通常把(　　)称为正弦量的三要素。

A. 振幅　　B. 角频率　　C. 初相　　D. 相位差

80. 对放大电路进行动态分析的目的主要是获得(　　)。

A. 电压放大倍数　　B. 电流放大倍数　　C. 输入电阻　　D. 输出电阻

81. 基本逻辑运算电路有三种,即(　　)电路。

A. 与非门　　B. 与门　　C. 非门　　D. 或门

82. 多级放大器极间耦合形式是(　　)。

A. 二极管　B. 直接　C. 阻容　D. 变压器

83. 基尔霍夫定律有(　　)。

A. 节点电流定律　B. 回路电压定律　C. 回路电流定律　D. 节点电压定律

84. 正弦交流电的三要素是(　　)。

A. 最大值　B. 初相角　C. 角频率　D. 串联

85. 三极管的三种工作状态是(　　)。

A. 开路　B. 放大　C. 截止　D. 饱和

86. 单相或三相逆变器每一桥臂的开关器件上必须并联一个同等容量的二极管,目的是(　　)。

A. 抑制电压过大　B. 防止开关器件过流

C. 续流　D. 提供无功功率通路

87. 常用的滤波器包括(　　)。

A. 有源滤波器　B. 无源滤波器　C. 数字滤波器　D. 模拟滤波器

88. 一级负荷主要是指突然停电将造成(　　)。

A. 工作中断或不连续　B. 人身伤亡

C. 重大设备损坏难以修复　D. 给国民经济造成严重损失

89. 常用的电工指示仪表有(　　)。

A. 电流表　B. 电压表　C. 万用表　D. 钳形表

90. 直流电动机的励磁方式为(　　)。

A. 他励　B. 复励　C. 并励　D. 串励

91. 在齿轮传动比的分配中,不遵循"前大后小"原则的是(　　)。

A. 最小等效转动惯量原则(小功率传动装置)

B. 最小等效转动惯量原则(大功率传动装置)

C. 质量最小原则(小功率传动装置)

D. 质量最小原则(大功率传动装置)

92. 在消除间隙的齿轮传动机构中,下列调整法中不能实现自动补偿的是(　　)。

A. 直齿圆柱偏心轴套　B. 直齿圆柱锥度齿轮

C. 直齿圆柱双片薄片齿轮错齿　D. 斜齿圆柱轴向垫片

93. 设计 A/D 芯片和微处理器间的接口时,必须考虑的问题有(　　)。

A.A/D 的数字输出特性　B.A/D 和 CPU 间的时间配合问题

C.A/D 的分辨率和微处理器数据总线的位数　D.A/D 芯片的技术先进性

94. 下列关于直流伺服电动机的结构与普通直流电动机相比的说法,正确的是(　　)。

A. 做成盘形　B. 做成空心杯形

C. 做成无槽形　D. 做成两相绕组控制

95. 一个完整的计算机系统包括(　　)。

A. 计算机及其外围设备　B. 硬件系统

C. 软件系统　　D. 主机、键盘及显示器

96. 柔性制造系统（FMS）按功能划分，可分为(　　)。

A. 加工系统　　B. 物流系统　　C. 信息流系统　　D. 自动控制系统

97. 机电一体化的发展趋势体现在(　　)。

A. 高性能　　B. 智能化　　C. 系统化　　D. 微型化

98. 下列属于机电一体化的应用范围的有(　　)

A. 工业机器人　　B. 微电脑控制印刷　　C. 电子医疗器械　　D. 自动检测与控制

99. 对于机电一体化系统，在满足系统总传动比不变的情况下，常采用(　　)。

A. 等效转动惯量最小原则　　B. 质量最小原则

C. 输出轴的最小误差原则　　D. 角加速度最大原则

100. 齿轮传动装置的总传动比设计原则是使系统动作稳、准、快，在具体确定系统总传动比时，可按(　　)方法计算。

A. 工作时折算到电动机轴上的峰值转矩最小

B. 等效均方根力矩最小

C. 电动机驱动负载加速度最大

D. 响应速度最快

101. 机电一体化机械系统主要包括三大机构，分别是(　　)。

A. 传动机构　　B. 导向机构　　C. 测量机构　　D. 执行机构

102. 对直线滑动导轨的要求有(　　)。

A. 导向精度高　　B. 耐磨性好及寿命长　　C. 足够的刚度　　D. 低速运动平稳性

103. 机电一体化对机械系统的要求有(　　)。

A. 定位精度高　　B. 响应速度快　　C. 工艺性好　　D. 稳定性高

104. 在直齿圆柱齿轮传动机构中，消除齿侧隙的常用方法有(　　)。

A. 偏心套调整法　　B. 齿轮齿条调整法

C. 双片薄齿轮错齿调整法　　D. 轴向压簧调整法

105.DAC0832 的三种输入工作方式有(　　)。

A. 直通方式　　B. 单缓冲方式　　C. 双缓冲方式　　D. 三缓冲方式

106. 机械运动中的摩擦和阻尼会降低效率，但是设计中要适当选择其参数，而不是越小越好，原因是(　　)。

A. 当阻尼比 $\xi=0$ 时，系统处于等幅持续振荡状态，因此系统不能无阻尼

B. 当 $\xi \geqslant 1$ 时，系统为临界阻尼或过阻尼系统，此时过渡过程无振荡，但响应时间较长

C. 当 $0<\xi<1$ 时，系统为欠阻尼系统，此时系统在过渡过程中处于减幅振荡状态

D. 在系统设计时，应综合考虑其性能指标，一般取 $0.5<\xi<0.8$ 的欠阻尼系统

107. 齿轮传动间隙自动消除系统误差的方法有(　　)。

A. 偏心轴套调整法　　B. 双片薄齿轮错齿调整法

C. 垫片调整法　　D. 轴向压簧调整法

108. 与滑动摩擦导轨相比，滚动导轨的特点是(　　)。

A. 摩擦系数小，并且静、动摩擦系数之差很小，不易出现爬行现象

B. 定位精度高，一般滚动导轨的重复定位误差为 0.1~0.2 μm，而滑动导轨的定位误差一般为 10~20 μm

C. 磨损较小，寿命长，润滑简便

D. 结构较为复杂，加工比较困难，成本较高

109. 摩擦对机电一体化伺服系统产生的影响是(　　)。

A. 降低系统的响应速度　　B. 引起系统动态滞后

C. 低速时产生爬行　　D. 产生系统误差

110. 产生爬行的原因有(　　)。

A. 动、静摩擦力之差很大　　B. 周期时间太短

C. 进给传动系统刚度很小　　D. 运动速度太低

111. 下列联轴器属于刚性联轴器的有(　　)。

A. 套筒联轴器　　B. 膜片联轴器　　C. 簧片联轴器　　D. 锥环无键联轴器

112. 关于谐波齿轮减速器的特点，下列说法正确的是(　　)。

A. 传动比大　　B. 承载能力小　　C. 传动精度高　　D. 齿侧间歇小

113. 从先进技术角度出发，机械传动部分先进的案例有(　　)。

A. 谐波齿轮传动　　B. 同步齿形带传动

C. 滚珠丝杠螺母副传动　　D. 双片齿轮错齿调整间隙

114. 采样 / 保持器的工作原理是(　　)。

A. 采样 / 保持由存储电容 $C$、模拟开关 S 等组成

B. 当 S 接通时，输出信号跟踪输入信号，称采样阶段

C. 当 S 断开时，电容 $C$ 两端一直保持断开的电压，称保持阶段

D. 在采样期间，其输出保持输入值不变

115. 用软件进行"线性化"处理的方法有(　　)。

A. 插值法　　B. 公式法　　C. 查表法　　D. 计算法

116. 在机电一体化测控系统中，传感器的输出量与被测物理量之间的关系，绝大部分是非线性的，造成非线性的原因主要有(　　)。

A. 许多传感器的转换原理是非线性的　　B. 许多传感器的计算公式是非线性的

C. 采用的测量电路也是非线性的　　D. 各被测物理量本身是非线性的

117. 信号在传输过程中变换的意义是(　　)。

A. 在成套仪表系统及自动检测装置中，希望传感器和仪表之间及仪表和仪表之间的信号传送都采用统一的标准信号

B. 通过各转换器，如气 - 电转换器、电 - 气转换器等可将电动仪表和气动仪表联系起来混合使用，从而扩大仪表的使用范围

C. 世界各国均采用直流信号作为统一信号，并将直流电压 0~5 V 和直流电流 0~10 mA 或

4~20 mA 作为统一的标准信号

D. 相关仪器在进行信号处理过程中往往只能单一地处理电压或电流信号

118. 目前世界各国均采用直流信号作为统一信号，并将(　　)作为统一的标准信号。

A. 直流电压 0~5 V　　B. 直流电流 0~10 mA

C. 直流电压 2~6 V　　D. 直流电流 4~20 mA

119. 传感器与前级信号的放大装置有(　　)。

A. 运算放大器　　B. 测量放大器

C. 程控测量放大器　　D. 共发射级放大器

120. 抑制电磁干扰的常用方法有屏蔽、(　　)和软件抗干扰技术。

A. 滤波　　B. 接地　　C. 隔离　　D. 变压

121. 描述传感器静态特性的主要技术指标是(　　)。

A. 频率响应　　B. 灵敏度　　C. 线性度　　D. 分辨率

122. 传感器与微机的接口形式有(　　)。

A. 开关量接口　　B. 脉冲量接口　　C. 数字量接口　　D. 模拟量接口

123. 常见的数字式传感器有(　　)。

A. 光栅　　B. 感应同步器　　C. 光电编码器　　D. 测速发电机

124. 机电一体化是多学科领域技术的综合交叉，其主要的相关技术可以归纳成(　　)。

A. 机械技术　　B. 传感检测技术　　C. 自动控制技术　　D. 系统总体技术

125. 接口技术是系统总体技术的关键环节，主要有(　　)。

A. 电气接口　　B. 机械接口　　C. 人机接口　　D. 液气接口

126. 机电一体化系统的组成包括(　　)。

A. 机械本体　　B. 传感检测部分　　C. 系统接口　　D. 动力驱动部分

127. 系统接口的主要作用有(　　)。

A. 变换　　B. 放大　　C. 转换　　D. 传递

128. 常见的伺服驱动设备有(　　)。

A. 交流伺服电动机　　B. 步进电机　　C. 电液马达　　D. 脉冲油缸

129. 下列不属于机电一体化产品的有(　　)。

A. 打印机　　B. 电饭煲　　C. 水泵　　D. 数码照相机

130. 机电一体化技术发展经历了三个阶段，分别是(　　)。

A. 初级阶段　　B. 蓬勃发展阶段　　C. 机械化阶段　　D. 智能化阶段

131. 微型计算机主要由(　　)组成。

A.CPU　　B. 存储器　　C. 输入 / 输出接口　　D. 系统总线

132. 功率驱动接口按负载的供电特性可分为(　　)。

A. 开关功率接口　　B. 三相交流输出　　C. 直流输出　　D. 单相交流输出

133. 微机控制系统中的输入与输出通道一般包括(　　)四种通道。

A. 模拟量输入通道　　B. 模拟量输出通道

C. 数字量输入通道　　　　　　　　　　D. 数字量输出通道

134. 中断和查询是计算机控制中的主要 I/O 方式,下列说法正确的是(　　)。

A. 采用查询式 I/O 方式交换信息时,CPU 应采用分时控制方式,逐一查询,逐一服务

B. 在中断方式下, CPU 要不断地读取状态字和检测状态字,许多次的重复查询可能都是无用的,而又占用了 CPU 的时间,效率较低

C. 采用查询式 I/O 方式是当外围设备需要请求服务时,向 CPU 发出中断请求, CPU 响应外围设备中断,停止执行当前程序,转去执行一个外围设备的服务程序

D. 为了提高 CPU 的效率和使系统具有良好的实时性,可以采用中断控制 I/O 方式

135. 微机系统的软件按使用要求可分为两大类,分别是(　　)。

A. 系统软件　　B. 操作系统　　C. 仿真软件　　D. 应用软件

136. 中小型电力变压器中,储油柜的作用是(　　)。

A. 储油与补油　　　　　　　　B. 散热

C. 减少油与空气的接触　　　　D. 防止油被过快氧化

137. 在三相异步交流电动机的直接启动线路中,用到的电器有(　　)。

A. 交流接触器　　B. 时间继电器　　C. 熔断器　　D. 热继电器

138.(　　)电动机中,能够产生旋转磁场。

A. 鼠笼式电动机　　　　　　　B. 永磁直流伺服电动机

C. 交流主轴电动机　　　　　　D. 绕线式电动机

139. 以下说法中,错误的是(　　)。

A. 在车床上钻孔时,工件的旋转是主运动

B. 龙门刨床与龙门铣床上工件随工作台的往复直线运动是主运动

C. 六角车床中,六角刀架绕垂直轴线旋转的称为回轮车床

D. 车削时,进给量是工件旋转一圈时刀具的位移量

140. 以下说法中,正确的是(　　)。

A. 动力箱、动力滑台、回转鼓轮、床身属于组合机床的通用部件

B. 卧式万能铣床与卧式铣床的区别是有转台

C.FMS 的加工系统由组合机床、数控机床与加工中心组成

D. 在加工中心的故障中,50% 以上与自动换刀装置有关

141. 以下关于单微处理器与多微处理器 CNC 装置的说法,正确的是(　　)。

A. 都可以采用模块化结构

B. 多微处理器结构 CNC 装置的模块化结构中,有 PLC 模块与位置控制模块

C. 微处理器通过总线与 RAM、EPROM、PLC 相连

D. 单微处理器结构 CNC 装置的模块化结构中,有 PLC 板与位置控制板

142. 以下说法中,正确的是(　　)。

A.CNC 装置中,主轴转速功能与刀具功能通过 PLC 处理与输出

B.PLC 的应用软件通常保存在 RAM、EPROM 或盒式磁带中

C. 内装型 PLC 与 CNC 装置共用微处理器

D. 存储器的容量与主频是 PLC 的基本技术指标

143. 在 CNC 装置系统软件的控制任务中,包括(　　)。

A. 译码　B.I/O 功能　C. 插补　D. 刀具补偿

144. 数控机床要求进给伺服驱动系统具有(　　)的功能。

A. 快速响应　B. 高精度停位控制　C. 低速大转矩　D. 调速范围宽

145. 以下说法中,正确的有(　　)。

A. 在永磁同步交流伺服电动机中,转子是永磁体

B. 交流主轴电动机与永磁同步交流伺服电动机的共同点是定子通入三相交流电以后,产生旋转磁场

C. 在永磁直流伺服电动机中,转子是永磁体

D. 交流主轴电动机是经过专门设计的鼠笼式三相异步电动机

146. 单极性 SPWM 调制的特点是(　　)。

A. 每个正弦波的半个周期内每相只有一个开关接通或断开

B. 一个周期内正负半周分别使上下桥臂交替工作

C. 在逆变器输出波形的半个周期内,逆变器同一个桥臂上的一个元件导通,另一个始终处于截止状态

D. 逆变器同一桥臂上、下两个开关交替通断,处于互补的工作状态

147. 如下图所示,PWM 调速中主回路多采用双极式功率驱动的原理是(　　)。

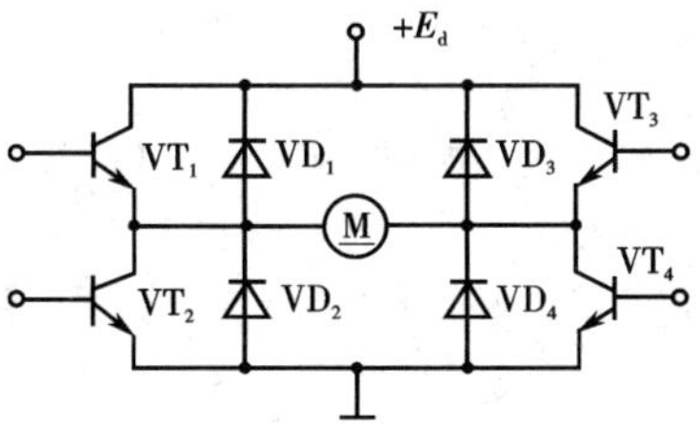


A. 当 $0<t\leqslant t_1$ 时,VT$_1$ 和 VT$_4$ 导通,电机加正电压

B. 改变正电压占空比即可改变平均电压,从而改变电机速度

C. 当 $t_1<t\leqslant T$ 时,VT$_2$ 和 VT$_3$ 导通,电机加反电压

D. 作用在 VT$_1$ 和 VT$_4$、VT$_2$ 和 VT$_3$ 上的脉冲电压由三角波振荡器和给定偏置电压信号产生

148. 以下可对异步电动机进行调速的方法是(　　)。

A. 改变定子电压的大小　B. 改变电动机的供电频率

C. 改变电压的相位　D. 改变电动机转子绕组匝数

149. 步进电机是伺服电机,它的驱动电路的功能是(　　)。

A. 脉冲环形分配　B. 对控制信号功率放大

C. 脉冲发生　D. 与微机进行接口连接

150. 步进电机常用的驱动电路有(　　)。

A. 平滑控制　B. 高低电压驱动　C. 斩波电路驱动　D. 细分电路

151. 开环步进电机控制系统主要由(　　)等组成。

A. 环形分配器　B. 功率驱动器　C. 步进电机　D. 测速发电机

152. 根据电机类型的不同,伺服系统可分为(　　)。

A. 直流伺服系统　B. 交流伺服系统

C. 步进电机伺服系统　D. 单相伺服系统

153. 对机电一体化伺服系统的整体要求是(　　)。

A. 精度高　B. 响应速度快　C. 稳定性好　D. 可靠性强

154. 直流电动机具有良好的调速性能,原因在于(　　)。

A. 直流电动机磁极固定,产生稳定的直流磁场

B. 直流电动机可以形成旋转磁场,磁场强弱可以控制

C. 电枢绕组固定在转子铁芯槽内,在空间产生稳定的电枢磁势

D. 他励电动机激励磁电流和电枢电流可以分别控制

155. 目前,在数控机床上一般多采用(　　)的调速系统。

A. 正弦波 SPWM 脉宽调制　B. 高低压双电源控制

C. 矢量变换控制的 SPWM　D. 恒流斩波控制

# 附录二　机电一体化技术职业能力分析

| 职业岗位 | 工作任务 | 需具备的主要能力 | 课程解决方案设计 |
| --- | --- | --- | --- |
| 1. 机电产品的制造及机电一体化设备的操作员；<br>2. 机电产品安装调试员；<br>3. 机电设备管理维修员；<br>4. 机电类设备电气技术员；<br>5. 机电产品质量检验员 | 机电一体化产品之机械零件的制造 | 能读懂机械零件图，会使用 CAD 软件绘制机械零件图 | 机械识图与 CAD 技术基础 |
| | | 能看懂机械加工工艺文件资料 | 机械制造技术基础 |
| | | 能合理选择加工方法，正确选用夹具 | |
| | | 能合理选用金属切削机床，懂得各类机械加工技术 | |
| | | 会选用并修磨切削刀具 | |
| | | 会选用测量量具，提高加工精度 | |
| | | 会按图加工出合格的零件 | |
| | | 会根据工艺规程拆装一般机电产品 | |
| | | 掌握安全操作规程，能按文明生产要求工作，具有良好的机械加工操作习惯 | |
| | 机电一体化产品之电气控制与调试 | 懂得安全用电常识，具备电工电子的基本操作技能 | 电工与电子技术 |
| | | 掌握交、直流电路的基本知识，具备电路分析的能力 | |
| | | 能正确使用电工电子仪表，并能检测常用电工、电子元器件 | |
| | | 会分析、检测、安装和调试简单电子单元电路 | |
| | | 熟悉晶闸管变流技术 | |
| | | 能正确选用各种常用低压电器 | 机电一体化设备电气控制技术 |
| | | 能正确使用三相异步电动机 | |
| | | 能正确识读和设计一般电气控制原理图 | |
| | | 能根据电气原理图安装和调试电气控制柜（板） | |
| | | 熟悉 PLC 编程与接口技术，能正确使用 PLC 实现程序控制 | |

**续表**

<table>
<tr><th>职业岗位</th><th>工作任务</th><th>需具备的主要能力</th><th>课程解决方案设计</th></tr>
<tr><td rowspan="20">1. 机电产品的制造及机电一体化设备的操作员；<br>2. 机电产品安装调试员；<br>3. 机电设备管理维修员；<br>4. 机电类设备电气技术员；<br>5. 机电产品质量检验员</td><td rowspan="13">机电一体化产品之装配、检测、调试、维修</td><td>了解常用机械传动机构的种类、组成、应用特点和工作过程</td><td rowspan="9">机电一体化技术</td></tr>
<tr><td>掌握机电一体化技术的相关知识，了解机电一体化系统的控制方法及其应用特点</td></tr>
<tr><td>掌握机电一体化产品的接口技术，能实现机电一体化系统各单元间的通信</td></tr>
<tr><td>能正确选用与安装、调整常用传感器和检测元件</td></tr>
<tr><td>能正确使用常用特种电机，具备步进、交直流调速和伺服控制系统电气安装、调试的初步能力</td></tr>
<tr><td>掌握液压、气动的基础知识，具备识读和分析中等复杂液压、气动系统图的能力</td></tr>
<tr><td>会运用典型液压、气动回路和 PLC 的相关知识，构建简单的联动控制系统，能对电液和电气控制系统进行按图装调和一般功能测试</td></tr>
<tr><td>了解单片机在工业中的应用常识，会根据工作需要，简单设计、制作接口电路，编制简单应用程序</td></tr>
<tr><td>具备常用机电一体化设备的基本操作能力</td></tr>
<tr><td>了解典型机电设备的基本结构、规格、性能和技术指标，掌握机电一体化设备的装配工艺和调试技术</td><td rowspan="2">机电一体化设备装调技术</td></tr>
<tr><td>了解机床数控技术、电梯、机械手和机器人技术及自动生产线的基础知识，具备典型自动化设备及生产线安装和综合调试的能力</td></tr>
<tr><td>会判别典型机电产品故障产生的一般原因，并能处理运行中的常见故障</td><td rowspan="2">维修电工技术训练或机电设备装调工技术训练</td></tr>
<tr><td>具备高级维修电工或机电设备装调工技能</td></tr>
<tr><td rowspan="5">机电一体化产品之生产质量的检验与控制</td><td>会检测与分析机电产品零部件的质量</td><td rowspan="5">质量管理与控制技术基础</td></tr>
<tr><td>会对机电产品的主要性能指标实施检测</td></tr>
<tr><td>能初步分析机电产品质量问题产生的原因</td></tr>
<tr><td>掌握现代质量控制技术，能组织实施现代质量管理与控制项目</td></tr>
<tr><td>掌握 ISO9001 质量管理认证体系的实质与实施方法</td></tr>
<tr><td rowspan="2">机电一体化设备的管理与维护</td><td>了解企业生产一线设备管理的相关知识，具有机电设备管理的初步能力</td><td rowspan="2">机电一体化设备管理和维护技术基础</td></tr>
<tr><td>掌握机电设备维护保养的规范，具备计划、组织、实施机电设备维护保养的初步能力</td></tr>
</table>

# 参考文献


[1] 郭文松，刘媛媛. 机电一体化技术 [M]. 北京：机械工业出版社，2017.

[2] 陈刚. 机电一体化技术 [M]. 北京：清华大学出版社，2010.

[3] 陈小艳，郭炳宇，林燕文. 工业机器人现场编程（ABB）[M]. 北京：高等教育出版社，2018.

[4] 孙卫青，李建勇. 机电一体化技术 [M]. 北京：科学出版社，2009.